量子纠缠的数理基础

范洪义　孟祥国　著

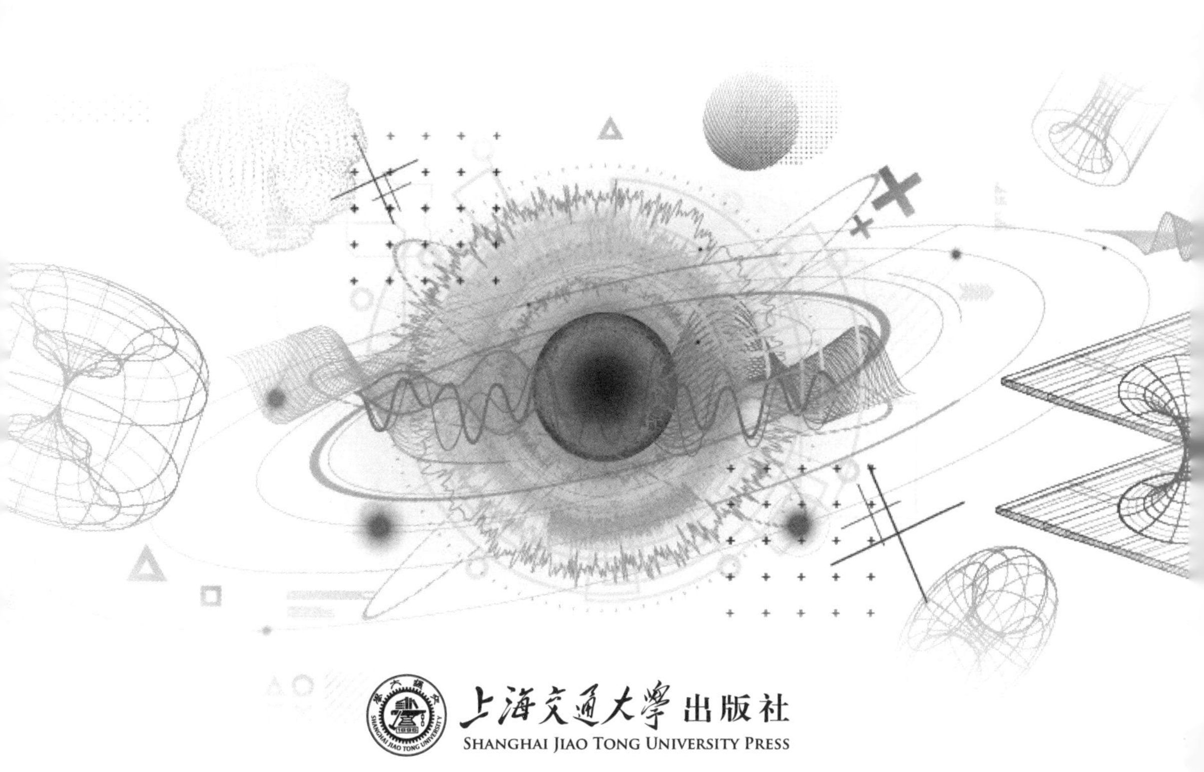

上海交通大學出版社
SHANGHAI JIAO TONG UNIVERSITY PRESS

内容提要

量子纠缠是一个较难理解的物理概念。本书独辟蹊径,从如何建立纠缠态表象来分析纠缠的起源,它并非是不可捉摸的,而是完全可以用数学公式推导出来的。纠缠态在不同表象中的直积分解,是理解量子纠缠的关键。本书讨论了纠缠态与压缩态的关系,即量子纠缠和量子压缩的关系;结合相干态的性质建立相干纠缠态;并利用有序算符内的积分技术(IWOP)建立多体纠缠态表象等。以上均丰富了量子力学的内容。本书还涉及用纠缠积分变换处理各种算符排序互换,此为傅里叶积分变换的推广。本书是国际上唯一系统阐述量子纠缠数学本源的专著,不仅可作为相关研究工作者的参考资料,也可作为高校量子物理专业教材或教辅。

图书在版编目(CIP)数据

量子纠缠的数理基础 / 范洪义,孟祥国著. -- 上海 :
上海交通大学出版社,2024.12 -- ISBN 978-7-313-31819
-0

Ⅰ. 0413

中国国家版本馆 CIP 数据核字第 2024EL8388 号

量子纠缠的数理基础

LIANGZI JIUCHAN DE SHULI JICHU

著　　者:范洪义　孟祥国

出版发行:上海交通大学出版社　　地　　址:上海市番禺路 951 号

邮政编码:200030　　电　　话:021 - 64071208

印　　制:上海新艺印刷有限公司　　经　　销:全国新华书店

开　　本:710 mm×1000 mm　1/16　　印　　张:16

字　　数:267 千字

版　　次:2024 年 12 月第 1 版　　印　　次:2024 年 12 月第 1 次印刷

书　　号:ISBN 978 - 7 - 313 - 31819 - 0

定　　价:69.00 元

前言

Preface

自从普朗克(Planck)1900 年从理论分析黑体辐射谱，发现自然界存在一个物理常数 $\hbar$ 以后，量子论逐渐为大众所接受，并有了广泛的应用。但量子论也一直受到爱因斯坦(Einstein)的质疑，这位独立特行的先哲，他一方面支持能量的量子化和光子说，另一方面却不赞同量子力学的概率假定。到了 1935 年，爱因斯坦更是与波多尔斯基(Podolsky)和罗森(Rosen)(以下简称 EPR)合写了一篇文章，即《能认为量子力学对物理的实在的描述是完备的吗?》，认为现行的量子论是不完备的。在实在论和定域性原理的前提下他们构造了一个理想实验，试图论证量子力学不是完备的理论体系。EPR 认为：由于两粒子的相对坐标和总动量的算符对易(即存在共同本征态)，必然可以同时得到它们的确定值。那么当两粒子相距足够远并精确测量其中粒子 1 的坐标或动量时，就可以确定粒子 2 的坐标或动量，而粒子 2 无法得知被测物理量是哪一个，因此它的这两个量必须是同时存在且有精确值的，这一论述此后被称为量子纠缠。对处于相互纠缠状态的两个子系统之一进行测量，就可以使另一个立刻坍缩到某特定的状态，而这一过程不受到光速的限制，这似乎违背因果律。但根据不确定性原理，不可能同时确定粒子的坐标和动量！EPR 悖论于是问世，其言外之意是量子纠缠与海森伯(Heisenberg)不确定性不自洽。这篇文章"一石激起千层浪"，一度使玻尔(Bohr)神不守舍，爱因斯坦的好友薛定谔(Schrödinger)也加入进来，用一个"薛定谔的猫"的实验装置来说明量子纠缠。不久，有人用自旋或光子偏振(分立变量态)来阐述量子纠缠，引得另一位科学家贝尔(Bell)也想出了一个有关隐参数的不等式来判断爱因斯坦说得正确与否，更有些人设法利用纠缠态反映的量子非定域性来为量子通信服务。

笔者注意到 EPR 论文的不足，认为他们只给出了两粒子态的波函数，并没有给出两粒子态矢量本身，也就没有注意到这个态的归一化是什么，于是笔者计算了它参见[Rui He, Ze Wu, Hongyi Fan, Brazilian Journal of Physics, (2004) 54:

229]，发现它是一个奇异函数，这表明这个态是非物理的。所以，用这个连续变量态来认为违背因果律没有说服力。

如今，量子纠缠已引起大众的好奇。其实，中国古人似乎早就发现存在纠缠现象，如《二十四孝》中的"啮指心痛"故事。

曾参，字子舆，事母至孝。参曾采薪山中。家有客至，母无措，参不还，乃啮其指。参忽心痛，负薪以归，跪问其母。母曰："有客忽至。吾啮指以悟汝耳。"后人系诗颂之。诗曰："母指方缠啮。儿心痛不禁。负薪归未晚。骨肉至情深。"

这里我再推荐一个或许更能吻合量子纠缠意思的故事，那就是蒲松龄《聊斋志异》中的《画壁》。

话说一位朱举人和孟姓朋友一起出游，路过一座寺庙。只见大殿里墙上绘有一幅天女散花画。其中有一位披肩发女孩(古代没有出嫁的女孩的头发都是垂着的，即垂髫；而出嫁以后呢，就扎成一个髻盘在头上，即螺髻)，拈花微笑，一双眼睛画得好像真的一样。朱举人目不转睛看着那位长发姑娘，心动了，身体就像腾云驾雾，飞到墙上去了，居然在仙境与那位女子成了好事。其他的仙女们发现后，按规矩给这女子做了新娘盘头，螺髻高翘。好景不长，不久二人就被天神棒打鸳鸯两分离，朱举人失魂落魄地从墙上飘下来。再看墙上，画里的那位拈花女子，头发已经高高盘起来了，真是奇怪哦。朱举人犯疑，问寺中僧人，对曰："幻由心生，我不能解啊。"

这虽只是故事，其含义却类似量子纠缠，朱举人的心动唤起了画上仙女的春心，并伴有头发式样的变化。就像两个纠缠着的自旋粒子，其中一个改变方向，另一个便做相应的变化。《画壁》这篇小说，明确地指出"测量"(类比心动)会引起与之相纠缠的另一半的状态(类比仙女发式)改变。这是中国古代人的奇思妙想。难怪大物理学家薛定谔曾说，西方物理学家的思维方式需要修补，也许得从东方的思想输血。

说起纠缠，怎么形容它呢？中国历史上南唐的李煜曾写过，"剪不断，理还乱"，我觉得用它来表述量子纠缠是很恰当的，两个纠缠在一起的东西不能被分割为孤体而分别研究。量子纠缠说是一个涉及量子观察与测量的理论，就认识论而言，也关系到物理实在与观测者的相互制约与牵扯，如庄子和惠子关于鱼是否快乐的辩论，鱼儿的快乐是人所能观察到的吗？人的观察会影响到鱼儿的情绪吗？这在宋代欧阳修写的《醉翁亭记》中也有体现，他写道："已而夕阳在山，人影散乱，太守归而宾客从也。树林阴翳，鸣声上下，游人去而禽鸟乐也。然而禽鸟知山林之乐,而不知人之乐。”欧阳修不是鸟,他是凭什么知道“禽鸟知山林之乐,而不知人之乐”的呢？所以我曾写下重读《醉翁亭记》诗一首：

琅琊享名仰欧公,太守之乐与民同。
禽鸟羞见真游客,从人怎知假醉翁。
花抖精神因观赏,月行天际随万众。
如今时髦量子论,应在物我混沌中。

爱因斯坦等三人 1935 年发表的文章本来是质疑现行量子力学的完备性的,他们以二粒子相对坐标和总动量可以同时精确测量为例,说明玻尔和海森伯在判断什么是物理实在量方面存在困惑。于是怀疑量子力学还存在隐参量,招来了贝尔以一个不等式作为裁判,于是就有人构建纠缠光子实验,于 2022 年获得了诺贝尔物理学奖,获奖人通过检验贝尔不等式的实验给出分晓,即认为量子力学的概率假设是对的,似是说明爱因斯坦等人错了。其实 EPR 论文有很深远的影响,他们的文章给出二粒子纠缠波函数,引发笔者导出纠缠态表象。每想到此,笔者的脑海中就会浮现狄拉克(Dirac)的话:“在爱翁与玻尔的争论中,也许最终还是爱因斯坦是对的。”笔者的耳边也响起普朗克的告诫,科学上有的课题其实是伪命题,表面看很令人向往,人们花费了大量精力、物力、财力,结果并非如初始想象的那样好。所以我以为,单从贝尔不等式一项就认定爱因斯坦是错了,是不是过早了呢?

笔者自从读了爱因斯坦等三人关于量子纠缠的文章后,做了两件事：一是构建了连续变量的两体纠缠态表象,并推广到多粒子情形;二是发明了纠缠积分变换。大家都知道传统的傅里叶(Fourier)分析是把一个复杂的振动或周期过程分解为各种频率成分,那么是否有积分变换能将两个独立的函数纠缠起来呢?它应该是当今时髦的量子纠缠的数学对应,尽管目前大众认为量子纠缠没有经典对应,但这不妨碍在数学上试试。天道酬勤,皇天不负有心人,笔者终于发明了一个积分变换能够使两个独立的幂级数的直积纠缠为一个双变量厄米(Hermite)多项式,后者是纠缠态表象中的函数基。这个新变换是保模的,而且有逆变换。它在量子力学和量子光学中的理论应用方兴未艾,也为实验物理学家“预谋”了潜在的实验。每每想到我攻读研究生时的导师阮图南先生日日在书案前不断地推导理论,我向他学习才会有以后的理论贡献,真有“怀旧空闻吟笛赋,到乡翻作烂柯人”的感叹。

根据量子力学正统观点，纠缠态不能表示成直积形式的量子态。那么，这个连续变量量子纠缠态的分解到底如何？另外，量子纠缠和量子压缩的关系如何？

两粒子相对坐标和总动量的共同本征态是什么形式，是否对应某种表象？笔者通过 IWOP 技术解决了这一问题，并且这是目前证明该表象完备性的最佳方法。不仅如此，IWOP 技术还揭示并发现了其他许多物理系统都存在纠缠态表象，对推动量子信息学和量子光学的发展具有一定的意义。要了解纠缠态的数学结构，须从量子力学的语言——狄拉克符号法及量子力学的表象理论讲起。有完备性关系的态矢量集合构成一个表象，表象的特点是一个算符在它自身的本征态构成的表象中可以用数来描写，而具体表象的建立可从光的产生和湮灭讲起。

本书在写作过程中，得到翁海光老师的鼎力帮助，特致感谢。

目 录

Contents

1 从光的产生和湮灭讲起 …… 1

1.1 引入光子数表象的必要性 …… 1

1.2 用产生-湮灭算符表示真空态 …… 4

1.3 坐标测量算符及其表象 …… 7

1.4 量子谐振子的本征函数 …… 9

1.5 动量表象 …… 11

2 有序算符内的积分技术、相干态应用和混合态表象的建立 …… 14

2.1 珠联璧合：正规排序下的积分方法 …… 14

2.2 相干态表象 …… 15

2.3 由相干态表象导出量子扩散方程的经典对应 …… 21

2.4 由相干态表象导出量子耗散方程的经典对应 …… 22

2.5 量子衰减方程的无穷和幂级数形式解 …… 23

2.6 用 IWOP 技术求量子衰减方程的积分形式解 …… 24

2.7 相干态表象中的单模菲涅尔算符 …… 25

2.8 一类阻尼振子的求解 …… 27

2.9 混合态 $\Delta_g(q, p)$ 的性质 …… 28

2.10 混合态表象所体现的三种算符排序 …… 30

2.11 化算符为外尔排序的积分公式 …… 32

2.12 维格纳算符的拉东变换 …… 36

3 双模纠缠态表象 …… 40

3.1 双变量厄米多项式与恒等式 $a^m a^{\dagger n} = (-\mathrm{i})^{m+n} :\mathrm{H}_{m,n}(\mathrm{i}a^\dagger, \mathrm{i}a):$ …… 40

3.2 算符恒等式 $a^{\dagger n}a^m = \vdots H_{n,m}(a^\dagger, a) \vdots$ 与相应的积分变换 …… 41
3.3 双模厄米多项式的一个应用——求正规乘积算符的P表示 …… 44
3.4 从双模厄米多项式构建连续变量双模纠缠态 $|\xi\rangle$ …… 46
3.5 $|\eta\rangle$ 的施密特分解和复的分数傅里叶变换 …… 49
3.6 $|\eta\rangle$ 在粒子数表象中的施密特分解 …… 52
3.7 用纠缠算符构建 $|\eta\rangle$ 和 $|\xi\rangle$ …… 55
3.8 构建多模纠缠态的纠缠算符 …… 57
3.9 纠缠算符的正规乘积展开 …… 59
3.10 纠缠算符的经典外尔对应 …… 60

4 双模压缩算符的起纠缠作用 …… 62
4.1 $|\eta\rangle$ 在双模压缩下的纠缠特性 …… 62
4.2 单模压缩下的 $|\eta\rangle$ 之纠缠特性 …… 65
4.3 单边双模压缩算符 …… 66
4.4 双模压缩光场的单模求迹-混沌光场 …… 67
4.5 双模菲涅尔算符压缩纠缠态 …… 68
4.6 双模菲涅尔算符导出中介纠缠态表象 …… 73
4.7 纠缠维格纳算符的拉东变换——中介纠缠态表象 …… 74
4.8 单-双模组合压缩态的单模求迹-高斯增强混沌场 …… 78
4.9 测双模压缩光场的单模光子数 …… 81
4.10 双模压缩态的单模衰减 …… 86

5 诱导纠缠态表象 …… 89
5.1 描述“荷”上升、下降的算符与表象 …… 89
5.2 描述约瑟夫森结方程的导出和库珀对数-相不确定关系 …… 92

6 相干纠缠态 …… 95
6.1 相干-纠缠态的构造 …… 95
6.2 相干纠缠态 …… 98
6.3 $\langle z, q|$ 与 $|z, p\rangle$ 之间的变换 …… 99
6.4 置换-宇称组合变换 …… 101

6.5 广义相干-纠缠态 …… 106

7 多粒子纠缠态 …… 116

7.1 由高斯型完备性导出 Q_1-Q_2，Q_1-Q_3 和 $P_1+P_2+P_3$ 的共同本征态——三体纠缠态 …… 116

7.2 用纠缠算符构造三模纠缠态的途径 …… 119

7.3 由高斯型完备性导出 n 体纠缠态 …… 120

7.4 态 $|p,\chi_2,\chi_3,\cdots,\chi_n\rangle$ 的正则共轭态 …… 125

7.5 由 $\exp[ir(Q_1P_2+Q_2P_3+Q_3P_1)]$ 生成的三体纠缠态及标准压缩 …… 126

7.6 另一类连续变量三模纠缠态 …… 135

7.7 另一类 n 模纠缠态表象 …… 136

8 系统与环境的量子纠缠 …… 141

8.1 系统与环境的量子纠缠——热真空态 …… 141

8.2 求热真空态的方法-有序算符内的积分法 …… 143

8.3 用纯态 $|\psi(\beta)\rangle_s$ 的优点 …… 144

8.4 压缩热真空态的效应——双模热真空态的双模压缩 …… 146

8.5 有限温度下的双 $L-C$ 介观耦合回路的基态能量 …… 148

8.6 n 模玻色纠缠系统的热真空态构建 …… 151

8.7 维格纳函数在退相干通道中的演化 …… 155

8.8 光子数分布 …… 161

9 纠缠傅里叶变换 …… 167

9.1 对应量子力学基本对易关系的积分变换 …… 168

9.2 积分核为 $\frac{1}{\pi}\vdots\exp[\pm 2i(q-Q)(p-P)]\vdots$ 的变换 …… 169

9.3 积分核 $\frac{1}{\pi}\vdots\exp[\pm 2i(q-Q)(p-P)]\vdots$ 与维格纳算符的关系 …… 171

9.4 维格纳函数的新积分变换及用途 …… 172

9.5 范氏积分变换 …… 175

9.6 退纠缠的积分变换 …… 176
9.7 纠缠积分变换 …… 178
9.8 纠缠态表象中的纠缠傅里叶变换 …… 180
9.9 纠缠态表象中双模算符的矩阵元与其维格纳函数的新关系 …… 182
9.10 复分数压缩变换的导出 …… 183
9.11 $\delta(\nu-a_1+a_2^\dagger)\,\delta(\nu^*-a_1^\dagger+a_2)\,\delta(\mu-a_1-a_2^\dagger)\,\delta(\mu^*-a_1^\dagger-a_2)$ 的外尔排序表示 …… 184
9.12 $\delta(\nu-a_1+a_2^\dagger)\,\delta(\nu^*-a_1^\dagger+a_2)\,\delta(\mu-a_1-a_2^\dagger)\,\delta(\mu^*-a_1^\dagger-a_2)$ 与维格纳算符之间相互积分变换 …… 187

10 解两体硬壳势中的薛定谔方程 …… 192
10.1 两体硬壳势适配纠缠态表象 …… 192
10.2 用纠缠态表象求激子能级 …… 197

11 压缩混沌模-相干态场模得到的新光场 …… 202
11.1 双模压缩混沌模-相干态模的密度算符 …… 202
11.2 双模压缩光场作为初态在双扩散通道中的演化规律 …… 210

12 热纠缠态表象求解量子主方程 …… 217
12.1 在振幅阻尼通道中的退相干 …… 217
12.2 在扩散通道中维格纳算符 $\Delta(\alpha,\alpha^*)$ 的演化 …… 218

13 在 $|\eta\rangle$ 表象展开数学物理方程 …… 224
13.1 福克尔-普朗克微分运算在纠缠态表象的实现 …… 226
13.2 在 $|\eta\rangle$ 表象中求对应两维拉普拉斯(Laplace)微商运算的玻色算符 …… 227
13.3 在 $|\eta\rangle$ 表象中求相应于 $\frac{\partial^2}{\partial r^2}+\frac{1}{r}\frac{\partial}{\partial r}$ 的玻色算符 …… 229

14 分数傅里叶变换、分数汉克尔变换 …… 232
14.1 $|s,r'\rangle$ 作为 $|s,r\rangle$ 的 s 阶汉克尔变换 …… 233

14.2 内积$\langle s, r' \mid q, r\rangle=\frac{1}{2}\delta_{s,q}\mathrm{J}_s(rr')$ …………………………… 234

14.3 由诱导出的纠缠态表象给出分数阶汉克尔变换 ………………… 235

结语 ………………………………………………………………… 240

索引 ………………………………………………………………… 241

1
从光的产生和湮灭讲起

一般认为，量子力学是涉及微观世界的科学问题，其实不尽然。在宏观世界里，太阳光的科学内涵就是由黑体辐射分布的普朗克公式来解释的，涉及光的产生和湮灭。

1.1 引入光子数表象的必要性

众所周知，经典光学讨论的主要是光在介质中传播的行为，如干涉、衍射和偏振。麦克斯韦(Maxwell)经典电动力学更进一步，把光认为是电磁场，看作是由电磁波组成的，把每一个波作为一个振子来处理，这体现了光的波动说。但还没有讨论光的产生和湮灭机制。把光看作光子起源于爱因斯坦对光电效应的解释，每个光子态对应于电磁场的一个振子。爱因斯坦早在撰写光电效应的论著时就指出："用连续空间函数进行工作的光的波动理论，在描述纯光学现象时，曾显得非常合适，或许完全没有用另一种理论来代替的必要，但是必须看到，一切光学观察都与时间平均值有关，而不是与瞬时值有关的，而且尽管衍射、反射、折射和色散等理论完全为实验所证实，但还是可以设想，用连续空间函数进行工作的光的理论，当应用于光的产生和转化等现象时，会导致与经典相矛盾的结果。……在我看来……有关光的产生和转化的现象所得到的各种观察，如用光的能量在空间中不是连续分布的这种假说来说明，似乎更容易理解。"从此我们可以悟到，阐述"光的产生和转化等现象"是超脱经典力学的。或者说，量子力学可以从光子的产生—湮灭机制谈起。后来狄拉克把电磁辐射当作作用于原子体系的外部微扰所引起原子能态的跃迁，在跃迁时可以吸收或发射量子，这从量子力学观点解释了爱因斯坦 1917 年关于光的受激辐射的动力学机制，使得该理论更为充实了(值得指出的是，关于受激辐射的爱因斯坦系数涉及一种非常弱的效应，起初在提出这种效应时根本没抱观察到它的希望，但是后来人们找到了增强其效应的方法，这开创了激光理论的先河)。

在认可了玻尔的光的产生和湮灭与原子的能级跃迁有关以后，天才的物理学家海森伯就以可观察的光谱线的频率和强度为研究起点，和玻恩(Born)等发现了振子的坐标 X 和动量 P 是不可交换的，$[X,\ P]=\mathrm{i}\hbar$。以他的思考模式为楷模，我们鉴于实验能够观察到光的产生和湮灭，觉得要向读者直观地介绍光子数表象，以谐振子的量子化(量子的产生和湮灭机制)为例来阐述是较容易被接受的。这样做是因为考虑到：从谐振子的经典振动本征模式容易过渡为量子能级。经典力学中弦振动是一种典型的谐振子运动，固定弦的两端称为波节，当两端固定的弦的长度为 L，则弦长必须是振荡波半波长的整数倍。只有这样，整个弦长正好嵌入整数个半波长。另外，弦的振动有基频与泛频，因此谐振子的量子化既能保持与经典情形类似的特性，又符合德布罗意(de Broglie)波的特征。

虽然经典光学中没有光产生和湮灭的理论，但谐振子的振动可产生波，若将此与德布罗意的波粒二象性参照，光波的产生就对应产生光子(或牵强地说，粒子伴随着一个波)，所以要使理论能描述光子的产生和湮灭，就得把谐振子各种本征振动模式比拟为一个“光子库”。就像我们看到电闪雷鸣是在浩瀚的天空中发生的那样，阐述光的产生和湮灭也要有一个人们构想的理论“空间”，这就是光子数表象。鉴于经典谐振子有它的本征振动模式，按整数标记，所以量子谐振子也应有它的本征振动模式——光子态，记为 $|n\rangle$，$n=0,\ 1,\ 2,\ 3,\cdots$，代表量子谐振子的能级，其集合就是光场的“量子库”。此表象的特点是光子数算符在它自身的本征态构成的表象中可以用正整数来描写。狄拉克用符号简洁地表示了表象，反映了他的天才创新，这就是为什么有人说：“他是完全能够独立工作的极少数科学家之一，如果他有一个图书馆，他可能连一本书和期刊都用不到。”

把 $|n\rangle$ 看作是一个盛 n 元钱的口袋，$a^{\dagger}a$ 就表示“数”钱的操作(算符)。具体说，对 $|n\rangle$ 以 a 作用，表示从口袋里取出一元钱，$n\rightarrow n-1$，再放回口袋去(此操作以 $a^{\dagger}$ 对 $|n-1\rangle$ 表示)，又变回到 n，这相当于“数”钱的操作，因为手里还是空的，口袋里还是 n 元钱。表明 $|n\rangle$ 是 $a^{\dagger}a$ 的本征态，体现粒子性，即

$$a^{\dagger}a\ |n\rangle=n\ |n\rangle,\quad a^{\dagger}a\equiv N \tag{1.1}$$

另一方面，若在口袋里已经存在一元钱，记为 $a^{\dagger}\ |0\rangle$，$|0\rangle$ 代表没有钱的状态，用手取出，即以湮灭算符作用之，手里就有一元，$aa^{\dagger}$ 表示先产生，后湮灭，就

可以理解

$$[a, a^{\dagger}]=aa^{\dagger}-a^{\dagger}a=1 \tag{1.2}$$

这个1代表这一元钱实际已在手里，所以 $a^{\dagger}$ 是产生算符，a 是湮灭算符，两者是不可交换的，这就是量子力学的基本对易关系，就是“不生不灭”说，不生不得言有，不灭不得言无，注意不是“不灭不生”。这表明生和灭是有次序的，对于特指的个体，终是生在前，灭在后。我们人类的每一员也是如此，先出生，后逝世。

当口袋里没有钱(以 $|0\rangle$ 表示)，就无法再从中取钱，所以，有

$$a|0\rangle=0 \tag{1.3}$$

$|0\rangle$ 被称为是真空态。

鉴于经典谐振子有它的本征振动模式，按整数标记，所以量子谐振子也应有它的本征振动模式，记为 $|n\rangle$(这个符号是狄拉克发明的，称为“右矢”)，n 是零或正整数，$|n\rangle$ 的集合就是谐振子的“量子库”(当 $n=0$，仍有 $\frac{1}{2}\hbar\omega$ 存在，称为零点能，这是经典力学所没有的)。把 $|n\rangle$ 是 $\hat{H}$ 的本征振动模式(本征态)这件事记为

$$H=\left(N+\frac{1}{2}\right)\hbar\omega, \quad N=a^{\dagger}a \tag{1.4}$$

从式(1.1)可以解出

$$a|n\rangle=\sqrt{n}|n-1\rangle \tag{1.5}$$

$$a^{\dagger}|n\rangle=\sqrt{n+1}|n+1\rangle \tag{1.6}$$

由此又可得到 $|n\rangle$ 是在 $|0\rangle$ 上产生 n 次的结果

$$|n\rangle=\frac{a^{\dagger n}}{\sqrt{n!}}|0\rangle \tag{1.7}$$

此式容易理解，因为它满足式(1.5)和式(1.6)。量子谐振子的本征态的全体是正交完备的，要求

$$\langle n'|n\rangle=\delta_{n',n} \tag{1.8}$$

$$\sum_{n=0}^{\infty} | n\rangle\langle n | = 1 \tag{1.9}$$

我们称之为完备性关系，即本征值 $n=0, 1, 2, \cdots$ 的集合完备，以后我们还将进一步证明式(1.9)的合理性。集合 $|n\rangle$，作为力学量 $a^{\dagger}a$ 的本征函数系是抽象空间的一组基矢，构成光子数表象[或称为福克(Fock)表象]。

1.2 用产生-湮灭算符表示真空态

在 $a^{\dagger}a$ 的本征态集合中，我们首先要考虑真空态，即没有光子存在的态，$|0\rangle\langle 0|$ 是真空测量算符。然而真空并非绝对的一无所有，$|0\rangle\langle 0|$ 是算符 N 的函数，由 $|0\rangle\langle 0|0\rangle = |0\rangle$ 及 0^0 是个不定型，可以猜测

$$\begin{aligned} |0\rangle\langle 0| &= 0^N = (1-1)^N = \sum_{l=0} C_N^l (-1)^l \\ &= 1 - N + \frac{1}{2!}N(N-1) - \frac{1}{3!}N(N-1)(N-2) + \cdots \\ &= \sum_{l=0} \frac{(-1)^l}{l!} N(N-1)\cdots(N-l+1) \end{aligned} \tag{1.10}$$

从式(1.9)和式(1.10)得到

$$N(N-1)\cdots(N-l+1) = \sum_{m=0}^{\infty} a^{\dagger l} | m\rangle\langle m | a^l = a^{\dagger l} a^l \tag{1.11}$$

所以

$$|0\rangle\langle 0| = \sum_{l=0} \frac{(-1)^l}{l!} a^{\dagger l} a^l = \sum_{l=0} \frac{(-1)^l}{l!} :a^{\dagger l} a^l: \tag{1.12}$$

这里 $a^{\dagger l}$ 排在 a^l 的左边，称为正规乘积，以 $::$ 标记之。在 $::$ 的内部，a 与 $a^{\dagger}$ 是可以交换的(因为无论它们在内部如何任意地交换，而当要撤去 $::$ 时，所有的 $a^{\dagger}$ 必须排在 a 的左边，在 $::$ 内部 a 与 $a^{\dagger}$ 的任何交换不会改变其最终结果)，所以

$$|0\rangle\langle 0| = \sum_{l=0} \frac{(-1)^l}{l!} :a^{\dagger l} a^l: = :\mathrm{e}^{-a^{\dagger}a}: \tag{1.13}$$

这样我们就简捷地得到 $|0\rangle\langle 0|$ 的正规排序形式。如果有一个外星人，他

的视觉功能能把看到的算符自动排成是正规排序。那么,在地球人看来是真空态 $|0\rangle\langle 0|$,在这个外星人看来,就是:$e^{-a^\dagger a}$:。

另一方面,在一个由 a 与 $a^\dagger$ 函数所组成的单项式中,当所有的 a 都排在 $a^\dagger$ 的左边,则称其为已被排好为反正规乘积了,以 $\vdots\ \vdots$ 标记之。那么 $|0\rangle\langle 0|$ 的反正规排序是什么?将上式写为积分

$$|0\rangle\langle 0| = :e^{-a^\dagger a}: = \int \frac{d^2\xi}{\pi} :e^{i\xi^* a^\dagger + i\xi a - |\xi|^2}: \tag{1.14}$$

对 $d^2\xi$ 积分时,在 :: 内部 a 与 $a^\dagger$ 可以被视为积分参量,这就是正规乘积排序算符内的积分技术(IWOP)[1]。用量子论中常用的贝克-豪斯多夫(Baker—Hausdorff)公式可将 $e^{i\xi^* a^\dagger}e^{i\xi a}$ 重排为

$$\begin{aligned}|0\rangle\langle 0| &= \int \frac{d^2\xi}{\pi} e^{i\xi^* a^\dagger} e^{i\xi a - |\xi|^2} = \int \frac{d^2\xi}{\pi} e^{i\xi a} e^{i\xi^* a^\dagger} \\ &= \pi\delta(a)\delta(a^\dagger) = \pi \vdots \delta(a)\delta(a^\dagger) \vdots\end{aligned} \tag{1.15}$$

式(1.15)用了 δ 函数的傅里叶变换式。这里 $\delta(a)$ 排在 $\delta(a^\dagger)$ 左面,表示先产生后湮灭(常说的"自生自灭"),这符合真空的直观意思,即哪里有光子产生[用 δ 函数 $\delta(a^\dagger)$ 表示],哪里就湮灭它[用 $\delta(a)$ 表示],可见在福克空间中时刻要注意算符的排序问题,$\vdots\ \vdots$ 是反正规排序记号。

由 $|0\rangle\langle 0|$ 的正规乘积展开式可检验完备性

$$\sum_{n=0}^{\infty} |n\rangle\langle n| = \sum_{n=0}^{\infty} \frac{a^{\dagger n}}{\sqrt{n!}} |0\rangle\langle 0| \frac{a^n}{\sqrt{n!}} = \sum_{n=0}^{\infty} \frac{1}{n!} :(a^\dagger a)^n e^{-a^\dagger a}: = 1 \tag{1.16}$$

并得到关于正规乘积的一个算符恒等式,即[2]

$$\begin{aligned}e^{\lambda a^\dagger a} &= \sum_{n=0}^{\infty} e^{\lambda n} |n\rangle\langle n| = \sum_{n=0}^{\infty} e^{\lambda n} \frac{a^{\dagger n}}{\sqrt{n!}} |0\rangle\langle 0| \frac{a^n}{\sqrt{n!}} \\ &= \sum_{n=0}^{\infty} :\frac{1}{n!}(e^\lambda a^\dagger a)^n e^{a^\dagger a}: = :\exp[(e^\lambda - 1)a^\dagger a]:\end{aligned} \tag{1.17}$$

该公式对于去掉 :: 记号非常有用,如

$$:\exp(\lambda a^\dagger a): = \exp[a^\dagger a \ln(\lambda + 1)] \tag{1.18}$$

显然有

$$:\exp(-2a^{\dagger}a):=\exp(\mathrm{i}\pi a^{\dagger}a)=(-1)^{N} \tag{1.19}$$

这就是宇称算符，满足

$$(-)^{N}\mid n\rangle=(-)^{n}\mid n \tag{1.20}$$

将经典谐振子的哈密顿(Hamilton)量 $h=\frac{1}{2m}p^{2}+\frac{1}{2}m\omega^{2}x^{2}$ 过渡为哈密顿算符：

$$H=\frac{1}{2m}P^{2}+\frac{1}{2}m\omega^{2}X^{2} \tag{1.21}$$

将谐振子各种本征振动模式比拟为一个“光子库”，就应该等价于 $\hbar\omega\left(a^{\dagger}a+\frac{1}{2}\right)$，故而 X 与 $(a、a^{\dagger})$ 有以下关系：

$$X=\sqrt{\frac{\hbar}{2m\omega}}(a^{\dagger}+a) \tag{1.22}$$

根据玻尔的观点，物理学家关心的是对现实创造出新心像，即隐喻，我们可以说，坐标算符的定义是基于某处既生既灭的存在，若即若离，故式(1.22)右边 $(a^{\dagger}+a)$ 表示粒子的所在，是产生和湮灭共同起作用，隐喻新陈代谢，因此 X 是代表坐标算符。另一方面，把虚数 i 理解为在一个缥缈的“虚空间”，从 a 与 $a^{\dagger}$ 引入

$$P=\mathrm{i}\sqrt{\frac{m\omega\hbar}{2}}(a^{\dagger}-a) \tag{1.23}$$

式(1.23)右边 $(a^{\dagger}-a)$ 可以理解为产生的作用扣除湮灭的影响，粒子在“虚空间”中运动起来，而动量算符的定义是根据在虚空间中的产生减除湮灭，稍纵即逝，虚无缥缈，故而算符 P 理解为动量。由 $[a,a^{\dagger}]=1$ 给出

$$[X,P]=\mathrm{i}\hbar \tag{1.24}$$

这就是玻恩-海森伯对易关系。$X\times P$ 的量纲是角动量，这样便可从一个新视角理解世间存在一个常数——普朗克常数，即不能同时精确测定粒子的坐标和动量。我在这里重申它是“不生不灭”的结果，这只是一种理解性的“悟”，而并

非创新。

用 X 、$\hat{P}$ 的组合定义算符 $a^{\dagger}$ 和 a

$$a=\frac{1}{\sqrt{2}}\left(\sqrt{\frac{m\omega}{\hbar}}X+\mathrm{i}\frac{\hat{P}}{\sqrt{m\hbar\omega}}\right) \tag{1.25}$$

$$a^{\dagger}=\frac{1}{\sqrt{2}}\left(\sqrt{\frac{m\omega}{\hbar}}X-\mathrm{i}\frac{\hat{P}}{\sqrt{m\hbar\omega}}\right) \tag{1.26}$$

1.3 坐标测量算符及其表象

将坐标测量算符 $|x\rangle\langle x|$ 表达为算符 δ 函数 $\delta(x-X)$（这是对狄拉克 δ 函数性质的一个发展），有

$$|x\rangle\langle x|=\delta(x-X) \tag{1.27}$$

即测量粒子坐标发现它在 x 处。用 IWOP 技术可以直接导出坐标本征态 $|x\rangle$ 的显示式，从而建立坐标表象。简写 $X=\frac{a+a^{\dagger}}{\sqrt{2}}$，由傅里叶变换得到

$$\begin{aligned}\delta(x-X)&=\frac{1}{2\pi}\int_{-\infty}^{\infty}\mathrm{d}p\exp[\mathrm{i}p(x-X)]\\&=\frac{1}{2\pi}\int_{-\infty}^{\infty}\mathrm{d}p\exp\left[\mathrm{i}p\left(x-\frac{a+a^{\dagger}}{\sqrt{2}}\right)\right]\end{aligned} \tag{1.28}$$

分解

$$\exp\left(\mathrm{i}p\,\frac{a+a^{\dagger}}{\sqrt{2}}\right)=\mathrm{e}^{-\frac{1}{4}p^{2}}\,\mathrm{e}^{\mathrm{i}p\frac{a^{\dagger}}{\sqrt{2}}}\,\mathrm{e}^{\mathrm{i}p\frac{a}{\sqrt{2}}} \tag{1.29}$$

右边已经是正规乘积了，所以其两端可以各加上两点“：”，

$$\exp\left(\mathrm{i}p\,\frac{a+a^{\dagger}}{\sqrt{2}}\right)=:\exp\left(-\frac{1}{4}p^{2}+\mathrm{i}p\,\frac{a^{\dagger}+a}{\sqrt{2}}\right): \tag{1.30}$$

进一步，利用在正规乘积内部可以对易的性质，可用有序算符内的积分技术得到

$$
\begin{aligned}
|x\rangle\langle x| &= \int_{-\infty}^{\infty}\frac{\mathrm{d}p}{2\pi}:\exp\left[-\frac{1}{4}p^2+\mathrm{i}p\left(x-\frac{a+a^\dagger}{\sqrt{2}}\right)\right]: \\
&= \frac{1}{\sqrt{\pi}}:\exp\left[-\left(x-\frac{a+a^\dagger}{\sqrt{2}}\right)^2\right]: \\
&= \frac{1}{\sqrt{\pi}}\exp\left(-\frac{x^2}{2}+\sqrt{2}xa^\dagger-\frac{a^{\dagger 2}}{2}\right):\mathrm{e}^{-a^\dagger a}:\exp\left(-\frac{x^2}{2}+\sqrt{2}xa-\frac{a^2}{2}\right)
\end{aligned}
\tag{1.31}
$$

再用：$\mathrm{e}^{-a^\dagger a}:=|0\rangle\langle 0|$，得到

$$
\begin{aligned}
|x\rangle\langle x| = \frac{1}{\sqrt{\pi}}\exp\left(-\frac{x^2}{2}+\sqrt{2}xa^\dagger-\frac{a^{\dagger 2}}{2}\right)|0\rangle \\
\langle 0|\exp\left(-\frac{x^2}{2}+\sqrt{2}xa-\frac{a^2}{2}\right)
\end{aligned}
\tag{1.32}
$$

故 $|x\rangle$ 为

$$
|x\rangle = \pi^{-1/4}\exp\left(-\frac{x^2}{2}+\sqrt{2}xa^\dagger-\frac{a^{\dagger 2}}{2}\right)|0\rangle \tag{1.33}
$$

这样我们就从坐标测量算符导出了态矢量 $|x\rangle$ 的显示式。现在我们可以实施对完备性真正意义上的牛顿(Newton)积分了，即

$$
\begin{aligned}
\int_{-\infty}^{\infty}\mathrm{d}x\,|x\rangle\langle x| &= \frac{1}{\sqrt{\pi}}\int_{-\infty}^{\infty}\mathrm{d}x:\exp\left[-\left(x-\frac{a+a^\dagger}{\sqrt{2}}\right)^2\right]: \\
&=:\exp\left[\frac{1}{2}(a^\dagger+a)^2-\frac{1}{2}(a+a^\dagger)^2\right]: \\
&=1
\end{aligned}
\tag{1.34}
$$

人们普遍认为为 2022 年诺贝尔物理学奖的颁发表明了玻尔与爱因斯坦之争的结果，即认为量子力学的概率假设是对的。获奖人通过检验贝尔不等式的实验终于给出答案。其实，量子力学理论研究者无须如此大动干戈，也能显示量子力学的概率假设。因为按照爱因斯坦的观点，粒子的确定性位置用狄拉克 δ 算符函数表示，怎么说它也不是以概率分布的形式。可是，奇迹发生了，当我们用有序算符内的积分技术“变戏法”，直接将坐标测量算符 $|x\rangle\langle x|$ 变成正规乘积排序的正态分布形式 $\frac{1}{\sqrt{\pi}}:\mathrm{e}^{-(x-X)^2}:$，可以直接积分，有

$$\int_{-\infty}^{\infty} \mathrm{d}x \mid x\rangle\langle x \mid = \int_{-\infty}^{\infty} \frac{\mathrm{d}x}{\sqrt{\pi}} : \mathrm{e}^{-(x-X)^2} := 1 \tag{1.35}$$

这在数学上说明在全空间找到粒子的概率确实为 1。这是我们把玻恩提出的量子力学的概率假设改写为新的形式(称为范形式),也是量子力学一个新的基本公式。这说明,爱因斯坦作为一个地球人看到的点粒子存在感,在某个外星人(其眼的视网膜就自动有正规排序功能者)看来就是正态分布的形式。看的人不同,表现形式不同,就如我国明代文人王阳明看花,他认为花被人欣赏时,就从"寂"变成"艳"。

这启发我们,构建量子力学表象的途径是寻求概率论中的正态分布(分布密度、期望和方差等)的量子对应,从而可以构建多种广义的物理上有用的表象。例如,坐标-动量中介表象[3]和纠缠态表象[4,5],反映了狄拉克符号法深层次的简洁美。我们还发现除了纯态表象外,量子力学与量子光学理论还存在着混合态表象[6],如维格纳(Wigner)算符表象等,这有助于对于密度矩阵的深入研究。本节的结果也说明以一定的排序方式来重新考察算符的物理意义是有益的,狄拉克的表象论蕴含着更深刻的概率统计意义。

所以我们可以从自然界光的生灭机制来解读量子力学的必然,小结如下:

(1) 光子生灭有序,$[a, a^\dagger]=1$,无序易,有序难,无序熵增,引出 $[X, P]=\mathrm{i}\hbar$,量子力学便是排序的科学,这似乎与奥地利物理学家马赫(Mach)的观点类似。马赫曾说:"可以把科学看成一个最小值问题,这就是花费尽可能最少的思维,对事实做出尽可能最完善的陈述。"

(2) 真空态(密度算符)

$$\mid 0\rangle\langle 0 \mid =: \mathrm{e}^{-a^\dagger a} := 0^{a^\dagger a} = (1-1)^N, \quad N = a^\dagger a \tag{1.36}$$

(3) 测量位置得到的是有序排列(正规排序)的正态分布

$$\delta(x-X) = \frac{1}{\sqrt{\pi}} : \mathrm{e}^{-(x-X)^2} := \mid x\rangle\langle x \mid \tag{1.37}$$

由此给出 $\mid x\rangle$ 的具体形式。

1.4 量子谐振子的本征函数

上面我们讲了 $\delta(x)$ 用平面波展开,体现了波粒两象性。现在我们讨论

$\delta(x)$ 用谐振子的本振函数展开,这是另一种形式的波粒两象性。1900 年,普朗克已经预言振子的能量是量子化的,但直到 1925 年求解振子的薛定谔方程才得到波函数解。本节我们给出新解法。

我们用厄米多项式的母函数式[7]

$$e^{2xt-t^2}=\sum_{m=0}^{\infty}\frac{t^m}{m!}H_m(x) \tag{1.38}$$

展开 $\delta(x-X)$ 的正规乘积形式为

$$\begin{aligned}|x\rangle\langle x|=\delta(x-X)&=\frac{1}{\sqrt{\pi}}:e^{-(x-X)^2}:\\&=\frac{1}{\sqrt{\pi}}e^{-x^2}:e^{2xX-X^2}:=e^{-x^2}\sum_{m=0}^{\infty}:\frac{X^m}{m!}:H_m(x)\end{aligned} \tag{1.39}$$

左边是粒子性,右边是厄米波的展开。记住在正规乘积内部玻色(Bose)算符 $a^{\dagger}$ 与 a 相互对易,以及 $a|0\rangle=0$, $\langle n|m\rangle=\delta_{nm}$,从上式给出

$$\begin{aligned}\langle n|x\rangle\langle x|0\rangle&=\frac{1}{\sqrt{\pi}}e^{-x^2}\sum_{m=0}\frac{H_m(x)}{m!}\langle n|:\left(\frac{a+a^{\dagger}}{\sqrt{2}}\right)^m:|0\rangle\\&=\frac{1}{\sqrt{\pi}}e^{-x^2}\sum_{m=0}\frac{H_m(x)}{\sqrt{2^m}m!}\langle n|a^{\dagger m}|0\rangle\\&=\frac{1}{\sqrt{\pi}}e^{-x^2}\sum_{m=0}\frac{H_m(x)}{\sqrt{2^m m!}}\langle n|m\rangle\\&=\frac{1}{\sqrt{\pi}}e^{-x^2}\frac{H_n(x)}{\sqrt{2^n n!}}\end{aligned} \tag{1.40}$$

式(1.40)中,当 $n=0$, $H_0(x)=1$,得到

$$|\langle x|0\rangle|^2=\frac{1}{\sqrt{\pi}}e^{-x^2} \tag{1.41}$$

即真空态的波函数为

$$\langle x|0\rangle=\pi^{-1/4}e^{-x^2/2} \tag{1.42}$$

把式(1.42)代入式(1.40),可见

$$\langle x|n\rangle=e^{-x^2/2}\frac{H_n(x)}{\sqrt{\sqrt{\pi}2^n n!}}=\langle n|x\rangle \tag{1.43}$$

这就是坐标表象中粒子数态波函数-量子谐振子的本征函数。

由此,把 $|x\rangle$ 改写为

$$
\begin{aligned}
|x\rangle &= \sum_{n=0}^{\infty} |n\rangle\langle n|x\rangle = \mathrm{e}^{-\frac{x^2}{2}} \sum_{n=0}^{\infty} |n\rangle \frac{\mathrm{H}_n(x)}{\sqrt{\sqrt{\pi}\,2^n n!}} \\
&= \frac{1}{\pi^{\frac{1}{4}}} \mathrm{e}^{-\frac{x^2}{2}+\sqrt{2}xa^\dagger-\frac{a^{\dagger 2}}{2}} |0\rangle
\end{aligned} \tag{1.44}
$$

这是 $|x\rangle$ 在福克空间的表示,为了验证它,我们有

$$
\begin{aligned}
\delta(x-X) &= |x\rangle\langle x| \\
&= \frac{1}{\pi^{\frac{1}{2}}} \mathrm{e}^{-\frac{x^2}{2}+\sqrt{2}xa^\dagger-\frac{a^{\dagger 2}}{2}} |0\rangle\langle 0| \mathrm{e}^{-\frac{x^2}{2}+\sqrt{2}xa-\frac{a^2}{2}}
\end{aligned} \tag{1.45}
$$

另一方面,根据 $|x\rangle\langle x| = \frac{1}{\sqrt{\pi}} :\mathrm{e}^{-(x-X)^2}:$,我们有

$$
|x\rangle\langle x| = \frac{1}{\pi^{\frac{1}{2}}} :\mathrm{e}^{-\frac{x^2}{2}+\sqrt{2}xa^\dagger-\frac{a^{\dagger 2}}{2}} \mathrm{e}^{-a^\dagger a} \mathrm{e}^{-\frac{x^2}{2}+\sqrt{2}xa-\frac{a^2}{2}}: \tag{1.46}
$$

比较式(1.45)和式(1.46),确实验证了真空投影算符 $|0\rangle\langle 0| = :\mathrm{e}^{-a^\dagger a}:$。

以上新推导表明狄拉克符号法有发展成为一门数学的潜能,即它可以有自己的积分方法——IWOP 方法[8]。例如,将 $\mathrm{H}_n(x)$ 中的 x 换成坐标算符 X,则

$$
\begin{aligned}
\mathrm{H}_n(X) &= \int_{-\infty}^{\infty} \mathrm{H}_n(x) |x\rangle\langle x| \mathrm{d}x = \frac{1}{\sqrt{\pi}} \int_{-\infty}^{\infty} \mathrm{H}_n(x) :\mathrm{e}^{-(x-X)^2}: \mathrm{d}x \\
&= 2^n :X^n:
\end{aligned} \tag{1.47}
$$

这说明,从地球人来看是厄米多项式算符的东西,在某“外星人”来看可能是正规排序的幂级数算符。

1.5 动量表象

用类似的步骤,由 $|p\rangle\langle p| = \delta(p-P)$,可得

$$
|p\rangle = \pi^{-1/4} \exp\left(-\frac{p^2}{2} + \sqrt{2}\mathrm{i}pa^\dagger - \frac{a^{\dagger 2}}{2}\right) |0\rangle \tag{1.48}
$$

所以完备性为

$$\int_{-\infty}^{\infty}\mathrm{d}p \mid p\rangle\langle p \mid=\int_{-\infty}^{\infty}\frac{\mathrm{d}p}{\sqrt{\pi}}\exp\left(-\frac{p^{2}}{2}+\sqrt{2}\mathrm{i}pa^{\dagger}-\frac{a^{\dagger 2}}{2}\right)\mid 0\rangle$$

$$\langle 0 \mid \exp\left(-\frac{p^{2}}{2}+\sqrt{2}\mathrm{i}pa-\frac{a^{2}}{2}\right)$$

$$=:\exp\left[\frac{1}{2}(a^{\dagger}-a)^{2}-\frac{1}{2}(a-a^{\dagger})^{2}\right]:=1 \tag{1.49}$$

也可写为在 :: 内的高斯(Gauss)积分形式

$$\int_{-\infty}^{\infty}\mathrm{d}p \mid p\rangle\langle p \mid=\frac{1}{\sqrt{\pi}}\int_{-\infty}^{\infty}\mathrm{d}p : \mathrm{e}^{-(p-P)^{2}} :=1 \tag{1.50}$$

这些例子都表明,狄拉克的符号是可以用 IWOP 技术积分的,构造有物理意义的右矢-左矢(ket-bra)积分式并对其积分,就可以从狄拉克的基本表象出发构造出许多量子力学幺正变换,从而定义新的量子力学态矢[9−11]。能够创造一个理论去实现这类 ket-bra 型算符积分,就等于为经典变换直接地过渡到量子力学幺正变换搭起了一座“桥梁”,这丰富了“量子化”的内容,也是另一种意义的玻尔对应原理。

参考文献

[1] Fan H Y. The Development of Dirac's symbolic method by virtue the IWOP technique [J]. Communications in Theoretical Physics, 1999, 31(2): 285 - 290.

[2] Fan H Y. Normally ordering some multimode exponential operators by virtue of the IWOP technique [J]. Journal of Physics A: Mathematical and General, 1990, 23(10): 1833 - 1839.

[3] Fan H Y, Cheng H L. Two-parameter Radon transformation of the Wigner operator and its inverse [J]. Chinese Physics Letters, 2001, 18(7): 850 - 853.

[4] Fan H Y, Klauder J R. Eigenvectors of two particles' relative position and total momentum [J]. Physical Review A, 1994, 49(2): 704 - 707.

[5] Fan H Y, Liu S G. New approach for finding multipartite entangled state representations via the IWOP technique[J]. International Journal of Modern Physics A, 2007, 22(24): 4481 - 4494.

[6] Fan H Y, Lou S Y, Pan X Y, Da C. Quantum mechanics mixed state representation [J]. Acta Physica Sinica (Chinese Edition), 2014, 63(19): 190302.

[7] Meng X G, Li K C, Wang J S, et al. Multi-variable special polynomials using an operator ordering method [J]. Frontiers of Physics, 2020, 15(5): 52501.

[8] Fan H Y. Entangled states, squeezed states gained via the route of developing Dirac's

symbolic method and their applications [J]. International Journal of Modern Physics B, 2004, 18(10n11): 1387 - 1455.

[9] Fan H Y, Liu N L. New generalized binomial states of the quantized radiation field [J]. Physics Letters A, 1999, 264 (2/3): 154 - 161.

[10] Fan H Y. New state vector representation for the two-dimensional harmonic oscillator [J]. Physics Letters A, 1987, 126(3): 145 - 149.

[11] Fan H Y, Jiang N Q. Three-mode Einstein-Podolsky-Rosen entangled state representation and its application in squeezing theory [J]. Chinese Physics Letters, 2002, 19(10): 1403 - 1406.

2

有序算符内的积分技术、相干态应用和混合态表象的建立

第1章中已经指出，IWOP技术赋予基本的坐标、动量表象完备关系以清晰的数学内涵并将其化为纯高斯积分的形式，本章我们将继续用此技术发展相干态理论。数学和物理在这里真是珠联璧合。

2.1 珠联璧合：正规排序下的积分方法

能否将牛顿-莱布尼茨(Newton-Leibniz)积分发展为对狄拉克符号进行积分，使之系统化、深刻化、应用多样化，成为积分学的一个新的分支和数学物理的一个新领域，充分体现数学和量子力学的交叉，珠联璧合，这是继17世纪牛顿-莱布尼茨发明微积分，18世纪泊松(Poisson)把积分推广到复平面之后，积分学对应于量子力学应该发展的一个新方向。如何使牛顿-莱布尼茨积分适用于对 $|\rangle\langle|$ 的积分是一个挑战。

我们有幸发明了有序[包括正规乘积、反正规乘积和外尔(Weyl)(或对称)编序]算符(玻色型和费米型)内的积分技术，英文称之为 technique of integration within an ordered product (IWOP) of operator[1, 2]，后来又发明了 $X-P$ (坐标-动量)排序和 $P-X$ (动量一坐标)排序下的积分方法，达到了将牛顿-莱布尼茨积分理论直接用于ket-bra算符积分的目的。狄拉克曾指出："理论物理学的发展中有一个相当普遍的原则，即人们应当让自己被引入数学提示的方向。让数学思想引导自己前进是可取的。"我们的思路是利用IWOP的数学形式引导我们进行以上所提的多种研究。

掌握了这类积分，才能使符号法更完美、更实用。人们就可以找到许多新的物理态与新的表象，特别是连续变量纠缠态表象的建立，深刻地表述了丰富的量

子纠缠现象，可谓“浅入深出”，推陈出新，别开生面。用 IWOP 技术，使得量子力学这棵大树根深叶茂。

我们总结算符正规乘积排序内的积分理论，首先给出算符正规乘积的性质[1]。

(1) 算符 a, $a^\dagger$ 在正规乘积内是对易的，即 $:a^\dagger a:=:aa^\dagger:=a^\dagger a$。

(2) C 数可以自由出入正规乘积记号，并且可以对正规乘积内的 C 数进行积分或微分运算，前者要求积分收敛。

(3) 正规乘积内部的正规乘积记号可以取消，$:f(a^\dagger, a)::g(a^\dagger, a):=:f(a^\dagger, a)g(a^\dagger, a):$。

(4) 正规乘积与正规乘积的和满足：$f(a^\dagger, a):+:g(a^\dagger, a):=:[f(a^\dagger, a)+g(a^\dagger, a)]:$。

(5) 厄米共轭操作可以进入 $::$ 内部进行，即：$(W\cdots V):^\dagger=:(W\cdots V)^\dagger:$。

(6) 正规乘积内部以下两个等式成立：

$$:\frac{\partial}{\partial a}f(a, a^\dagger):=[:f(a, a^\dagger):, a^\dagger] \tag{2.1}$$

$$:\frac{\partial}{\partial a^\dagger}f(a, a^\dagger):=-[:f(a, a^\dagger):, a] \tag{2.2}$$

我们已经看到了 IWOP 技术在开拓 ket-bra 应用范围的优点。狄拉克非常注意在发展新理论时采用好的符号，他认为撰写新问题的论文的人应该十分注意记号问题，“因为他们可能正在开创某种将要流传千古的东西”。而有序算符内积分技术作为符号法的后续发展，从侧面补充了算符代数的运算规则，深化了量子力学中若干符号的物理意义，使得符号法能够直观简洁地解决更多问题，体现了量子理论数理结构的内在美，这不能不令人惊叹于狄拉克符号法和 IWOP 技术的相辅相成。

2.2 相干态表象

本节介绍激光由什么量子态来表示的问题。引入所谓的平移算符 $D(z)=\mathrm{e}^{za^\dagger-z^*a}$，由算符恒等式[3]

$$\begin{aligned}\mathrm{e}^A B\mathrm{e}^{-A}&=\left(1+A+\frac{A^2}{2!}+\frac{A^3}{3!}+\cdots\right)B\left(1-A+\frac{A^2}{2!}-\frac{A^3}{3!}+\cdots\right)\\&=B+[A, B]+\frac{1}{2!}[A, [A, B]]+\frac{1}{3!}[A, [A, [A, B]]]+\cdots\end{aligned} \tag{2.3}$$

得到

$$D(z)aD^{-1}(z)=a-z \tag{2.4}$$

故结合 $|0\rangle\langle 0|=\pi\delta(a)\delta(a^{\dagger})$，可得到

$$\begin{aligned}
D(z)|0\rangle\langle 0|D^{\dagger}(z)=\pi\delta(a-z)\delta(a^{\dagger}-z^{*})&=\int\frac{d^2\xi}{\pi}e^{i\xi(a-z)}e^{i\xi^{*}(a^{\dagger}-z^{*})}\\
&=\int\frac{d^2\xi}{\pi}e^{i\xi^{*}(a^{\dagger}-z^{*})}e^{i\xi(a-z)-|\xi|^2}\\
&=\int\frac{d^2\xi}{\pi}:e^{i\xi^{*}(a^{\dagger}-z^{*})+i\xi(a-z)-|\xi|^2}:\\
&=:e^{-(a^{\dagger}-z^{*})(a-z)}:=|z\rangle\langle z|
\end{aligned} \tag{2.5}$$

再用 $|0\rangle\langle 0|=:e^{-a^{\dagger}a}:$，可见

$$|z\rangle=e^{-\frac{|z|^2}{2}+za^{\dagger}}|0\rangle=D(z)|0\rangle \tag{2.6}$$

$|z\rangle$ 是 a 的本征态，则

$$a|z\rangle=e^{-\frac{1}{2}|z|^2}[a,e^{za^{\dagger}}]|z\rangle=z|z\rangle,\ z=|z|e^{i\theta} \tag{2.7}$$

称为相干态，因为它是由无数不同粒子数态的叠加而成

$$|z\rangle=e^{-\frac{1}{2}|z|^2}\sum_{n=0}^{\infty}\frac{|z|^n e^{i\theta n}}{\sqrt{n!}}|n\rangle \tag{2.8}$$

由式(2.6)计算得到内积

$$\langle z'|z\rangle=e^{-\frac{1}{2}(|z|^2+|z'|^2)}\langle 0|e^{z'^{*}a}e^{za^{\dagger}}|0\rangle=e^{-\frac{1}{2}(|z|^2+|z'|^2)+z'^{*}z} \tag{2.9}$$

说明相干态是非正交的。用式(2.6)和 IWOP 技术得到

$$\begin{aligned}
\int\frac{d^2z}{\pi}|z\rangle\langle z|&=\int\frac{d^2z}{\pi}e^{-|z|^2}e^{za^{\dagger}}|0\rangle\langle 0|e^{z^{*}a}\\
&=\int\frac{d^2z}{\pi}:\exp(-|z|^2+za^{\dagger}+z^{*}a-a^{\dagger}a):\\
&=\int\frac{d^2z}{\pi}:e^{-(z^{*}-a^{\dagger})(z-a)}:=1
\end{aligned} \tag{2.10}$$

即 $|z\rangle$ 组成超完备性(鉴于它是非正交的)。于是，任意光场算符 ρ 可以用

相干态表象来展开

$$\rho=\int\frac{d^2z}{\pi}P(z)\mid z\rangle\langle z\mid \tag{2.11}$$

$P(z)$ 称为 P 表示。把式(2.5)代入式(2.11),可给出

$$\rho=\int\frac{d^2z}{\pi}P(z):\exp[-(z^*-a^\dagger)(z-a)]: \tag{2.12}$$

故有

$$\langle-\beta\mid\rho\mid\beta\rangle=\int\frac{d^2z}{\pi}P(z)e^{-|z|^2-|\beta|^2-\beta^*z+\beta z^*} \tag{2.12a}$$

上式可以看作是傅里叶变换,其反变换是

$$P(z)=\frac{e^{|z|^2}}{\pi}\int\frac{d^2\beta}{\pi}\langle-\beta\mid\rho\mid\beta\rangle e^{|\beta|^2}e^{\beta^*z-\beta z^*} \tag{2.13}$$

此即算符 ρ 在相干态表象中的 P 表示。还可以检验

$$\begin{aligned}e^{fa}e^{ga^\dagger}&=\int\frac{d^2z}{\pi}e^{fa}\mid z\rangle\langle z\mid e^{ga^\dagger}\\&=\int\frac{d^2z}{\pi}:\exp(fz+gz^*-|z|^2+za^\dagger+z^*a-a^\dagger a):\\&=:\exp[(a^\dagger+f)(a+g)-a^\dagger a]:=e^{ga^\dagger}e^{fa}e^{[fa,ga^\dagger]}\end{aligned} \tag{2.14}$$

进一步,利用积分公式[4]

$$\begin{aligned}&\int\frac{d^2z}{\pi}\exp(\zeta\mid z\mid^2+\xi z+\eta z^*+fz^2+gz^{*2})\\&=\frac{1}{\sqrt{\zeta^2-4fg}}\exp\left(\frac{-\zeta\xi\eta+g\xi^2+f\eta^2}{\zeta^2-4fg}\right)\end{aligned} \tag{2.15}$$

可以导出

$$\begin{aligned}e^{fa^2}e^{ga^{\dagger2}}&=\int\frac{d^2z}{\pi}e^{fa^2}\mid z\rangle\langle z\mid e^{ga^{\dagger2}}\\&=\int\frac{d^2z}{\pi}:\exp(-|z|^2+za^\dagger+z^*a+fz^2+gz^{*2}-a^\dagger a):\\&=\frac{1}{\sqrt{1-4fg}}\exp\left(\frac{ga^{\dagger2}}{1-4fg}\right)\exp[-a^\dagger a\ln(1-4fg)]\exp\left(\frac{fa^2}{1-4fg}\right)\end{aligned} \tag{2.16}$$

以及

$$a^n e^{\nu a^{\dagger 2}} = \int \frac{d^2 z}{\pi} z^n \mid z\rangle\langle z \mid e^{\nu z^{*2}}$$

$$= \int \frac{d^2 z}{\pi} : \exp(-|z|^2 + z a^\dagger + z^* a + \nu z^{*2} - a^\dagger a) z^n :$$

$$= e^{\nu a^{\dagger 2}} \sum_{k=0}^{\left[\frac{n}{2}\right]} \frac{n!\nu^k}{k!(n-2k)!} : (2\nu a^\dagger + a)^{n-2k} : \tag{2.17}$$

可推广求 $\exp(a_i\sigma_{ij}a_j)\exp(a_i^\dagger\tau_{ij}a_j^\dagger)$ 的正规乘积,用

$$(z, z^*) = (z_1, z_2\cdots, z_n, z_1^*, z_2^*\cdots, z_n^*) \tag{2.18}$$

及数学公式

$$\prod_{i=1}^{n}\left[\frac{d^2 z}{\pi}\right]\exp\int\left[-\frac{1}{2}(z \quad z^*)\begin{pmatrix}A & B\\ C & D\end{pmatrix}\begin{pmatrix}z\\ z^*\end{pmatrix} + (\mu \quad \nu^*)\begin{pmatrix}z\\ z^*\end{pmatrix}\right]$$

$$= \left[\det\begin{pmatrix}C & D\\ A & B\end{pmatrix}\right]^{-\frac{1}{2}}\exp\left[\frac{1}{2}(\mu \quad \nu^*)\begin{pmatrix}A & B\\ C & D\end{pmatrix}^{-1}\begin{pmatrix}\mu\\ \nu^*\end{pmatrix}\right]$$

$$= \left[\det\begin{pmatrix}C & D\\ A & B\end{pmatrix}\right]^{-\frac{1}{2}}\exp\left[\frac{1}{2}(\mu \quad \nu^*)\begin{pmatrix}A & B\\ C & D\end{pmatrix}^{-1}\begin{pmatrix}\nu^*\\ \mu\end{pmatrix}\right] \tag{2.19}$$

得到

$$\exp(a_i\sigma_{ij}a_j)\exp(a_i^\dagger\tau_{ij}a_j^\dagger)$$

$$= \int\prod_{i=1}^{n}\left[\frac{d^2 z_i}{\pi}\right]\exp(a_i\sigma_{ij}a_j) \mid z_1, z_2\cdots, z_n\rangle\langle z_1, z_2\cdots, z_n \mid \exp(a_i^\dagger\tau_{ij}a_j^\dagger))$$

$$= \int\prod_{i=1}^{n}\left[\frac{d^2 z_i}{\pi}\right] : \exp(-z_i^* z_i + a_i^\dagger z_i + a_j z_j^* + z_i\sigma_{ij}z_j + z_i^*\tau_{ij}z_j^* - a_i^\dagger a_i) :$$

$$= \int\prod_{i=1}^{n}\left[\frac{d^2 z_i}{\pi}\right] : \exp\left[-\frac{1}{2}(z, z^*)\begin{pmatrix}-2\sigma & I\\ I & -2\tau\end{pmatrix}\begin{pmatrix}z\\ z^*\end{pmatrix} + (a^\dagger a)\begin{pmatrix}z\\ z^*\end{pmatrix} - a_i^\dagger a_i\right] :$$

$$= \left[\det\begin{pmatrix}I & -2\tau\\ -2\sigma & I\end{pmatrix}^{-\frac{1}{2}}\right] : \exp\left[\frac{1}{2}(a^\dagger \quad a)\begin{pmatrix}I & -2\tau\\ -2\sigma & I\end{pmatrix}^{-1}\begin{pmatrix}a\\ a^\dagger\end{pmatrix} - a^\dagger a\right] : \tag{2.20}$$

其中

$$\begin{pmatrix} A & B \\ C & D \end{pmatrix}^{-1} = \begin{pmatrix} (A-BD^{-1}C)^{-1} & A^{-1}B(CA^{-1}B-D)^{-1} \\ D^{-1}C(BD^{-1}C-A)^{-1} & (D-CA^{-1}B)^{-1} \end{pmatrix} \tag{2.21}$$

鉴于

$$\det\begin{pmatrix} A & B \\ C & D \end{pmatrix} = \det A \ \det(D-CA^{-1}B) \tag{2.22}$$

故

$$\begin{aligned}\begin{pmatrix} \mathrm{I} & -2\tau \\ -2\sigma & \mathrm{I} \end{pmatrix}^{-1} &= \begin{pmatrix} (\mathrm{I}-4\tau\sigma)^{-1} & -2\tau(4\sigma\tau-\mathrm{I})^{-1} \\ -2\sigma(4\sigma\tau-\mathrm{I})^{-1} & (\mathrm{I}-4\sigma\tau)^{-1} \end{pmatrix} \\ &= \begin{pmatrix} (\mathrm{I}-4\tau\sigma)^{-1} & (4\sigma\tau-\mathrm{I})^{-1}2\tau \\ (4\sigma\tau-\mathrm{I})^{-1}2\sigma & (\mathrm{I}-4\sigma\tau)^{-1} \end{pmatrix}\end{aligned} \tag{2.23}$$

因此

$$\begin{aligned}&\exp(a_i\sigma_{ij}a_j)\exp(a_i^\dagger\tau_{ij}a_j^\dagger) \\ =&[\det(\mathrm{I}-4\sigma\tau)]^{-\frac{1}{2}}\exp\{a_i^\dagger[(\mathrm{I}-4\sigma\tau)^{-1}\tau]_{ij}a_j^\dagger]\} : \\ &\exp[a_i^\dagger(\mathrm{I}-4\sigma\tau)_{ij}^{-1}a_j^\dagger - a_i^\dagger a_i] :\times \\ &\exp\{a_i[(\mathrm{I}-4\sigma\tau)^{-1}\sigma]_{ij}a_j\}\end{aligned} \tag{2.24}$$

特殊地，有

$$\begin{aligned}&\exp(\mu a_1a_2)\exp(\nu a_1^\dagger a_2^\dagger) \\ =&\frac{1}{1-\mu\nu}\exp\left(\frac{\nu a_1^\dagger a_2^\dagger}{1-\mu\nu}\right)\exp[-(a_1^\dagger a_1+a_2^\dagger a_2)\times \\ &\ln(1-\mu\nu)]\exp\left(\frac{\mu a_1a_2}{1-\mu\nu}\right)\end{aligned} \tag{2.25}$$

从式(2.6)得到

$$|\langle n \mid z\rangle|^2 = \mathrm{e}^{-|z|^2}\frac{|z|^{2n}}{n!} \tag{2.26}$$

这是在相干态中出现 n 个光子的概率，为泊松分布。

由 $\langle z \mid N \mid z\rangle = |z|^2$，$\langle z \mid N^2 \mid z\rangle = |z|^2 + |z|^4$，可见处于相干态时

$$\Delta N = \sqrt{\langle N^2\rangle - \langle N\rangle^2} = |z|, \quad \Delta N/\langle N\rangle = \frac{1}{|z|} \tag{2.27}$$

表明当平均光子数多($|z|$大)时,光子数的起伏变小,接近经典光场。曼德尔(Mandel)曾引入一个参数,记为

$$\mathfrak{M}=\frac{\langle N^2\rangle-\langle N\rangle^2}{\langle N\rangle}-1 \tag{2.28}$$

对于相干态而言,$\mathfrak{M}=0$。而对于某种光场,若 $\mathfrak{M}>0$,则称其光子数分布为超泊松分布。反之,$\mathfrak{M}<0$,则为亚泊松分布(属于非经典效应)。

实验发现,激光在激发度高的情形下,其光子统计趋近于泊松分布,因此相干态是描述激光的量子态。当$|z|$很小时,

$$|z\rangle\rightarrow\frac{1}{\sqrt{1+|z|^2}}(|0\rangle+z|1\rangle) \tag{2.29}$$

此态是归一化的,测得单光子态的概率是

$$\frac{|z|^2}{1+|z|^2}=\frac{\langle N\rangle}{1+\langle N\rangle} \tag{2.30}$$

表明$|z|$很小时,得到$|1\rangle$态单的概率很小,所以想通过弱激光的衰减得到稳定的单光子源似乎很困难。

再计算光场一对互为共轭的正交分量 $X_1=\frac{1}{2}(a^\dagger+a)$ 和 $X_2=\frac{1}{2\mathrm{i}}(a-a^\dagger)$ 在相干态中的量子涨落,$[X_1, X_2]=\frac{\mathrm{i}}{2}$,由

$$\langle z|X_1|z\rangle=\frac{1}{2}(z+z^*),\langle z|X_2|z\rangle=\frac{1}{2i}(z-z^*) \tag{2.31}$$

$$\langle z|X_1^2|z\rangle=\frac{1}{4}(z^2+z^{*2}+2|z|^2+1)$$

$$\langle z|X_2^2|z\rangle=\frac{1}{4}(z^2+z^{*2}-2|z|^2-1) \tag{2.32}$$

均方差为

$$(\Delta X_1)^2=\langle z|X_1^2|z\rangle-(\langle z|X_1|z\rangle)^2=\frac{1}{4}$$

$$(\Delta X_2)^2=\langle z|X_2^2|z\rangle-(\langle z|X_2|z\rangle)^2=\frac{1}{4} \tag{2.33}$$

于是有

$$\Delta X_1 \Delta X_2 = \frac{1}{4} \tag{2.34}$$

注意到 $X_1 = \frac{1}{\sqrt{2}} X$, $X_2 = \frac{1}{\sqrt{2}} P$, $[X, P] = \mathrm{i}\hbar$，故处于相干态时，有

$$\Delta X \Delta P = \frac{\hbar}{2} \tag{2.35}$$

可见，相干态 $|z\rangle$ 是使得坐标-动量不确定关系取极小值的态。让 $z = \frac{1}{\sqrt{2}}(x + \mathrm{i}p)$，则 $\langle z | X | z\rangle = x$，$\langle z | P | z\rangle = p$，故在坐标 x-动量 p 相空间中，代表相干态的不是一个点，而是一个占面积为 $\frac{\hbar}{2}$ 的小圆，圆心处在 (x, p) 点。因此，描述经典相点的运动的理论也要做相应的修改。本节最后指出：产生谐振子的相干态的动力学哈密顿量是

$$H_0 = \omega a^{\dagger} a + \mathrm{i} f a - \mathrm{i} f^{*} a^{\dagger} \tag{2.36}$$

2.3 由相干态表象导出量子扩散方程的经典对应

相干态表象有广泛的应用。例如，用它可以直接导出对应经典扩散方程的量子主方程是[5-7]

$$\frac{\mathrm{d}\rho}{\mathrm{d}t} = -\kappa(a^{\dagger} a \rho - a^{\dagger} \rho a - a \rho a^{\dagger} + \rho a a^{\dagger}) \tag{2.37}$$

事实上，用在相干态 $|\alpha\rangle\langle\alpha|$ 中的 P 表示：

$$\rho(t) = \int \frac{\mathrm{d}^2 \alpha}{\pi} \mathrm{P}(\alpha, t) |\alpha\rangle\langle\alpha| \tag{2.38}$$

式(2.37)变成

$$\frac{\mathrm{d}\rho}{\mathrm{d}t} = -\kappa \int \frac{\mathrm{d}^2 \alpha}{\pi} \mathrm{P}(\alpha, t)(a^{\dagger} a |\alpha\rangle\langle\alpha| - a^{\dagger} |\alpha\rangle \langle\alpha| a - a |\alpha\rangle\langle\alpha| a^{\dagger} + |\alpha\rangle\langle\alpha| a a^{\dagger}) \tag{2.39}$$

用

$$a^{\dagger}|\alpha\rangle\langle\alpha| = :a^{\dagger}\mathrm{e}^{-|\alpha|^2+\alpha a^{\dagger}+\alpha^* a-a^{\dagger}a}: = \left(\alpha^* + \frac{\partial}{\partial\alpha}\right)|\alpha\rangle\langle\alpha|$$

$$|\alpha\rangle\langle\alpha|a = \left(\alpha + \frac{\partial}{\partial\alpha^*}\right)|\alpha\rangle\langle\alpha| \tag{2.40}$$

我们看到

$$\begin{aligned}
&a^{\dagger}a|\alpha\rangle\langle\alpha| - a^{\dagger}|\alpha\rangle\langle\alpha|a - a|\alpha\rangle\langle\alpha|a^{\dagger} + |\alpha\rangle\langle\alpha|aa^{\dagger}\\
&= \alpha a^{\dagger}|\alpha\rangle\langle\alpha| - \left(\alpha^* + \frac{\partial}{\partial\alpha}\right)|\alpha\rangle\langle\alpha|a - |\alpha|^2|\alpha\rangle\langle\alpha| + \left(\alpha + \frac{\partial}{\partial\alpha^*}\right)|\alpha\rangle\langle\alpha|a^{\dagger}\\
&= \alpha\left(\alpha^* + \frac{\partial}{\partial\alpha}\right)|\alpha\rangle\langle\alpha| - \left(\alpha^* + \frac{\partial}{\partial\alpha}\right)\left(\alpha + \frac{\partial}{\partial\alpha^*}\right)\\
&\quad |\alpha\rangle\langle\alpha| - |\alpha|^2|\alpha\rangle\langle\alpha| + \left(\alpha + \frac{\partial}{\partial\alpha^*}\right)(\alpha^*|\alpha\rangle\langle\alpha|)\\
&= -\frac{\partial^2}{\partial\alpha\partial\alpha^*}|\alpha\rangle\langle\alpha|
\end{aligned} \tag{2.41}$$

把式(2.41)代入式(2.39)，我们有

$$\frac{\mathrm{d}\rho}{\mathrm{d}t} = \kappa\int\frac{\mathrm{d}^2\alpha}{\pi}\frac{\partial^2 \mathrm{P}(\alpha, t)}{\partial\alpha\partial\alpha^*}|\alpha\rangle\langle\alpha| \tag{2.42}$$

另一方面，由式(2.38)，我们有

$$\frac{\mathrm{d}\rho}{\mathrm{d}t} = \int\frac{\mathrm{d}^2\alpha}{\pi}\frac{\partial \mathrm{P}(\alpha, t)}{\partial t}|\alpha\rangle\langle\alpha| \tag{2.43}$$

比较(2.42)与(2.43)，导出经典扩散方程

$$\frac{\partial \mathrm{P}(\alpha, t)}{\partial t} = \frac{\partial^2 \mathrm{P}(\alpha, t)}{\partial\alpha\partial\alpha^*} \tag{2.44}$$

可见，式(2.37)为量子扩散方程。

2.4 由相干态表象导出量子耗散方程的经典对应

光场在振幅衰减通道中的演化的一个典型例子是纯相干态密度算符$|\alpha\rangle\langle\alpha|$的振幅衰减，

$$|\alpha\rangle\langle\alpha| \to |\alpha e^{-\chi t}\rangle\langle\alpha e^{-\chi t}| \tag{2.45}$$

χ 是衰减率,现在我们着手讨论这个演化受什么方程支配。用正规乘积性质及

$$|\alpha e^{-\chi t}\rangle\langle\alpha e^{-\chi t}| = :\exp(-|\alpha|^2 e^{-2\chi t} + \alpha e^{-\chi t}a^\dagger + \alpha^* e^{-\chi t}a - a^\dagger a): \tag{2.46}$$

得到

$$\begin{aligned}
&\frac{d}{dt}|\alpha e^{-\chi t}\rangle\langle\alpha e^{-\chi t}| \\
&= \frac{d}{dt}:\exp(-|\alpha|^2 e^{-2\chi t} + \alpha e^{-\chi t}a^\dagger + \alpha^* e^{-\chi t}a - a^\dagger a): \\
&= 2\chi|\alpha|^2 e^{-2\chi t}|\alpha e^{-\chi t}\rangle\langle\alpha e^{-\chi t}| - \chi a^\dagger \alpha e^{-\chi t}|\alpha e^{-\chi t}\rangle \\
&\quad \langle\alpha e^{-\chi t}| - \chi|\alpha e^{-\chi t}\rangle\langle\alpha e^{-\chi t}|\alpha^* e^{-\chi t}a \\
&= 2\chi a|\alpha e^{-\chi t}\rangle\langle\alpha e^{-\chi t}|a^\dagger - \chi a^\dagger a|\alpha e^{-\chi t}\rangle \\
&\quad \langle\alpha e^{-\chi t}| - \chi|\alpha e^{-\chi t}\rangle\langle\alpha e^{-\chi t}|a^\dagger a
\end{aligned} \tag{2.47}$$

令 $|\alpha e^{-\chi t}\rangle\langle\alpha e^{-\chi t}| = \rho(t)$,式(2.47)就等价于

$$\frac{d}{dt}\rho(t) = \chi(2a\rho a^\dagger - a^\dagger a\rho - \rho a^\dagger a) \tag{2.48}$$

这就给出了量子振幅衰减方程。

2.5 量子衰减方程的无穷和幂级数形式解

已经知道初态 $|\alpha\rangle\langle\alpha| \to |\alpha e^{-\chi t}\rangle\langle\alpha e^{-\chi t}|$,用 IWOP 积分技术,得到

$$\begin{aligned}
|\alpha e^{-\chi t}\rangle\langle\alpha e^{-\chi t}| &= :e^{-e^{-2\chi t}|\alpha|^2} e^{\alpha e^{-\kappa t}a^\dagger + \alpha^* e^{-\kappa t}a - a^\dagger a}: \\
&= e^{(1-e^{-2\chi t})|\alpha|^2} e^{-|\alpha|^2} e^{\alpha e^{-\kappa t}a^\dagger}|0\rangle\langle 0|e^{\alpha^* e^{-\kappa t}a}
\end{aligned} \tag{2.49}$$

鉴于

$$e^{-\kappa t a^\dagger a}|\alpha\rangle = e^{-|\alpha|^2/2} e^{-\kappa t a^\dagger a} e^{\alpha a^\dagger} e^{\kappa t a^\dagger a} e^{-\kappa t a^\dagger a}|0\rangle = e^{-|\alpha|^2/2} e^{\alpha e^{-\kappa t}a^\dagger}|0\rangle \tag{2.50}$$

故有

$$\begin{aligned}
|\alpha e^{-\chi t}\rangle\langle\alpha e^{-\chi t}| &= \sum_{n=0}^{\infty}\frac{(1-e^{-2\chi t})^n}{n!}|\alpha|^{2n} e^{-\kappa t a^\dagger a}|\alpha\rangle\langle\alpha|e^{-\kappa t a^\dagger a} \\
&= \sum_{n=0}^{\infty}\frac{(1-e^{-2\chi t})^n}{n!} e^{-\kappa t a^\dagger a}a^n|\alpha\rangle\langle\alpha|a^{\dagger n} e^{-\kappa t a^\dagger a}
\end{aligned} \tag{2.51}$$

既然,任何终态密度算符可表示为

$$\rho(t)=\int \frac{d^2\alpha}{\pi}P(\alpha,0)\mid \alpha e^{-\chi t}\rangle\langle \alpha e^{-\chi t}\mid \tag{2.52}$$

于是,可以归纳出量子衰减方程的无穷和幂级数形式解为

$$\begin{aligned}\rho(t)&=\int \frac{d^2\alpha}{\pi}P(\alpha,0)\sum_{n=0}^{+\infty}\frac{(1-e^{-2\chi t})^n}{n!}e^{-\kappa t a^\dagger a}a^n\mid\alpha\rangle\langle\alpha\mid a^{\dagger n}e^{-\kappa t a^\dagger a}\\&=\sum_{n=0}^{+\infty}\frac{T^n}{n!}e^{-\kappa t a^\dagger a}a^n\rho_0 a^{\dagger n}e^{-\kappa t a^\dagger a}\\&\equiv\sum_{n=0}^{+\infty}M_n\rho_0 M_n^\dagger\end{aligned}\tag{2.53}$$

其中定义了算符

$$M_n=\frac{T^n}{n!}e^{-\kappa t a^\dagger a}a^n,\ T=1-e^{-2\kappa t}\tag{2.54}$$

可见 $\mathrm{tr}\,\rho(t)=1$。

2.6 用 IWOP 技术求量子衰减方程的积分形式解

用 $\rho(t)$ 的 P 表示将式(2.54)改写为

$$\begin{aligned}\rho(t)&=\sum_{n=0}^{\infty}\frac{T^n}{n!}e^{-\kappa t a^\dagger a}\int\frac{d^2\alpha}{\pi}P(\alpha,0)\mid\alpha\mid^{2n}\mid\alpha\rangle\langle\alpha\mid e^{-\kappa t a^\dagger a}\\&=\int\frac{d^2\alpha}{\pi}e^{T|\alpha|^2}P(\alpha,0)e^{-\kappa t a^\dagger a}\mid\alpha\rangle\langle\alpha\mid e^{-\kappa t a^\dagger a}\end{aligned}\tag{2.55}$$

再用

$$e^{-\kappa t a^\dagger a}\mid\alpha\rangle=e^{-|\alpha|^2/2+\alpha a^\dagger e^{-\kappa t}}\mid 0\rangle\tag{2.56}$$

可见

$$\rho(t)=\int\frac{d^2\alpha}{\pi}e^{-|\alpha|^2 e^{-2\kappa t}}P(\alpha,0):e^{a^\dagger\alpha e^{-\kappa t}+a\alpha^* e^{-\kappa t}-a^\dagger a}:\tag{2.57}$$

再将关系式

$$P(\alpha,0)=e^{|\alpha|^2}\int\frac{d^2\beta}{\pi}\langle-\beta\mid\rho_0\mid\beta\rangle e^{|\beta|^2+\beta^*\alpha-\beta\alpha^*}\tag{2.58}$$

($|\beta\rangle$ 也是相干态)代入式(2.57),就给出振幅衰减主方程的积分形式解为

$$\begin{aligned}\rho(t) &= \int \frac{\mathrm{d}^2\beta}{\pi}\langle -\beta | \rho_0 | \beta\rangle \mathrm{e}^{|\beta|^2}\int \frac{\mathrm{d}^2\alpha}{\pi}\mathrm{e}^{-|\alpha|^2(\mathrm{e}^{-2\kappa t}-1)} :\mathrm{e}^{\beta^*\alpha-\beta\alpha^*+a^\dagger\alpha\mathrm{e}^{-\kappa t}+a\alpha^*\mathrm{e}^{-\kappa t}-a^\dagger a}: \\ &= -\frac{1}{T}\int \frac{\mathrm{d}^2\beta}{\pi}\langle -\beta | \rho_0 | \beta\rangle \mathrm{e}^{|\beta|^2} :\exp\left[-\frac{1}{T}(a^\dagger\mathrm{e}^{-\kappa t}+\beta^*)(a\mathrm{e}^{-\kappa t}-\beta)-a^\dagger a\right]: \\ &= -\frac{1}{T}\int \frac{\mathrm{d}^2\beta}{\pi}\langle -\beta | \rho_0 | \beta\rangle \mathrm{e}^{|\beta|^2} :\exp\left\{\frac{1}{T}\left[|\beta|^2+\mathrm{e}^{-\kappa t}(\beta a^\dagger-\beta^* a)-a^\dagger a\right]\right\}:\end{aligned} \tag{2.59}$$

可见,给定一个初始态 ρ_0,只要算出矩阵元 $\langle -\beta | \rho_0 | \beta\rangle$,再用 IWOP 技术积分式(2.59),就可导出终态 $\rho(t)$。这样,通过将衰减型量子主方程的解发展为积分形式解,这从根本上简化了求终态密度矩阵的具体计算。

2.7 相干态表象中的单模菲涅尔算符

相干态表象的另一应用是导出光学菲涅尔(Fresnel)变换的量子力学对应[8]。经典光学中的光线传播由转移矩阵元 (A, B, C, D), $AD-BC=1$,入射光场 $f(x)$ 和出射光场 $g(x')$ 之间由菲涅尔积分联系:

$$g(x') = \frac{1}{\sqrt{2\pi \mathrm{i} B}}\int_{-\infty}^{\infty}\exp\left[\frac{\mathrm{i}}{2B}(Ax^2-2x'x+Dx'^2)\right]f(x)\mathrm{d}x \tag{2.60}$$

那么相应的量子算符是什么呢?这个问题目前没有答案。我们发现,用相干态定义,可得其量子光学对应的是

$$F_1(r, s) = \sqrt{s}\int \frac{\mathrm{d}^2 z}{\pi} | sz - rz^* \rangle\langle z |,$$

$$| sz - rz^* \rangle = \left| \begin{pmatrix} s & -r \\ -r^* & s^* \end{pmatrix}\begin{pmatrix} z \\ z^* \end{pmatrix}\right\rangle, \quad \langle z | = \left\langle \begin{pmatrix} z \\ z^* \end{pmatrix}\right| \tag{2.61}$$

这里参数 s, r 与一个经典的光线传播矩阵 $\begin{pmatrix} A & B \\ C & D \end{pmatrix}$ 有关,且满足 $|s|^2-|r|^2=1$,因此

$$s = \frac{1}{2}[A+D-\mathrm{i}(B-C)], \quad r = -\frac{1}{2}[A-D+\mathrm{i}(B+C)] \tag{2.62}$$

这里的幺模条件 $AD-BC=1$ 等价于关系式 $|s|^2-|r|^2=1$。用IWOP技术积分得

$$F(s,r)=\sqrt{s}\int\frac{d^2z}{\pi}:\exp[-|s|^2|z|^2+sza^\dagger+z^*(a-ra^\dagger)+\frac{r^*s}{2}z^2+\frac{rs^*}{2}z^{*2}-a^\dagger a]:$$
$$=\frac{1}{\sqrt{s^*}}\exp\left(-\frac{r}{2s^*}a^{\dagger 2}\right):\exp\left[\left(\frac{1}{s^*}-1\right)a^\dagger a\right]:\exp\left(\frac{r^*}{2s^*}a^2\right) \tag{2.63}$$

由此导出

$$\langle z|F(s,r)|z'\rangle=\frac{1}{\sqrt{s^*}}\exp\left(-\frac{|z|^2}{2}-\frac{|z'|^2}{2}-\frac{r}{2s^*}z^{*2}-\frac{r^*}{2s^*}z'^2+\frac{z^*z'}{s^*}\right) \tag{2.64}$$

我们称 $F(s,r)$ 为菲涅尔算符,因为它的经典对应是描述由参数为 A,B,C,D 的光学器件产生的菲涅尔衍射变换的积分,其在坐标 $\langle x|$ 表象中的矩阵元为

$$\langle x'|F_1(r,s)|x\rangle=\frac{1}{\sqrt{2\pi iB}}\exp\left[\frac{i}{2B}(Ax^2-2x'x+Dx'^2)\right] \tag{2.65}$$

若令 $f(x)=\langle x|f\rangle$,那么式(2.60)可表示为

$$g(x')=\int_{-\infty}^{\infty}\langle x'|F_1(r,s)|x\rangle\langle x|f\rangle dx=\langle x'|F_1(r,s)|f\rangle \tag{2.66}$$

这恰恰是菲涅尔变换的量子力学表示形式。用IWOP技术,可以进一步计算

$$F(r,s)F'(r',s')=\sqrt{ss'}\int\frac{d^2z}{\pi}\int\frac{d^2z'}{\pi}|sz-rz^*\rangle\langle z|s'z'-r'z'^*\rangle\langle z'|$$
$$=\frac{1}{\sqrt{s''^*}}\exp\left(-\frac{r''}{2s''^*}a^{\dagger 2}\right):\exp\left[\left(\frac{1}{s''^*}-1\right)a^\dagger a\right]:\times\exp\left(\frac{r''^*}{2s''^*}a^2\right)=F(r'',s'') \tag{2.67}$$

其中

$$\begin{pmatrix} s'' & r'' \\ -r''^* & s''^* \end{pmatrix} = \begin{pmatrix} s & r \\ -r^* & s^* \end{pmatrix} \begin{pmatrix} s' & r' \\ -r'^* & s'^* \end{pmatrix}, \ |s''|^2 - |r''|^2 = 1 \tag{2.68}$$

或

$$\begin{pmatrix} A'' & B'' \\ C'' & D'' \end{pmatrix} = \begin{pmatrix} A & B \\ C & D \end{pmatrix} \begin{pmatrix} A' & B' \\ C' & D' \end{pmatrix} = \begin{pmatrix} AA' + BC' & AB' + BD' \\ A'C + C'D & B'C + DD' \end{pmatrix} \tag{2.69}$$

可见,两次菲涅尔变换等价于其参数矩阵相乘的一次菲涅尔变换。可以证明,当用 $\begin{pmatrix} A & B \\ C & D \end{pmatrix}$ 来表示,式(2.63)为

$$F = \exp\left(\frac{\mathrm{i}C}{2A}Q^2\right) \exp\left[-\frac{\mathrm{i}}{2}(QP + PQ)\ln A\right] \exp\left(-\frac{\mathrm{i}B}{2A}P^2\right) \tag{2.70}$$

因为它生成的变换是

$$FQF^\dagger = DQ - BP, \ FPF^\dagger = AP - CQ \tag{2.71}$$

即 $\begin{pmatrix} Q \\ P \end{pmatrix} \to \begin{pmatrix} A & B \\ C & D \end{pmatrix}^{-1} \begin{pmatrix} Q \\ P \end{pmatrix}$。

2.8 一类阻尼振子的求解

下面用菲涅尔变换讨论如下阻尼振子的基态。假设阻尼振子的哈密顿量是

$$H = \mathrm{e}^{-2\gamma t} \frac{P^2}{2m} + \mathrm{e}^{2\gamma t} \frac{1}{2} m\omega_0^2 Q^2 \tag{2.72}$$

在相应的薛定谔方程中:

$$\mathrm{i}\frac{\partial |\psi(t)\rangle}{\partial t} = H|\psi(t)\rangle, \hbar = 1 \tag{2.73}$$

用菲涅尔算符 $F(t)$ 构建 $|\phi\rangle$:

$$|\phi\rangle = F(t)|\psi(t)\rangle \tag{2.74}$$

就有

$$\mathrm{i}\frac{\partial|\phi\rangle}{\partial t}=\mathrm{i}\frac{\partial F}{\partial t}|\psi(t)\rangle+FH|\psi(t)\rangle\equiv\mathcal{H}|\phi\rangle \tag{2.75}$$

鉴于 $FF^{-1}=1$ 以及 $\frac{\partial F}{\partial t}F^{-1}+F^{-1}\frac{\partial F}{\partial t}=0$，得到

$$\mathcal{H}=FHF^{-1}-\mathrm{i}F\frac{\partial F^{-1}}{\partial t} \tag{2.76}$$

如果要求 $\mathcal{H}$ 不显含时间

$$\mathcal{H}=\frac{P^2}{2m}+\frac{1}{2}m\omega^2Q^2,\quad \omega^2=\omega_0^2-\gamma^2 \tag{2.77}$$

那么 $F(t)$ 就应该满足

$$F(t)QF^{-1}(t)=\mathrm{e}^{-\gamma t}Q,\quad F(t)PF^{-1}(t)=\mathrm{e}^{\gamma t}P-\gamma\mathrm{e}^{\gamma t}Q \tag{2.78}$$

对照式(2.72)，可定出

$$A=\mathrm{e}^{\gamma t},\quad B=0,\quad C=m\gamma\mathrm{e}^{\gamma t},\quad D=\mathrm{e}^{-\gamma t} \tag{2.79}$$

对照式(2.70)就有

$$F=\exp\left(\frac{\mathrm{i}m\gamma}{2}Q^2\right)\exp\left[-\frac{\mathrm{i}\gamma t}{2}(QP+PQ)\right] \tag{2.80}$$

由于式(2.77)中哈密顿量所支配的不显含时间的薛定谔方程的解 $|\phi\rangle=\mathrm{e}^{-\mathrm{i}\omega t(n+1/2)}|n\rangle$，$|n\rangle$ 是粒子数态，则式(2.74)给出的解为

$$|\psi(t)\rangle=F^{-1}|\phi\rangle=\exp\left[\frac{\mathrm{i}\gamma t}{2}(QP+PQ)\right]\exp\left(\frac{-\mathrm{i}m\gamma}{2}Q^2\right)\mathrm{e}^{-\mathrm{i}\omega t(n+1/2)}|n\rangle \tag{2.81}$$

2.9 混合态 $\Delta_g(q, p)$ 的性质

不能写成纯态的量子态称为混合态，混合态表象也具备完备性。参考概率论中随机变量的正态分布的思想，在 (q, p) 相空间中引入正规乘积形式的正态分布算符[9]

$$\Delta_g(q,p)=\frac{1}{2\pi\sqrt{1-\tau^2}}:\exp\left\{-\frac{1}{2(1-\tau^2)}\left[\frac{(q-Q)^2}{\sigma_1^2}-2\tau\frac{(q-Q)(p-P)}{\sigma_1\sigma_2}+\frac{(p-P)^2}{\sigma_2^2}\right]\right\}: \tag{2.82}$$

这是一个混合态,因为它不能表达为 $|\rangle\langle|$ 的形式。令

$$\Lambda=1-\tau^2,\quad \sigma_p=\frac{1}{\sigma_1^2},\quad \sigma_q=\frac{1}{\sigma_2^2},\quad \sigma_{q,p}=\frac{\tau}{\sigma_1\sigma_2} \tag{2.83}$$

则

$$\Delta_g(q,p)=\frac{1}{2\pi\sqrt{\Lambda}}:\exp\left\{-\frac{1}{2\Lambda}\left[\sigma_p(q-Q)^2-2\sigma_{q,p}(q-Q)(p-P)+\sigma_q(p-P)^2\right]\right\}: \tag{2.84}$$

注意到

$$\sigma_q\sigma_p-\sigma_{q,p}^2=\frac{1-\tau^2}{(\sigma_1\sigma_2)^2}=\frac{\Lambda}{(\sigma_1\sigma_2)^2}>0 \tag{2.85}$$

这是正态分布的必要条件。

利用 IWOP 积分技术,可以证明

$$\frac{1}{\sigma_1\sigma_2}\iint_{-\infty}^{\infty}\mathrm{d}p\,\mathrm{d}q\,\Delta_g(q,p)=1 \tag{2.86}$$

这是混合态表象的完备性。事实上

$$\begin{aligned}
&\frac{1}{\sigma_1\sigma_2}\iint_{-\infty}^{\infty}\Delta_g(q,p)\mathrm{d}q\,\mathrm{d}p\\
&=\iint_{-\infty}^{\infty}\frac{\mathrm{d}q\,\mathrm{d}p}{2\pi\sigma_1\sigma_2\sqrt{\Lambda}}:\exp\left\{-\frac{1}{2\Lambda}\left[\sigma_p(q-Q)^2-2\sigma_{q,p}(q-Q)(p-P)+\sigma_q(p-P)^2\right]\right\}:\\
&=(2\pi\sigma_1\sigma_2\sqrt{\Lambda})^{-1}\sqrt{\frac{2\pi\Lambda}{\sigma_p}}\int_{-\infty}^{\infty}\mathrm{d}p:\mathrm{e}^{\frac{\sigma_{q,p}^2(p-P)^2}{2\Lambda\sigma_p}-\frac{\sigma_q}{2\Lambda}(p-P)^2}:
\end{aligned}$$

$$
\begin{aligned}
&=(\sqrt{2\pi\sigma_p})^{-1}\sqrt{\frac{2\pi\Lambda\sigma_p}{\sigma_q\sigma_p-\sigma_{q,p}^2}} \\
&=(\sigma_1\sigma_2)^{-1}\sqrt{\frac{\Lambda}{\sigma_q\sigma_p-\sigma_{q,p}^2}}=(\sigma_1\sigma_2)^{-1}\sqrt{\frac{\Lambda(\sigma_1\sigma_2)^2}{\Lambda}}=1
\end{aligned} \tag{2.87}
$$

因此,任何算符 H 可以用它做展开,

$$
H=\frac{1}{\sigma_1\sigma_2}\iint_{-\infty}^{\infty}\Delta_g(q,\ p)h(q,\ p)\mathrm{d}q\mathrm{d}p \tag{2.88}
$$

形成 H 在此混合态表象中的表示函数 $h(q,\ p)$,我们稍后将求出它。由

$$
\iint_{-\infty}^{\infty}:(q-Q)(p-P)\Delta_g(q,\ p):\mathrm{d}q\mathrm{d}p=\tau\sigma_q\sigma_p \tag{2.89}
$$

可知 τ 代表用 Q 测量和用 P 测量之间的关联。当 $\tau=0$,$\Delta_g(q,\ p)$ 约化为两个独立的单变量正态分布的乘积

$$
\Delta_g(q,\ p)\big|_{\tau=0}\rightarrow\frac{1}{2\pi\sigma_1\sigma_2}:\exp\left\{-\frac{(q-Q)^2}{2\sigma_1^2}-\frac{(p-P)^2}{2\sigma_2^2}\right\}: \tag{2.90}
$$

然后,我们计算混合态表象的边缘分布

$$
\begin{aligned}
\int_{-\infty}^{\infty}\Delta_g(q,\ p)\mathrm{d}q&=\frac{1}{2\pi\sqrt{\Lambda}}\sqrt{\frac{2\pi\Lambda}{\sigma_p}}:\mathrm{e}^{\frac{\sigma_{q,\,p}^2-\sigma_q\sigma_p}{2\Delta\sigma_p}(p-P)^2}: \\
&=\frac{1}{\sqrt{2\pi\sigma_p}}:\mathrm{e}^{-\frac{1}{2\sigma_p}(p-P)^2}:
\end{aligned} \tag{2.91}
$$

$$
\int_{-\infty}^{\infty}\Delta_g(q,\ p)\mathrm{d}p=\frac{1}{\sqrt{2\pi\sigma_p}}:\mathrm{e}^{-\frac{1}{2\sigma_q}(q-Q)^2}: \tag{2.92}
$$

2.10 混合态表象所体现的三种算符排序

令

$$
\sigma_1=\sigma_2=\frac{1}{\sqrt{2}},\ \tau=-\mathrm{i}k \tag{2.93}
$$

$$2(1-\tau^2)\sigma_1^2=1+k^2 \tag{2.94}$$

$$\frac{\tau}{(1-\tau^2)\sigma_1\sigma_2}=-\frac{2\mathrm{i}k}{1+k^2} \tag{2.95}$$

就可将 $\Delta_g(q,\ p)$ 改写为

$$\Omega_k(p,\ q)=\frac{1}{2\pi\sqrt{(1+k^2)}}:\exp\left[-\frac{(q-Q)^2}{1+k^2}-\frac{2\mathrm{i}k}{1+k^2}(q-Q)\times\right.$$
$$\left.(p-P)-\frac{(p-P)^2}{1+k^2}\right]: \tag{2.96}$$

利用数理统计理论分析式(2.96)，看出参数 k 起的作用是关联 Q 和 P，这也可以从以下积分证实

$$\iint\mathrm{d}p\,\mathrm{d}q:(q-Q)(p-P)\Omega_k(p,\ q):=-\mathrm{i}4k \tag{2.97}$$

当 $k=1$，鉴于

$$|\,p\rangle=\pi^{-1/4}\exp\left(-\frac{p^2}{2}+\sqrt{2}\,\mathrm{i}pa^\dagger+\frac{a^{\dagger 2}}{2}\right)\,|\,0\rangle \tag{2.98}$$

$$|\,q\rangle=\pi^{-1/4}\exp\left(-\frac{q^2}{2}+\sqrt{2}\,qa^\dagger-\frac{a^{\dagger 2}}{2}\right)\,|\,0\rangle \tag{2.99}$$

$|\,0\rangle$ 是福克空间的真空态，以及

$$|\,0\rangle\langle 0\,|=:\mathrm{e}^{-a^\dagger a}: \tag{2.100}$$

可知

$$\Omega_{k=1}(p,\ q)=\frac{1}{\pi\sqrt{2}}:\exp\left[-\frac{(q-Q)^2}{2}-\frac{\mathrm{i}}{2}(q-Q)(p-P)-\frac{(p-P)^2}{2}\right]:$$
$$=\frac{1}{\sqrt{2\pi}}\,|\,p\rangle\langle q\,|\,\mathrm{e}^{-\mathrm{i}pq} \tag{2.101}$$

它又等于

$$\frac{1}{\sqrt{2\pi}}\,|\,q\rangle\langle p\,|\,\mathrm{e}^{\mathrm{i}pq}=|\,q\rangle\langle q\,|\,p\rangle\langle p\,|=\delta(q-Q)\delta(p-P) \tag{2.102}$$

体现了 $Q-P$ 排序的积分核，例如

$$
\begin{aligned}
Q^n P^m &= Q^n \int_{-\infty}^{\infty} \mathrm{d}q \mid q\rangle\langle q \mid \int_{-\infty}^{\infty} \mathrm{d}p \mid p\rangle\langle p \mid P^m \\
&= \frac{1}{\sqrt{2\pi}} \iint_{-\infty}^{\infty} \mathrm{d}p\,\mathrm{d}q q^n p^m \mid q\rangle\langle p \mid \mathrm{e}^{\mathrm{i}pq} \\
&= \iint_{-\infty}^{\infty} \mathrm{d}p\,\mathrm{d}q q^n p^m \delta(q-Q)\delta(p-P)
\end{aligned} \tag{2.103}
$$

而当 $k=-1$ 时，有

$$
\Omega_{k=-1}(p, q) = \frac{1}{\sqrt{2\pi}} \mid q\rangle\langle p \mid \mathrm{e}^{\mathrm{i}pq}, \tag{2.104}
$$

$$
\frac{1}{\sqrt{2\pi}} \mid q\rangle\langle p \mid \mathrm{e}^{\mathrm{i}pq} = \mid q\rangle\langle q \mid p\rangle\langle p \mid = \delta(q-Q)\delta(p-P) \tag{2.105}
$$

体现了 $P-Q$ 排序，即有

$$
\begin{aligned}
P^m Q^n &= P^m \int_{-\infty}^{\infty} \mathrm{d}p \mid p\rangle\langle p \mid \int_{-\infty}^{\infty} \mathrm{d}q \mid q\rangle\langle q \mid Q^n \\
&= \frac{1}{\sqrt{2\pi}} \iint_{-\infty}^{\infty} \mathrm{d}p\,\mathrm{d}q \mid p\rangle\langle q \mid \mathrm{e}^{-\mathrm{i}pq} p^m q^n
\end{aligned} \tag{2.106}
$$

当 $k=0$，

$$
\Omega_{k=0}(p, q) = \frac{1}{\pi} : \mathrm{e}^{-(q-Q)^2-(p-P)^2} : \equiv \Delta(q, p) \tag{2.107}
$$

或

$$
\Delta(\alpha) = \frac{1}{\pi} : \exp[-2(a^{\dagger}-\alpha^{*})(a-\alpha)] : \tag{2.108}
$$

这正好是维格纳算符的正规乘积形式。

2.11 化算符为外尔排序的积分公式

进一步，用正规序算符内的积分技术写 $\Delta(\alpha)$ 为[10, 11]

$$\begin{aligned}\Delta(\alpha)&=\frac{1}{\pi}:\exp[-2(a^{\dagger}-\alpha^{*})(a-\alpha)]:\\&=\frac{1}{2}\int\frac{d^2\beta}{\pi^2}:e^{-\frac{1}{2}|\beta|^2-i\beta(a^{\dagger}-\alpha^{*})-i\beta^{*}(a-\alpha)}:\\&=\frac{1}{2}\int\frac{d^2\beta}{\pi^2}e^{-i\beta(a^{\dagger}-\alpha^{*})-i\beta^{*}(a-\alpha)}\end{aligned}\tag{2.109}$$

注意到 $e^{-i\beta a^{\dagger}-i\beta^{*}a}$，既与 $e^{-i\beta a^{\dagger}}e^{-i\beta^{*}a}$（正规排序）不同，也与 $e^{-i\beta^{*}a}e^{-i\beta a^{\dagger}}$（反正规排序）不同，所以 $e^{-i\beta a^{\dagger}-i\beta^{*}a}$ 是一种特殊的排序，称为外尔排序，以符号 $\vdots\ \vdots$ 标记之，为

$$e^{-i\beta(a^{\dagger}-\alpha^{*})-i\beta^{*}(a-\alpha)}=\vdots e^{-i\beta(a^{\dagger}-\alpha^{*})-i\beta^{*}(a-\alpha)}\vdots\tag{2.110}$$

而且在 $\vdots\ \vdots$ 内部，$a^{\dagger}$ 与 a 可以交换。于是，用外尔排序算符内的积分技术得到维格纳算符的外尔排序形式，即 Δ 算符形式

$$\begin{aligned}\Delta(\alpha)&=\frac{1}{2}\int\frac{d^2\beta}{\pi^2}\vdots e^{-i\beta(a^{\dagger}-\alpha^{*})-i\beta^{*}(a-\alpha)}\vdots\\&=\frac{1}{2}\vdots\delta(a-\alpha)\delta(a^{\dagger}-\alpha^{*})\vdots\end{aligned}\tag{2.111}$$

或

$$\Delta(q,\ p)=\vdots\delta(q-Q)\delta(p-P)\vdots\tag{2.112}$$

比较式(2.108)与式(2.112)，可见同一算符在不同排序下呈现不同形式。

根据完备性

$$\iint_{-\infty}^{\infty}dp\,dq\,\Delta(q,\ p)=1\tag{2.113}$$

任何算符 H 可以用 $\Delta(q,\ p)$ 展开：

$$H=\iint_{-\infty}^{\infty}dp\,dq\,\Delta(q,\ p)h(q,\ p)\tag{2.114}$$

$h(q,\ p)$ 就是 H 的一种经典对应，或称 H 为 $h(q,\ p)$ 的外尔-维格纳量子化对应

$$H=\iint_{-\infty}^{\infty}\mathrm{d}p\mathrm{d}q \,\vdots\,\delta(q-Q)\delta(p-P)\,\vdots\, h(q,\ p)=\,\vdots\, h(Q,\ P)\,\vdots \quad (2.115)$$

这是算符 H 的外尔排序形式。又见

$$\Delta(q,\ p)\rightarrow\frac{1}{\pi}:\mathrm{e}^{-2(a^{\dagger}-\alpha^{*})(a-\alpha)}:=\frac{1}{\pi}\mathrm{e}^{2\alpha a^{\dagger}}(-1)^{a^{\dagger}a}\mathrm{e}^{2\alpha^{*}a-2|\alpha|^{2}}\equiv\Delta(\alpha) \quad (2.116)$$

所以,它是一个厄米算符。维格纳算符具有正交性,体现在

$$\begin{aligned}\mathrm{tr}[\Delta(q,\ p)\Delta(q',\ p')]&=\frac{1}{\pi^{2}}\int\frac{\mathrm{d}^{2}z}{\pi}\langle z\mid \mathrm{e}^{2\alpha a^{\dagger}}(-1)^{a^{\dagger}a}\mathrm{e}^{2\alpha^{*}a}\mathrm{e}^{2\alpha' a^{\dagger}}(-1)^{a^{\dagger}a}\mathrm{e}^{2\alpha'^{*}a}\mid z\rangle\\&=2\pi\delta(q-q')\delta(p-p')\end{aligned} \quad (2.117)$$

一般而言,一种经典-量子对应方案就隐含着一种算符排序规则。具体说,就是将维格纳算符改写为(注意 P 与 Q 在$\vdots\ \vdots$ 内部对易),

$$\begin{aligned}\Delta(q,\ p)&=\,\vdots\,\delta(p-P)\delta(q-Q)\,\vdots\,=\,\vdots\,\delta(q-Q)\delta(p-P)\,\vdots\\&=\iint_{-\infty}^{\infty}\frac{\mathrm{d}u\mathrm{d}v}{4\pi^{2}}\,\vdots\,\mathrm{e}^{\mathrm{i}(q-Q)u+\mathrm{i}(p-P)v}\,\vdots\end{aligned} \quad (2.118)$$

或

$$\Delta(q,\ p)=\iint_{-\infty}^{\infty}\frac{\mathrm{d}u\mathrm{d}v}{4\pi^{2}}\mathrm{e}^{\mathrm{i}(q-Q)u+\mathrm{i}(p-P)v} \quad (2.119)$$

根据(2.112)有

$$\begin{aligned}\iint_{-\infty}^{\infty}\mathrm{d}p\mathrm{d}q\mathrm{e}^{\lambda q+\sigma p}\Delta(q,\ p)&=\iint_{-\infty}^{\infty}\mathrm{d}p\mathrm{d}q\mathrm{e}^{\lambda q+\sigma p}\,\vdots\,\delta(q-Q)\delta(p-P)\,\vdots\\&=\,\vdots\,\mathrm{e}^{\lambda Q+\sigma P}\,\vdots\,=\mathrm{e}^{\lambda Q+\sigma P}\end{aligned} \quad (2.120)$$

所以外尔-维格纳量子化的本质就是把经典量 $\mathrm{e}^{\lambda q+\sigma p}$ 直接量子化为 $\mathrm{e}^{\lambda Q+\sigma P}$ 的方案,或是以下式表征

$$\vdots\,(\lambda Q+\sigma P)^{n}\,\vdots\,=(\lambda Q+\sigma P)^{n} \quad (2.121)$$

相干态 $|z\rangle\langle z|$ 的外尔排序是

$$|z\rangle\langle z|=2\vdots e^{-2(z^*-a^\dagger)(z-a)}\vdots \tag{2.122}$$

证明：由式(2.109)可知，相干态投影算符 $|z\rangle\langle z|$ 的经典对应是

$$\begin{aligned}2\pi\mathrm{tr}[|z\rangle\langle z|\Delta(q,p)]&=2\pi\frac{1}{\pi}\langle z|:e^{-2(a-\alpha)(a^\dagger-\alpha^*)}:|z\rangle\\&=2e^{-2(z^*-\alpha^*)(z-\alpha)}\end{aligned}\tag{2.123}$$

其外尔对应式则为

$$|z\rangle\langle z|=4\int d^2\alpha e^{-2(z^*-\alpha^*)(z-\alpha)}\Delta(\alpha,\alpha^*) \tag{2.124}$$

鉴于式(2.122)给出的 $|z\rangle\langle z|$ 的外尔排序，可见式(2.125)中的维格纳算符的外尔排序形式是

$$\Delta(\alpha,\alpha^*)=\frac{1}{2}\vdots\delta(\alpha^*-a^\dagger)\delta(\alpha-a)\vdots \tag{2.125}$$

于是外尔对应式可改写为

$$\begin{aligned}H(a^\dagger,a)&=2\int d^2\alpha\Delta(\alpha,\alpha^*)h(\alpha,\alpha^*)\\&=\int d^2\alpha\vdots\delta(a^\dagger-\alpha^*)\delta(a-\alpha)\vdots h(\alpha,\alpha^*)\\&=\vdots h(a,a^\dagger)\vdots\end{aligned}\tag{2.126}$$

可见，要得到 $H(a^\dagger,a)$ 的外尔编序形式，只需将其经典外尔对应函数 $h(\alpha,\alpha^*)$ 中替换 $\alpha\to a$，$\alpha^*\to a^\dagger$ 即可。

用算符 ρ 在相干态表象中的 P 表示：

$$P(z)=\frac{e^{|z|^2}}{\pi}\int\frac{d^2\beta}{\pi}\langle-\beta|\rho|\beta\rangle e^{|\beta|^2}e^{\beta^*z-\beta z^*} \tag{2.127}$$

这里 $|\beta\rangle$ 为相干态，得

$$\begin{aligned}\rho(a,a^\dagger)&=\int\frac{d^2z}{\pi}P(z)|z\rangle\langle z|\\&=2\int\frac{d^2z}{\pi}\frac{e^{|z|^2}}{\pi^2}\int\frac{d^2\beta}{\pi}\langle-\beta|\rho|\beta\rangle e^{|\beta|^2}e^{\beta^*z-\beta z^*}\vdots\exp[-2(z^*-\alpha^*)(z-\alpha)]\vdots\\&=2\int\frac{d^2\beta}{\pi}\langle-\beta|\rho|\beta\rangle\vdots\exp[-2(\beta^*\alpha-\beta a^\dagger+a^\dagger a)]\vdots\end{aligned}\tag{2.128}$$

注意在 $\vdots\;\vdots$ 内部 a 与 $a^\dagger$ 可以交换。式(2.128)就是计算任意算符的外尔排序形式的基本公式。特别地，当 $\rho=1$ 时，注意到 $\langle -\beta \mid \beta\rangle = \mathrm{e}^{-2|\beta|^2}$，则式(2.128)退化为

$$1=2\int \frac{\mathrm{d}^2\beta}{\pi} \,\vdots \exp[-2(\beta^* + a^\dagger)(\beta - a)] \vdots \tag{2.129}$$

2.12 维格纳算符的拉东变换

上节中，引入了维格纳算符 $\Delta(x,\ p)$。再利用 $x-p$ 相位空间线性组合 $x\cos\theta + p\sin\theta$，可引入所谓的区域算符 $\hat{R}(u,\ \theta)$ [12]：

$$\hat{R}(u,\ \theta)=\frac{1}{\pi}\int_{-\infty}^{\infty} \delta(u - x\cos\theta - p\sin\theta)\Delta(x,\ p)\mathrm{d}x\mathrm{d}p \tag{2.130}$$

称为 $\Delta(x,\ p)$ 的拉东变换，它在重构维格纳函数中的层析(tomography)技术中备受关注。根据维格纳算符的正规乘积形式

$$\Delta(x,\ p)=\frac{1}{\pi} :\mathrm{e}^{-(x-\hat{X})^2-(p-\hat{P})^2}: \tag{2.131}$$

以及 IWOP 技术，有

$$\begin{aligned}
&\int_{-\infty}^{\infty} \mathrm{d}x\mathrm{d}p\delta(u-\lambda x-\tau p)\Delta(x,\ p)\\
&=[\pi(\lambda^2+\tau^2)]^{-\frac{1}{2}} :\exp\left[-\frac{1}{\lambda^2+\tau^2}(u-\lambda\hat{X}-\tau\hat{P})^2\right]:\\
&=\mid u\rangle_{\lambda,\ \tau\lambda,\ \tau}\langle u \mid
\end{aligned} \tag{2.132}$$

其中 $\mid u\rangle_{\lambda,\ \tau}$ 为

$$\mid u\rangle_{\lambda,\ \tau}=[\pi(\lambda^2+\tau^2)]^{-1/4}\mathrm{e}^{-\frac{u^2}{2(\lambda^2+\tau^2)}+\frac{\sqrt{2}ua^\dagger}{\lambda-\mathrm{i}\tau}-\frac{\lambda+\mathrm{i}\tau}{2(\lambda-\mathrm{i}\tau)}a^{\dagger 2}} \mid 0\rangle \tag{2.133}$$

这正是 $\lambda\hat{X}+\tau\hat{P}$ 的本征态，即

$$(\lambda\hat{X}+\tau\hat{P}) \mid u\rangle_{\lambda,\ \tau}=u \mid u\rangle_{\lambda,\ \tau} \tag{2.134}$$

其中

$$\hat{X}=\frac{a+a^\dagger}{\sqrt{2}},\quad \hat{P}=\frac{a-a^\dagger}{\sqrt{2}\mathrm{i}},\quad [a,\ a^\dagger]=1 \tag{2.135}$$

$|u\rangle_{\lambda,\tau}$ 具有完备性，即

$$\int_{-\infty}^{\infty}\mathrm{d}u\ |u\rangle_{\lambda,\tau\lambda,\tau}\langle u|=\frac{1}{\sqrt{\pi(\lambda^2+\tau^2)}}\int_{-\infty}^{\infty}\mathrm{d}u\ :\mathrm{e}^{-\frac{1}{\lambda^2+\tau^2}(u-\lambda\hat{X}-\tau\hat{P})^2}:=1 \tag{2.136}$$

此外也有正交性

$$_{\lambda,\tau}\langle u'|u\rangle_{\lambda,\tau}=\delta(u-u') \tag{2.137}$$

因此，$|u\rangle_{\lambda,\tau}$ 有资格组成一个新量子力学表象。通过观察式(2.134)，可称它为坐标-动量中介表象。进一步，可以证明 $\Delta(x,p)$ 的坐标表象是

$$\Delta(x,p)=\int_{-\infty}^{\infty}\frac{\mathrm{d}u}{2\pi}\mathrm{e}^{-\mathrm{i}pu}\left|x-\frac{u}{2}\right\rangle\left\langle x+\frac{u}{2}\right| \tag{2.138}$$

其中 $|x\rangle$ 为坐标本征态，在福克空间中，态 $|x\rangle$ 具有如下表达式：

$$|x\rangle=\pi^{-\frac{1}{4}}\exp\left(-\frac{x^2}{2}+\sqrt{2}xa^{\dagger}-\frac{a^{\dagger 2}}{2}\right)|0\rangle \tag{2.139}$$

证明：利用真空投影算符的正规乘积表示

$$|0\rangle\langle 0|=:\mathrm{e}^{-a^{\dagger}a}: \tag{2.140}$$

和 IWOP 积分技术，可得到

$$\begin{aligned}\Delta(x,p)=&\frac{1}{2\pi\sqrt{\pi}}\int_{-\infty}^{\infty}\mathrm{d}v\mathrm{e}^{\mathrm{i}pv}\exp\left[-\frac{1}{2}\left(x+\frac{v}{2}\right)^2+\sqrt{2}\left(x+\frac{v}{2}\right)a^{\dagger}-\frac{a^{\dagger 2}}{2}\right]\\&|0\rangle\langle 0|\exp\left[-\frac{1}{2}\left(x-\frac{v}{2}\right)^2+\sqrt{2}\left(x-\frac{v}{2}\right)a-\frac{a^2}{2}\right]\\=&\frac{1}{\pi}:\mathrm{e}^{-(x-X)^2-(p-P)^2}:\end{aligned} \tag{2.141}$$

这里

$$X=\frac{a+a^{\dagger}}{\sqrt{2}},\quad P=\frac{a-a^{\dagger}}{\sqrt{2}\mathrm{i}} \tag{2.142}$$

取 $\Delta(x,p)$ 的边缘积分，可有

$$\int_{-\infty}^{\infty}\mathrm{d}p\Delta(x,p)=\frac{1}{\sqrt{\pi}}:\mathrm{e}^{-(x-X)^2}:=|x\rangle\langle x| \tag{2.143}$$

$$\int_{-\infty}^{\infty} \mathrm{d}x \Delta(x, p) = \frac{1}{\sqrt{\pi}} : \mathrm{e}^{-(p-P)^2} := | p \rangle \langle p | \tag{2.144}$$

令 $\alpha = \frac{x + \mathrm{i}p}{\sqrt{2}}$，可把 $\Delta(x, p)$ 重新表达为

$$\Delta(x, p) \to \Delta(\alpha, \alpha^*) = \frac{1}{\pi} : \mathrm{e}^{-2(\alpha^* - a^\dagger)(\alpha - a)} : \tag{2.145}$$

这恰好为维格纳算符的正规乘积表示。

用(2.145)式可知，算符 $\rho(a^\dagger, a)$ 的外尔-维格纳对应为 $h(\alpha, \alpha^*)$，即

$$\rho(a^\dagger, a) = 2\int \mathrm{d}^2\alpha h(\alpha, \alpha^*) \Delta(\alpha, \alpha^*) \tag{2.146}$$

再从

$$(-1)^N = \int \frac{\mathrm{d}^2 z}{\pi} | z \rangle \langle -z | \tag{2.147}$$

并根据式(2.116)和式(2.147)，可导出维格纳算符 $\Delta(\alpha, \alpha^*)$ 的相干态表示为

$$\begin{aligned}
\Delta(\alpha, \alpha^*) &= \frac{1}{\pi} \mathrm{e}^{-2\alpha^* a + 2|\alpha|^2} \int \frac{\mathrm{d}^2 z}{\pi} | z \rangle \langle -z | \mathrm{e}^{-2\alpha a^\dagger} \\
&= \mathrm{e}^{2|\alpha|^2} \int \frac{\mathrm{d}^2 z}{\pi^2} | z \rangle \langle -z | \mathrm{e}^{2(\alpha z^* - \alpha^* z)} \\
&= \int \frac{\mathrm{d}^2 z}{\pi^2} | \alpha + z \rangle \langle \alpha - z | \mathrm{e}^{\alpha z^* - z\alpha^*}
\end{aligned} \tag{2.148}$$

参考文献

[1] Fan H Y. Operator ordering in quantum optics theory and the development of Dirac's symbolic method [J]. Journal of optics B: Quantum and Semiclassical Optics. 2003, 5(4): R147 - R163.

[2] Fan H Y. The development of Dirac's symbolic method by virtue the IWOP technique [J]. Communications in Theoretical Physics. 1999, 31(2): 285 - 290.

[3] Meng X G, Wang J S, Liang B L. Entangled State Representation in Quantum Optics [M]. Singapore: Springer, 2023: 44 - 45.

[4] Meng X G, Li K C, Wang J S, et al. Continuous-variable entanglement and Wigner function negativity via adding or subtracting photons [J]. Annalen der Physik, 2020,

532(5): 1900585.
[5] Carmichael H J. Statistical methods in quantum optics 1: master equations and Fokker-Planck equations [M]. New York: Springer, 1999: 56 - 58.
[6] Carmichael H J. Statistical methods in quantum optics 2: non-classical fields [M]. Berlin: Springer, 2008: 98 - 99.
[7] Meng X G, Fan H Y, Wang J S. Generation of a kind of displaced thermal states in the diffusion process and its statistical properties [J]. International Journal of Theoretical Physics, 2018, 57(4): 1202 - 1209.
[8] Fan H Y, Hu L Y. Fresnel-transform's quantum correspondence and quantum optical ABCD law [J]. Chinese Physics Letters, 2007, 24(8): 2238 - 2241.
[9] Wang J S, Fan H Y, Meng X G. A generalized Weyl Wigner quantization scheme unifying *P-Q* and *Q-P* ordering and Weyl ordering of operators [J]. Chinese Physics B, 2012, 21(6): 064204.
[10] Fan H Y. Weyl ordering quantum mechanical operators by virtue of the IWWP technique [J]. Journal of Physics A: Mathematical and General, 1992, 25(11): 3443 - 3449.
[11] Fan H Y, Cheng H L. Two-parameter Radon transformation of the Wigner operator and its inverse [J]. Chinese Physics Letters, 2001, 18(7): 850 - 853.
[12] Meng X G, Wang J S, Liang B L, et al. Optical tomograms of multiple-photon-added Gaussian states via the intermediate state representation theory [J]. Journal of Experimental and Theoretical Physics, 2018, 127(3): 383 - 390.

3

双模纠缠态表象

本章介绍如何由双变量厄米多项式构建连续变量双模纠缠态。

3.1 双变量厄米多项式与恒等式 $a^m a^{\dagger n} = (-\mathrm{i})^{m+n} \vdots \mathrm{H}_{m,n}(\mathrm{i}a^{\dagger}, \mathrm{i}a) \vdots$

利用相干态的完备性和 IWOP 技术化反正规乘积算符 $\vdots \rho(a^{\dagger}, a) \vdots$ 为正规乘积，即[1, 2]

$$\vdots \rho(a^{\dagger}, a) \vdots = \int \frac{\mathrm{d}^2 z}{\pi} \rho(z, z^*) \mid z\rangle\langle z \mid, \ a \mid z\rangle = z \mid z\rangle \tag{3.1}$$

$\vdots \ \vdots$ 代表反正规乘积，$\rho(z, z^*)$ 称为 P 表示。例如，

$$\begin{aligned} \mathrm{e}^{\lambda a} \mathrm{e}^{\sigma a^{\dagger}} &= \int \frac{\mathrm{d}^2 z}{\pi} \mathrm{e}^{\lambda z} \mid z\rangle\langle z \mid \mathrm{e}^{\sigma z^*} \\ &= \int \frac{\mathrm{d}^2 z}{\pi} : \mathrm{e}^{-|z|^2 + z(a^{\dagger}+\lambda) + z^*(a+\sigma) - a^{\dagger}a} : \\ &= : \mathrm{e}^{\lambda a + \sigma a^{\dagger} + \lambda\sigma} : \end{aligned} \tag{3.2}$$

上式让我们想起把指数函数 $\exp(tx + \tau y - t\tau)$ 展开为如下幂级数

$$\exp(tx + \tau y - t\tau) = \sum_{n, m=0}^{\infty} \frac{t^m \tau^n}{m!n!} \mathrm{H}_{m,n}(x, y) \tag{3.3}$$

其中 $\mathrm{H}_{m,n}(x, y)$ 待定，注意其简并情形就是单变量厄米多项式 $\mathrm{H}_n(x) = \frac{\partial^n}{\partial t^n} \exp(2xt - t^2) \mid_{t=0}$。由直接微商得

$$\begin{aligned}\mathrm{H}_{m,n}(x, y) &= \frac{\partial^{n+m}}{\partial t^m \partial \tau^n} \exp(tx + \tau y - t\tau) \mid_{t=\tau=0} \\ &= \frac{\partial^m}{\partial t^m} \mathrm{e}^{tx} \frac{\partial^n}{\partial \tau^n} \exp(\tau(y-t)) \mid_{t=\tau=0} \\ &= \frac{\partial^m}{\partial t^m} [\mathrm{e}^{tx}(y-t)^n] \mid_{t=0} \\ &= \sum_{l=0} \binom{m}{l} \frac{\partial^l}{\partial t^l} (y-t)^n \frac{\partial^{m-l}}{\partial t^{m-l}} \mathrm{e}^{tx} \mid_{t=0} \\ &= \sum_{l=0}^{\min(m,n)} \frac{m!n!(-1)^l}{l!(m-l)!(n-l)!} x^{m-l} y^{n-l}\end{aligned} \tag{3.4}$$

这恰好是双变量厄米多项式的定义。于是式(3.2)的右边可以展开为

$$\begin{aligned}&:\mathrm{e}^{\lambda a+\sigma a^\dagger+\lambda\sigma}: = :\exp[(-\mathrm{i}\sigma)(\mathrm{i}a^\dagger) + (-\mathrm{i}\lambda)(\mathrm{i}a) - (-\mathrm{i}\lambda)(-\mathrm{i}\sigma)]: \\ &= \sum_{n,m=0}^{\infty} \frac{(-\mathrm{i}\sigma)^m(-\mathrm{i}\lambda)^n}{m!n!} :\mathrm{H}_{m,n}(\mathrm{i}a^\dagger, \mathrm{i}a):\end{aligned} \tag{3.5}$$

另一方面,又有

$$\sum_{m,n} \frac{\lambda^m \sigma^n}{m!n!} a^m a^{\dagger n} = \mathrm{e}^{\lambda a} \mathrm{e}^{\sigma a^\dagger} \tag{3.6}$$

比较式(3.2)和式(3.5),得简洁的算符恒等式

$$a^l a^{\dagger k} = (-\mathrm{i})^{l+k} :\mathrm{H}_{l,k}(\mathrm{i}a^\dagger, \mathrm{i}a): = \sum_{s=0}^{\min[l,k]} \frac{l!k!a^{\dagger k-s} a^{l-s}}{s!(l-s)!(k-s)!} \tag{3.7}$$

利用相干态的完备性和 IWOP 积分技术,也可直接得此公式

$$\begin{aligned}a^m a^{\dagger n} &= \int \frac{\mathrm{d}^2 z}{\pi} a^m \mid z\rangle\langle z \mid a^{\dagger n} \\ &= \int \frac{\mathrm{d}^2 z}{\pi} z^m z^{*n} :\mathrm{e}^{-|z|^2+za^\dagger+z^*a-a^\dagger a}: \\ &= (-\mathrm{i})^{m+n} :\mathrm{H}_{m,n}(\mathrm{i}a^\dagger, \mathrm{i}a):\end{aligned} \tag{3.8}$$

3.2 算符恒等式 $a^{\dagger n} a^m = :\mathrm{H}_{n,m}(a^\dagger, a):$ 与相应的积分变换

将 $\mathrm{e}^{\lambda Q}$ 以反正规乘积展开,以 $\vdots\ \vdots$ 标记之[3, 4],

$$e^{\lambda Q}=e^{\frac{\lambda(a+a^\dagger)}{\sqrt{2}}}=\vdots\, e^{\lambda Q-\frac{\lambda^2}{4}}\,\vdots=\vdots\sum_{l=0}^{\infty}\frac{\left(\frac{\lambda}{2}\right)^n}{n!}\vdots\, H_n(Q)\,\vdots \tag{3.9}$$

就导出 Q^n 的反正规乘积展开公式

$$Q^n=2^{-n}\vdots\, H_n(Q)\,\vdots \tag{3.10}$$

进而，我们有

$$\begin{aligned}e^{2tfQ-t^2}&=\sum_{m=0}^{\infty}\frac{t^m}{m!}H_m(fQ)=\vdots\, e^{2tfQ-(f^2+1)t^2}\,\vdots\\&=\sum_{n=0}^{\infty}\frac{(\sqrt{(f^2+1)^n}t)^n}{n!}\vdots\, H_n\left(\frac{fQ}{\sqrt{f^2+1}}\right)\vdots\end{aligned} \tag{3.11}$$

这说明，当 $f=1$，有算符恒等式

$$H_n(Q)=\sqrt{2^n}\,\vdots\, H_n\left(\frac{Q}{2}\right)\vdots \tag{3.12}$$

从式(3.9)，我们又得

$$\begin{aligned}e^{ta^\dagger}e^{\tau a}&=\vdots\exp(\tau a+ta^\dagger-\tau t)\vdots\\&=\sum_{n,\,m=0}^{\infty}\frac{t^n\tau^m}{n!m!}\vdots\, H_{n,\,m}(a^\dagger,\,a)\,\vdots=\sum_{n,\,m=0}^{\infty}\frac{t^n\tau^m}{n!m!}a^{\dagger n}a^m\end{aligned} \tag{3.13}$$

因此，算符 $a^{\dagger n}a^m$ 的反正规乘积是

$$a^{\dagger n}a^m=\vdots\, H_{n,\,m}(a^\dagger,\,a)\,\vdots \tag{3.14}$$

联立式(3.14)和式(3.4)、(3.8)给出，

$$\begin{aligned}a^{\dagger n}a^m&=\vdots\, H_{n,\,m}(a,\,a^\dagger)\,\vdots=\sum_{l=0}\frac{n!m!}{(k-l)!l!(k-l)!}(-1)^l a^{n-l}a^{\dagger m-l}\\&=\sum_{l=0}\frac{n!m!}{(k-l)!l!(k-l)!}(-\mathrm{i})^{m+n}:H_{m-l,\,n-l}(\mathrm{i}a^\dagger,\,\mathrm{i}a):=:a^{\dagger n}a^m:\end{aligned} \tag{3.15}$$

这表明有以下展开，

$$z^{*n}z^m=\sum_{l=0}\frac{n!m!}{(k-l)!l!(k-l)!}(-\mathrm{i})^{m+n}H_{m-l,\,n-l}(\mathrm{i}z^*,\,\mathrm{i}z) \tag{3.16}$$

可见式(3.16)与式(3.4)互为反演，并了解了函数空间的多项式基函数 $z^m z^{*n}/\sqrt{m!n!}$ 和双模厄米多项式的互换关系(通过积分来实现)。用相干态的完备性和 IWOP 技术以及式(3.14)可以看出，

$$\vdots \mathrm{H}_{m,n}(a^{\dagger}, a) \vdots = \int \frac{\mathrm{d}^2 z}{\pi} \vdots \mathrm{H}_{m,n}(a^{\dagger}, a) \vdots \ |z\rangle\langle z| \\ = : \int \frac{\mathrm{d}^2 z}{\pi} \mathrm{H}_{m,n}(z^*, z) \exp[-(z^* - a^{\dagger})(z - a)] := a^{\dagger m} a^n \tag{3.17}$$

把 $a^{\dagger}$ 和 a 分别代之以 λ 和 σ，就得到

$$\int \frac{\mathrm{d}^2 z}{\pi} \mathrm{H}_{m,n}(z^*, z) \mathrm{e}^{-(z^* - \lambda)(z - \sigma)} = \lambda^m \sigma^n \tag{3.18}$$

它是式(3.17)的伴随积分。将双模厄米多项式的定义式代入(3.18)并积分，得

$$\sum_{l=0}^{\min(m,n)} \frac{m!n!}{l!(m-l)!(n-l)!}(-1)^l \int \frac{\mathrm{d}^2 z}{\pi} z^{m-l} z^{*n-l} \exp[-(z^* - \lambda)(z - \sigma)] \\ = \sum_{l=0}^{\min(m,n)} \frac{m!n!}{l!(m-l)!(n-l)!}(-1)^l (-\mathrm{i})^{m+n} \mathrm{H}_{m-l, n-l}(\mathrm{i}\lambda, \mathrm{i}\sigma) \tag{3.19}$$

可见存在新公式

$$(-\mathrm{i})^{m+n} \sum_{l=0}^{\min(m,n)} \frac{m!n!(-1)^l}{l!(m-l)!(n-l)!} \mathrm{H}_{m-l, n-l}(\mathrm{i}\lambda, \mathrm{i}\sigma) = \lambda^m \sigma^n \tag{3.20}$$

这是式(3.4)的反演式。

用双模厄米多项式的母函数式(3.4)，可得递推关系，

$$n\mathrm{H}_{m,n-1}(z, z^*) + \mathrm{H}_{m+1,n}(z, z^*) = z\mathrm{H}_{m,n}(z, z^*) \tag{3.21}$$

$$m\mathrm{H}_{m-1,n}(z, z^*) + \mathrm{H}_{m,n+1}(z, z^*) = z^*\mathrm{H}_{m,n}(z, z^*) \tag{3.22}$$

以及

$$\exp(-tt' + tz + t'z^*)\exp(-t^*t'^* + t^*z^* + t'^*z)\mathrm{e}^{-|z|^2} \\ = \sum_{m,n=0}^{\infty} \sum_{m',n'=0}^{\infty} \mathrm{e}^{-|z|^2} \frac{t^m t'^n}{m!n!} \frac{t^{*m} t'^{*n}}{m'!n'!} \mathrm{H}_{m,n}(z, z^*) \mathrm{H}^*_{m',n'}(z, z^*) \tag{3.23}$$

上式两边对 $\mathrm{d}^2 z$ 积分得到

$$\exp(tt^* + t't'^*) = \sum_{m,n=0}^{\infty} \sum_{m',n'=0}^{\infty} \frac{t^m t'^n}{\sqrt{m!n!}} \frac{t^{*m} t'^{*n}}{\sqrt{m'!n'!}} \times$$

$$\int \frac{d^2 z}{\pi} e^{-|z|^2} \frac{H_{m,n}(z, z^*)}{\sqrt{m!n!}} \frac{H^*_{m',n'}(z, z^*)}{\sqrt{m'!n'!}} \tag{3.24}$$

比较此式两边的 $\frac{t^m t^{*m} t'^n t'^{*n}}{m!n!}$，可得

$$\int \frac{d^2 z}{\pi} e^{-|z|^2} H_{m,n}(z, z^*) H^*_{m',n'}(z, z^*) = m!n!\delta_{m,m'}\delta_{n,n'} \tag{3.25}$$

这是 $H_{m,n}(z, z^*)$ 的正交完备性。令 $z = re^{i\theta}$，则 $H_{m,n}(z, z^*) = e^{i(m-n)\theta} H_{m,n}(r, r)$，故式(3.25)可改写为

$$\delta_{m-n,m'-n'} \int_0^{\infty} dr (2re^{-r^2}) \frac{1}{\sqrt{m!n!}} H_{m,n}(r, r) \frac{1}{\sqrt{m'!n'!}} H_{m',n'}(r, r) = \delta_{m,m'}\delta_{n,n'} \tag{3.26}$$

以上讨论表明，$H_{n,m}(z, z^*)$ 是双模函数空间的完备正交基。

3.3 双模厄米多项式的一个应用——求正规乘积算符的 P 表示

量子光场一般用密度算符 $\rho(a, a^\dagger)$ 表示，由式(3.1)知道，若已知一个密度算符的反正规乘积形式，其 P 表示(即在相干态表象中的表示)也就可知。现在我们问，当密度算符的正规乘积形式已知时，如何求出 $\rho(a, a^\dagger)$ 的 P 表示 $P(\alpha)$ 呢?

$$\rho(a, a^\dagger) = :F(a, a^\dagger): \tag{3.27}$$

以下我们将导出一个公式

$$P(\alpha) = \exp\left(-\frac{\partial^2}{\partial z \partial z^*} + \alpha^* \frac{\partial}{\partial z} + \alpha \frac{\partial}{\partial z^*}\right) F(z, z^*)\big|_{z=0} \tag{3.28}$$

其中 $F(z, z^*) = \langle z|:F(a, a^\dagger):|z\rangle$ 是 $:F:$ 在相干态的期望值。

证明：根据式(3.1)和式(3.27)有

$$\frac{2}{\pi}\int d^2\alpha \, :\exp[-(\alpha^*-a^\dagger)(\alpha-a)]:P(\alpha)=:F(a, a^\dagger): \tag{3.29}$$

这是一个正规排序的弗雷德霍姆(Fredholm)积分方程,积分核为 $:e^{-(\alpha^*-a^\dagger)}(\alpha-a):$。目标是求 $P(\alpha)$,为此目的,展开

$$P(\alpha)=\sum_{m, n=0}^{\infty} C'_{m, n} H_{m, n}(\alpha, \alpha^*) \tag{3.30}$$

这里展开系数 $C'_{m, n}$ 待求。另一方面,将 $:e^{-(\alpha^*-a^\dagger)(\alpha-a)}:$ 展开为

$$:e^{-(\alpha^*-a^\dagger)(\alpha-a)}:=:e^{-|\alpha|^2}\sum_{m, n=0}^{\infty}\frac{a^{\dagger m}a^n}{m!n!}H_{m, n}(\alpha, \alpha^*): \tag{3.31}$$

把式(3.30)和式(3.31)代入式(3.29),并用式(3.27)得到

$$\rightarrow:\int\frac{d^2\alpha}{\pi}e^{-|\alpha|^2}\sum_{m, n=0}^{\infty}\frac{a^{\dagger m}a^n}{m!n!}H_{m, n}(\alpha, \alpha^*)\sum_{m', n'=0}^{\infty}C'_{m', n'}H_{m', n'}(\alpha, \alpha^*):$$

$$=\sum_{m, n=0}^{\infty}C'_{m, n}:a^{\dagger m}a^n:=\rho(a, a^\dagger) \tag{3.32}$$

取式(3.32)的相干态期望值看出

$$\langle z|:\sum_{m, n=0}^{\infty}C'_{m, n}a^{\dagger m}a^n:|z\rangle=\langle z|:F(a, a^\dagger):|z\rangle \tag{3.33}$$

即

$$\sum_{m, n=0}^{\infty}C'_{m, n}z^{*m}z^n=F(z, z^*) \tag{3.34}$$

故

$$C'_{m, n}=\frac{1}{m!n!}\frac{\partial^m\partial^n}{\partial z^{*m}\partial z^n}F(z, z^*)\big|_{z=0} \tag{3.35}$$

将式(3.35)代入式(3.30),当 $\langle z|:F(a, a^\dagger):|z\rangle=F(z, z^*)$ 为已知时,我们得到弗雷德霍姆积分方程的解,

$$P(\alpha)=\sum_{m, n=0}^{\infty}\frac{1}{m!n!}H_{m, n}(\alpha, \alpha^*)\frac{\partial^m}{\partial z^{*m}}\frac{\partial^n}{\partial z^n}F(z, z^*)\big|_{z=0} \tag{3.36}$$

此即式(3.28)。例如,当 $\rho = a^{\dagger m}a^n =\colon a^{\dagger m}a^n \colon$,由式(3.38)给出

$$P(\alpha) = H_{m,n}(\alpha, \alpha^*) \tag{3.37}$$

这暗示了 $a^{\dagger m}a^n$ 的反正规排序是 $\vdots H_{m,n}(a, a^\dagger) \vdots = a^{\dagger m}a^n$。当 $\rho = |\gamma\rangle\langle\gamma|$,是一个纯相干态,已知其 P 表示为 $\delta(\gamma^* - \alpha^*)\delta(\gamma - \alpha)$。另一方面,用式(3.36)和(3.4)以及 $\langle z | \gamma\rangle\langle\gamma | z\rangle = e^{-(z^*-\gamma^*)(z-\gamma)}$,我们有

$$\begin{aligned} P(\alpha) &= \sum_{m,n=0}^{\infty} \frac{1}{m!n!} H_{m,n}(\alpha, \alpha^*) \frac{\partial^m \partial^n}{\partial z^{*m} \partial z^n} e^{-(z^*-\gamma^*)(z-\gamma)} \Big|_{z=0} \\ &= e^{-\gamma^*\gamma} \sum_{m,n=0}^{\infty} \frac{1}{m!n!} H_{m,n}(\alpha, \alpha^*) H_{m,n}(\gamma, \gamma^*) \end{aligned} \tag{3.38}$$

故

$$\delta(\gamma^* - \alpha^*)\delta(\gamma - \alpha) = \frac{e^{-\gamma^*\gamma}}{\pi} \sum_{m,n=0}^{\infty} \frac{1}{m!n!} H_{m,n}(\alpha, \alpha^*) H_{m,n}(\gamma, \gamma^*) \tag{3.39}$$

这是关于双变量厄米多项式的另一完备性关系。

3.4 从双模厄米多项式构建连续变量双模纠缠态 $|\xi\rangle$

IWOP 技术是寻找新的表象和量子态的有力工具。例如,可以轻易地找到两粒子相对坐标和总动量的共同本征态。

基于双模厄米多项式的母函数(3.4)式,我们有

$$\sum_{n,m=0}^{\infty} \frac{a_1^{\dagger n} a_2^{\dagger m}}{n!m!} H_{n,m}(\xi, \xi^*) = \exp(a_1^\dagger \xi + a_2^\dagger \xi^* - a_1^\dagger a_2^\dagger) \tag{3.40}$$

于是,就可以构建如下的态矢量($|00\rangle$ 是双模真空态)

$$\begin{aligned} & e^{-\frac{|\xi|^2}{2}} \sum_{n,m=0}^{\infty} \frac{a_1^{\dagger n} a_2^{\dagger m}}{n!m!} H_{n,m}(\xi, \xi^*) |00\rangle \\ &= \exp(-|\xi|^2/2 + a_1^\dagger \xi + a_2^\dagger \xi^* - a_1^\dagger a_2^\dagger) |00\rangle \equiv |\xi\rangle \end{aligned} \tag{3.41}$$

这就是双模纠缠态,因为它满足

$$(a_1 + a_2^\dagger)|\xi\rangle = \xi|\xi\rangle, \quad (a_1^\dagger + a_2)|\xi\rangle = \xi^*|\xi\rangle \tag{3.42}$$

而

$$[(a_1+a_2^\dagger),(a_1^\dagger+a_2)]=0 \tag{3.43}$$

又有

$$\frac{1}{2}(Q_1+Q_2)\mid\xi\rangle=\frac{1}{\sqrt{2}}\xi_1\mid\xi\rangle,\ (P_1-P_2)\mid\xi\rangle=\sqrt{2}\xi_2\mid\xi\rangle \tag{3.44}$$

即 $\mid\xi\rangle$ 是两粒子的质心坐标和相对动量的共同本征态,符合爱因斯坦等人1935年提出的量子纠缠的概念。可见,当将 $\frac{z^n}{\sqrt{n!}}$ 扩展为 $\frac{1}{\sqrt{n!m!}}\mathrm{H}_{n,m}(\xi,\xi^*)$,就自然伴随出现了从相干态到纠缠态的推广如下

$$\langle z\mid n\rangle=\frac{z^n}{\sqrt{n!}}\rightarrow\langle\xi\mid n,m\rangle=\frac{1}{\sqrt{n!m!}}\mathrm{e}^{-\frac{|\xi|^2}{2}}\mathrm{H}_{n,m}(\xi,\xi^*)$$

$$\int\frac{\mathrm{d}^2z}{\pi}\frac{z^nz^{*m}}{\sqrt{n!m!}}\mathrm{e}^{-|z|^2}=\delta_{n,m}\rightarrow\frac{1}{\sqrt{n!m!n'!m'!}}\int\frac{\mathrm{d}^2\xi}{\pi}\mathrm{e}^{-|\xi|^2}\mid\mathrm{H}_{n,m}(\xi,\xi^*)\mid^2$$

$$=\delta_{m,m'}\delta_{n,n'}$$

$$\mid z\rangle=\sum_n\mid n\rangle\langle n\mid z\rangle=\mathrm{e}^{za^\dagger}\mid 0\rangle\rightarrow\mid\xi\rangle=\sum_{n,m=0}^{\infty}\mid n,m\rangle\langle n,m\mid\xi\rangle$$

$$=\mathrm{e}^{-\frac{|\xi|^2}{2}+a_1^\dagger\xi+a_2^\dagger\xi^*-a_1^\dagger a_2^\dagger}\mid 00\rangle \tag{3.45}$$

我们看到相干态和纠缠态之间可以通过积分变换相联系,这也进一步说明纠缠态的引进是不可避免的。

用IWOP技术和

$$\mid 00\rangle\langle 00\mid=:\exp(-a_1^\dagger a_1-a_2^\dagger a_2): \tag{3.46}$$

可得完备性

$$\int\frac{\mathrm{d}^2\xi}{\pi}\mid\xi\rangle\langle\xi\mid=\int\frac{\mathrm{d}^2\xi}{\pi}:\mathrm{e}^{-|\xi-a_1-a_2^\dagger|^2}:=1,\ \mathrm{d}^2\xi\equiv\mathrm{d}\xi_1\mathrm{d}\xi_2 \tag{3.47}$$

与正交性关系

$$\langle\xi'\mid\xi\rangle=\pi\delta(\xi-\xi')\delta(\xi^*-\xi'^*) \tag{3.48}$$

所以 $\mid\xi\rangle$ 有资格成为一个表象。由式(3.42)和式(3.46)可得

$$
\begin{aligned}
(a_1+a_2^\dagger)^n(a_1^\dagger+a_2)^m &= \int \frac{d^2\xi}{\pi}\xi^n\xi^{*m}\mid\xi\rangle\langle\xi\mid \\
&= \int \frac{d^2\xi}{\pi}\xi^n\xi^{*m} :e^{-|\xi-a_1-a_2^\dagger|^2}: \\
&= :H_{n,m}(a_1+a_2^\dagger, a_1^\dagger+a_2): \qquad (3.49)
\end{aligned}
$$

以及

$$
\begin{aligned}
H_{n,m}(a_1+a_2^\dagger, a_1^\dagger+a_2) &= \int \frac{d^2\xi}{\pi}H_{n,m}(\xi,\xi^*)\mid\xi\rangle\langle\xi\mid \\
&= \int \frac{d^2\xi}{\pi}H_{n,m}(\xi,\xi^*) :e^{-|\xi-a_1-a_2^\dagger|^2}: \\
&= :(a_1+a_2^\dagger)^n(a_1^\dagger+a_2)^m: \qquad (3.50)
\end{aligned}
$$

另一方面，构建态矢量

$$\exp\left(-\frac{1}{2}\mid\eta\mid^2+a_1^\dagger\eta-a_2^\dagger\eta^*+a_1^\dagger a_2^\dagger\right)\mid 00\rangle=\mid\eta\rangle \qquad (3.51)$$

$\mid\eta\rangle$ 即两粒子的相对坐标和总动量的共同本征态，

$$(Q_1-Q_2)\mid\eta\rangle=\eta\mid\eta\rangle,\ (P_1+P_2)\mid\eta\rangle=\eta^*\mid\eta\rangle \qquad (3.52)$$

爱因斯坦等人就是基于

$$(a_1-a_2^\dagger)\mid\eta\rangle=\eta\mid\eta\rangle,\ (a_2-a_1^\dagger)\mid\eta\rangle=-\eta^*\mid\eta\rangle \qquad (3.53)$$

和

$$[(Q_1-Q_2),(P_1+P_2)]=0 \qquad (3.53a)$$

爱因斯坦等人 1935 年提出了量子纠缠的概念，我们在这里给补上了相应的表象，能更好地描述量子纠缠。用 IWOP 技术容易证明 $\mid\eta\rangle$ 满足完备性

$$\int\frac{d^2\eta}{\pi}\mid\eta\rangle\langle\eta\mid=\int\frac{d^2\eta}{\pi} :e^{-|\eta-a_1+a_2^\dagger|^2}:=1 \qquad (3.54)$$

和正交性

$$\langle\eta'\mid\eta\rangle=\pi\delta(\eta-\eta')\delta(\eta^*-\eta'^*) \qquad (3.55)$$

鉴于 (Q_1-Q_2, P_1+P_2) 与 (P_1-P_2, Q_1+Q_2) 互为共轭，故它们的本征态 $\mid\eta\rangle$ 与 $\mid\xi\rangle$ 互为共轭。

用 IWOP 技术和纠缠态表象,可证

$$
\begin{aligned}
\delta(Q_1-Q_2)&=\int\frac{\mathrm{d}^2\eta}{\pi}\delta(\sqrt{2}\eta_1)\mid\eta\rangle\langle\eta\mid \\
&=\int\frac{\mathrm{d}^2\eta}{\pi}\delta(\sqrt{2}\eta_1):\mathrm{e}^{-\left(\eta_1-\frac{Q_1-Q_2}{\sqrt{2}}\right)^2-\left(\eta_2-\frac{P_1+P_2}{\sqrt{2}}\right)^2}: \\
&=\int\frac{\mathrm{d}\eta_2}{\sqrt{2}\pi}:\mathrm{e}^{-\left(\frac{Q_1-Q_2}{\sqrt{2}}\right)^2-\left(\eta_2-\frac{P_1+P_2}{\sqrt{2}}\right)^2}:=\frac{1}{\sqrt{2\pi}}:\mathrm{e}^{-\frac{(Q_1-Q_2)^2}{2}}:
\end{aligned}
\tag{3.56}
$$

和

$$
\begin{aligned}
\delta(P_1+P_2)&=\int\frac{\mathrm{d}^2\eta}{\pi}\delta(\sqrt{2}\eta_2)\mid\eta\rangle\langle\eta\mid \\
&=\int\frac{\mathrm{d}^2\eta}{\pi}\delta(\sqrt{2}\eta_1):\mathrm{e}^{-\left(\eta_1-\frac{Q_1-Q_2}{\sqrt{2}}\right)^2-\left(\eta_2-\frac{P_1+P_2}{\sqrt{2}}\right)^2}: \\
&=\frac{1}{\sqrt{2\pi}}:\mathrm{e}^{-\frac{1}{2}(P_1+P_2)^2}:
\end{aligned}
\tag{3.57}
$$

狄拉克曾说过,“物理学理论都应该具备数学美”“理论物理学家的工作,就是以漫长的一生来追求数学美。”这是为什么呢?以爱因斯坦的话作答:“……创造的原则在于数学。因此在一定的意义上我认为下面这点是对的:纯粹的思维可以把握实在,正如古人所梦想的。”“在所有可能的图像中,理论物理学家的世界图像占有什么地位呢?在描述各种关系时,它要求严密的精确性达到那种只有用数学语言才能达到的最高的标准。”

诺贝尔物理学奖得主温伯格(Weinberg)则更进一步,他认为科学发现的方法通常包括着从经验水平到前提的或逻辑上的不连续性的飞跃,对于某些科学家(如爱因斯坦和狄拉克)来说,数学形式主义的美学魅力常常提示着这种飞跃的方向。

3.5 $|\eta\rangle$ 的施密特分解和复的分数傅里叶变换

纠缠态的定义是,复合系统的一个纯态,如其不能写成两个子系统纯态的直积态,那么此态即为纠缠态。而把多模态分解为多个单模态的直积形式一般称为施密特分解。以两模态 $|\psi\rangle$ 为例,它的施密特(Schmidt)分解是指[5,6]

$$|\psi\rangle=\sum_{i=1}^{m}\sqrt{s_i}\ |v_i\rangle\otimes|v_i'\rangle \tag{3.58}$$

其中 $|v_i\rangle$ 和 $|v_i'\rangle$ 是两个独立的单模态，每个模都具有完备性，s_i 是正整数。那么 $|\eta\rangle$ 的施密特分解如何呢？引入平移算符 $D(\eta)=\exp(\eta a_1^\dagger-\eta^* a_1)$，可知

$$\begin{aligned}
&D_1(\eta)\exp(a_1^\dagger a_2^\dagger)\ |00\rangle\\
&=D_1(\eta)\exp(a_1^\dagger a_2^\dagger)D_1^{-1}(\eta)D_1(\eta)\ |00\rangle\\
&=\exp[(a_1^\dagger-\eta^*)a_2^\dagger]\exp(\eta a_1^\dagger-\eta^* a_1)\ |00\rangle\\
&=\exp[(a_1^\dagger-\eta^*)a_2^\dagger]\exp\left(-\frac{1}{2}\ |\eta|^2+\eta a_1^\dagger\right)\ |00\rangle=|\eta\rangle
\end{aligned} \tag{3.59}$$

即可把 $|\eta\rangle$ 改写为

$$|\eta\rangle=D_1(\eta)\exp(a_1^\dagger a_2^\dagger)\ |00\rangle \tag{3.60}$$

进一步，用坐标本征态的福克表示

$$|q\rangle_i=\frac{1}{\pi^{1/4}}\exp\left(-\frac{q^2}{2}+\sqrt{2}qa_i^\dagger-\frac{a_i^{\dagger 2}}{2}\right)\ |0\rangle_i,\ i=1,\ 2 \tag{3.61}$$

可计算出

$$\begin{aligned}
\int_{-\infty}^{\infty}\mathrm{d}q\ |q\rangle_1\otimes|q\rangle_2&=\frac{1}{\pi^{\frac{1}{2}}}\int_{-\infty}^{\infty}\mathrm{d}q\exp\left[-q^2+\sqrt{2}q(a_1^\dagger+a_2^\dagger)-\frac{a_1^{\dagger 2}+a_2^{\dagger 2}}{2}\right]|00\rangle\\
&=\exp(a_1^\dagger a_2^\dagger)\ |00\rangle
\end{aligned} \tag{3.62}$$

结合(3.59)和(3.62)，并用

$$P_1\ |q\rangle_1=\mathrm{i}\frac{\mathrm{d}}{\mathrm{d}q}\ |q\rangle_1 \tag{3.63}$$

我们就得到

$$\begin{aligned}
|\eta\rangle&=D_1(\eta)\exp(a_1^\dagger a_2^\dagger)\ |00\rangle\\
&=\exp(\eta a_1^\dagger-\eta^* a_1)\int_{-\infty}^{\infty}\mathrm{d}q\ |q\rangle_1\otimes|q\rangle_2\\
&=\exp\left[\frac{\eta_1+\mathrm{i}\eta_2}{2}(X_1-\mathrm{i}P_1)-\frac{\eta_1-\mathrm{i}\eta_2}{2}(X_1+\mathrm{i}P_1)\right]\int_{-\infty}^{\infty}\mathrm{d}q\ |q\rangle_1\otimes|q\rangle_2
\end{aligned}$$

$$=e^{\frac{i\eta_1\eta_2}{2}}\exp(-iP_1\eta_1)\exp(i\eta_2 X_1)\int_{-\infty}^{\infty}dq \mid q\rangle_1\otimes\mid q\rangle_2$$

$$=e^{\frac{i\eta_1\eta_2}{2}}\int_{-\infty}^{\infty}dq\exp(i\eta_2 q)\mid q+\eta_1\rangle_1\otimes\mid q\rangle_2$$

$$=e^{-\frac{i\eta_1\eta_2}{2}}\int_{-\infty}^{\infty}dq \mid q\rangle_1\otimes\mid q-\eta_1\rangle_2 e^{i\eta_2 q},\quad \eta=\frac{1}{\sqrt{2}}(\eta_1+i\eta_2) \tag{3.64}$$

这就是 $|\eta\rangle$ 在坐标表象中的施密特分解。从式(3.64)可看出：当测量第一个粒子知道它处于坐标本征态 $|q\rangle_1$ 时，第二个粒子就坍缩到 $|q-\eta_1\rangle_2$，不管两个粒子相距有多远。类似地，可得 $|\eta\rangle$ 在动量表象中的施密特分解。

用动量本征态 $|p\rangle_i$ 的福克表示，有

$$\mid p\rangle_i=\frac{1}{\pi^{1/4}}\exp\left(-\frac{p^2}{2}+\sqrt{2}ipa_i^\dagger+\frac{a_i^{\dagger 2}}{2}\right)\mid 0\rangle_i,\ i=1,\ 2 \tag{3.65}$$

可计算出

$$\int_{-\infty}^{\infty}dp \mid p\rangle_1\otimes\mid -p\rangle_2=\frac{1}{\pi^{\frac{1}{2}}}\int_{-\infty}^{\infty}dp\exp\left[-p^2+\sqrt{2}ip(a_1^\dagger-a_2^\dagger)+\frac{a_1^{\dagger 2}+a_2^{\dagger 2}}{2}\right]\mid 00\rangle$$

$$=\exp(a_1^\dagger a_2^\dagger)\mid 00\rangle \tag{3.66}$$

结合(3.60)和(3.66)以及

$$Q_1\mid p\rangle_1=-i\frac{d}{dp}\mid p\rangle_1 \tag{3.67}$$

就得到

$$\left|\eta=\frac{\eta_1+i\eta_2}{\sqrt{2}}\right\rangle=\exp(\eta a_1^\dagger-\eta^* a_1)\int_{-\infty}^{\infty}dp \mid p\rangle_1\otimes\mid -p\rangle_2$$

$$=e^{\frac{i\eta_1\eta_2}{2}}\exp(-iP_1\eta_1)\exp(i\eta_2 Q_1)\int_{-\infty}^{\infty}dp \mid p\rangle_1\otimes\mid -p\rangle_2$$

$$=e^{\frac{i\eta_1\eta_2}{2}}\int_{-\infty}^{\infty}dp\exp(-iP_1\eta_1)\mid p+\eta_2\rangle_1\otimes\mid -p\rangle_2$$

$$=e^{\frac{i\eta_1\eta_2}{2}}\int_{-\infty}^{\infty}dp\exp[-i\eta_1(p+\eta_2)]\mid p+\eta_2\rangle_1\otimes\mid -p\rangle_2$$

$$=e^{\frac{i\eta_1\eta_2}{2}}\int_{-\infty}^{\infty}dp \mid p+\eta_2\rangle_1\otimes\mid -p\rangle_2 e^{-i\eta_1 p}$$

$$=e^{\frac{i\eta_1\eta_2}{2}}\int_{-\infty}^{\infty}dp \mid p\rangle_1\otimes\mid \eta_2-p\rangle_2 e^{-i\eta_1 p} \tag{3.68}$$

这就是 $|\eta\rangle$ 在动量表象中的施密特分解。从式(3.68)可看出，当测量第二个粒子知道它处于动量本征态 $|-p\rangle_2$ 时，那么第一个粒子就坍缩到 $|p+\eta_2\rangle_1$，也不管两个粒子相距有多远。式(3.64)和(3.68)说明，$|\eta\rangle$ 的纠缠行为和方式。在以后还可以在粒子数表象中研究其纠缠。用同样的方法可以导出 $|\xi\rangle$ 的施密特分解。

$$\left|\xi=\frac{\xi_1+\mathrm{i}\xi_2}{\sqrt{2}}\right\rangle=\mathrm{e}^{\frac{\mathrm{i}\xi_1\xi_2}{2}}\int_{-\infty}^{\infty}\mathrm{d}q\,|q\rangle_1\otimes|\xi_2-q\rangle_2\mathrm{e}^{-\mathrm{i}\xi_1 q} \tag{3.69}$$

现在讨论转换矩阵元，

$$\begin{aligned}&\langle\eta=\eta_1+\mathrm{i}\eta_2|\,\mathrm{e}^{\mathrm{i}\left(\frac{\pi}{2}+\alpha\right)(a_1^\dagger a_1+a_2^\dagger a_2)}\,|\xi=\xi_1+\mathrm{i}\xi_2\rangle\\&=\mathrm{e}^{-\mathrm{i}\eta_1\eta_2}\mathrm{e}^{\mathrm{i}\xi_1\xi_2}\iint\mathrm{d}p\,\mathrm{d}q_1\langle p|\,\mathrm{e}^{\mathrm{i}\left(\frac{\pi}{2}+\alpha\right)a_1^\dagger a_1}\,|q\rangle_1\mathrm{e}^{\mathrm{i}\sqrt{2}\eta_1 p}\times\\&\quad{}_2\langle\sqrt{2}\eta_2-p|\,\mathrm{e}^{\mathrm{i}\left(\frac{\pi}{2}+\alpha\right)a_2^\dagger a_2}\,|\sqrt{2}\xi_2-q\rangle_2\mathrm{e}^{-\mathrm{i}\sqrt{2}\xi_1 q}\end{aligned} \tag{3.70}$$

其中，

$${}_1\langle p|\,\mathrm{e}^{\mathrm{i}\left(\frac{\pi}{2}+\alpha\right)a_1^\dagger a_1}\,|q\rangle_1=\frac{1}{\sqrt{-2\pi\mathrm{i}\sin\alpha\,\mathrm{e}^{\mathrm{i}\alpha}}}\exp\left[\frac{-\mathrm{i}(p^2+q^2)}{2\tan\alpha}+\frac{\mathrm{i}qp}{\sin\alpha}\right] \tag{3.71}$$

是第一模的分数傅里叶变换，${}_2\langle\sqrt{2}\eta_2-p|\,\mathrm{e}^{\mathrm{i}\left(\frac{\pi}{2}+\alpha\right)a_2^\dagger a_2}\,|\sqrt{2}\xi_2-q\rangle_2$ 是相应的第二模分数傅里叶变换。把这些结果代入(3.70)后再完成积分，可得

$$\langle\eta|\,\mathrm{e}^{\mathrm{i}\left(\frac{\pi}{2}+\alpha\right)(a_1^\dagger a_1+a_2^\dagger a_2)}\,|\xi\rangle=\exp\left(\frac{-\mathrm{i}\,|\eta|^2+|\xi|^2}{2\tan\alpha}-\frac{\xi\eta^*-\xi^*\eta}{2\sin\alpha}\right) \tag{3.72}$$

此乃复的分数傅里叶变换式。

3.6 $|\eta\rangle$ 在粒子数表象中的施密特分解

用双变量厄米多项式 $\mathrm{H}_{m,n}(\xi,\xi^*)$ 的生成函数公式，

$$\sum_{m,n=0}^{\infty}\frac{t^m t'^n}{m!n!}\mathrm{H}_{m,n}(\xi,\xi^*)=\exp(-tt'+t\xi+t'\xi^*) \tag{3.73}$$

其中，

$$H_{m,n}(\xi,\xi^*)=\sum_{l=0}^{\min(m,n)}\frac{m!n!}{l!(m-l)!(n-l)!}(-1)^l\xi^{m-l}\xi^{*n-l} \tag{3.74}$$

把 $|\eta\rangle$ 展开有

$$\begin{aligned}|\eta\rangle&=e^{-\frac{1}{2}|\eta|^2}\exp[-(ia_1^\dagger)(ia_2^\dagger)+(ia_1^\dagger)(-i\eta)+(ia_2^\dagger)i\eta^*]|00\rangle\\&=e^{-\frac{1}{2}|\eta|^2}\sum_{m,n}\frac{(ia_1^\dagger)^m(ia_2^\dagger)^n}{m!n!}H_{m,n}(-i\eta,i\eta^*)|00\rangle\\&=e^{-\frac{1}{2}|\eta|^2}\sum_{m,n}\frac{i^{m+n}}{\sqrt{m!n!}}H_{m,n}(-i\eta,i\eta^*)|m,n\rangle\end{aligned} \tag{3.75}$$

因此,取 $|\eta\rangle$ 与双模福克态 $|m,n\rangle=|m\rangle_1|n\rangle_2$ 的内积，$|m\rangle_i=\frac{1}{\sqrt{m!}}a_i^{\dagger m}|0\rangle_i$，得

$$\langle m,n|\eta\rangle=e^{-\frac{1}{2}|\eta|^2}\frac{i^{m+n}}{\sqrt{m!n!}}H_{m,n}(-i\eta,i\eta^*) \tag{3.76}$$

另一方面,由式(3.76)及式(3.77)

$${}_1\langle q|m\rangle_1=\frac{1}{\sqrt{\sqrt{\pi}2^m m!}}H_m(q)e^{-\frac{q^2}{2}}={}_1\langle m|q\rangle_1 \tag{3.77}$$

其中 $H_m(q)$ 是单变量厄米多项式,可得

$$\begin{aligned}\langle m,n|\eta\rangle&=e^{-\frac{i\eta_1\eta_2}{2}}\int_{-\infty}^{\infty}dq_1\langle m|q\rangle_1\otimes{}_2\langle n|q-\eta_1\rangle_2e^{i\eta_2q}\\&=\frac{e^{-\frac{i\eta_1\eta_2}{2}}}{\sqrt{\pi}\sqrt{2^{m+n}m!n!}}\int_{-\infty}^{\infty}dq\,e^{-q^2+q\eta_1-\frac{\eta_1^2}{2}}H_m(q)H_n(q-\eta_1)e^{i\eta_2q}\end{aligned} \tag{3.78}$$

通过比较式(3.76)和式(3.78),得到

$$H_{m,n}(-i\eta,i\eta^*)=e^{-\frac{\eta^2}{2}}\frac{(-i)^{m+n}}{\sqrt{\pi2^{m+n}}}\int_{-\infty}^{\infty}dq\,e^{-q^2}H_m(q)H_n(q-\eta_1)e^{\sqrt{2}\eta q} \tag{3.79}$$

可见,双变量厄米多项式是两个单变量厄米多项式的纠缠形式。而式

(3.75)是 $|\eta\rangle$ 在粒子数表象中的施密特分解，当测量粒子 1 发现它处于福克态 $|m\rangle_1$ 时，粒子 2 也处于福克态，后者事先并不知道对粒子 1 做何种方式的测量。

下面，由 $|\eta\rangle$ 的施密特分解直接给出平移算符在福克空间的矩阵元。由于 ${}_1\langle m|q\rangle_1 = {}_1\langle q|m\rangle_1$，我们可把式(3.78)中的第二步改写为

$$\begin{aligned}\langle m,n|\eta\rangle &= e^{-\frac{i\eta_1\eta_2}{2}}\int_{-\infty}^{\infty} dq_1\langle m|e^{i\eta_2 Q_1}|q\rangle_1 \otimes {}_2\langle n|e^{i\eta_1 P_2}|q\rangle_2 \\ &= e^{-\frac{i\eta_1\eta_2}{2}}\int_{-\infty}^{\infty} dq_1\langle m|e^{i\eta_2 Q_1}|q\rangle_1 \otimes {}_2\langle q|e^{-i\eta_1 P_2}|n\rangle_2 \end{aligned} \tag{3.80}$$

为了实现对 dq 的积分，引入一个置换算符 $\mathfrak{P}_{12}$，它能把 $|q\rangle_2$ 变为 $|q\rangle_1$，即

$$|q\rangle_1 = \mathfrak{P}_{12}|q\rangle_2,\ \mathfrak{P}_{12}|q\rangle_1 = |q\rangle_2,\ \mathfrak{P}_{12}^2 = 1,\ \mathfrak{P}_{12} = \mathfrak{P}_{12}^{\dagger} = \mathfrak{P}_{12}^{-1} \tag{3.81}$$

这样定义的 $\mathfrak{P}_{12}$ 还具有性质

$$\mathfrak{P}_{12}e^{-i\eta_1 P_2}\mathfrak{P}_{12}^{-1} = e^{-i\eta_1 P_1} \tag{3.82}$$

和

$$\mathfrak{P}_{12}a_2\mathfrak{P}_{12}^{-1} = a_1,\ \mathfrak{P}_{12}a_1\mathfrak{P}_{12}^{-1} = a_2,\ \mathfrak{P}_{12}|n\rangle_2 = |n\rangle_1,\ \mathfrak{P}_{12}|n\rangle_1 = |n\rangle_2 \tag{3.83}$$

利用 $\mathfrak{P}_{12}$ 把式(3.80)变为

$$\begin{aligned}\langle m,n|\eta\rangle &= e^{-\frac{i\eta_1\eta_2}{2}}\int_{-\infty}^{\infty} dq_1\langle m|e^{i\eta_2 Q_1}|q\rangle_{11}\langle q|\mathfrak{P}_{12}\mathfrak{P}_{12}e^{-i\eta_1 P_2}|n\rangle_2 \\ &= e^{-\frac{i\eta_1\eta_2}{2}}\int_{-\infty}^{\infty} dq_1\langle m|e^{i\eta_2 Q_1}|q\rangle_{11}\langle q|\mathfrak{P}_{12}e^{-i\eta_1 P_2}|n\rangle_2 \\ &= e^{-\frac{i\eta_1\eta_2}{2}}\int_{-\infty}^{\infty} dq_1\langle m|e^{i\eta_2 Q_1}|q\rangle_{11}\langle q|\mathfrak{P}_{12}e^{-i\eta_1 P_2}\mathfrak{P}_{12}^{-1}\mathfrak{P}_{12}|n\rangle_2 \\ &= e^{-\frac{i\eta_1\eta_2}{2}}{}_1\langle m|e^{i\eta_2 Q_1}e^{-i\eta_1 P_2}\mathfrak{P}_{12}|n\rangle_2 \\ &= e^{-\frac{i\eta_1\eta_2}{2}}{}_1\langle m|e^{i\eta_2 Q_1}e^{-i\eta_1 P_2}|n\rangle_1 \end{aligned} \tag{3.84}$$

所以，结合式(3.76)就有

$${}_1\langle m|e^{i\eta_2 Q_1}e^{-i\eta_1 P_1}|n\rangle_1 = e^{-\frac{1}{2}|\eta|^2}e^{\frac{i\eta_1\eta_2}{2}}\frac{i^{m+n}}{\sqrt{m!n!}}H_{m,n}(-i\eta, i\eta^*) \tag{3.85}$$

由于式(3.86)

$$
\begin{aligned}
& \exp(\mathrm{i}\eta_2 Q_1)\exp(-\mathrm{i}P_1\eta_1) \\
= & \exp(\mathrm{i}\eta_2 Q_1 - \mathrm{i}P_1\eta_1)\mathrm{e}^{\frac{\mathrm{i}\eta_1\eta_2}{2}} \\
= & \exp\left[\frac{\eta_1+\mathrm{i}\eta_2}{2}(Q_1-\mathrm{i}P_1)-\frac{\eta_1-\mathrm{i}\eta_2}{2}(Q_1+\mathrm{i}P_1)\right]\mathrm{e}^{\frac{\mathrm{i}\eta_1\eta_2}{2}} \\
= & \exp(\eta a_1^\dagger - \eta^* a_1)\mathrm{e}^{\frac{\mathrm{i}\eta_1\eta_2}{2}} = D_1(\eta)\mathrm{e}^{\frac{\mathrm{i}\eta_1\eta_2}{2}}
\end{aligned} \tag{3.86}
$$

所以，由式(3.85)和式(3.86)给出平移算符在福克空间的矩阵元。

$$
{}_1\langle m \mid D_1(\eta) \mid n\rangle_1 = \mathrm{e}^{-\frac{1}{2}|\eta|^2}\frac{\mathrm{i}^{m+n}}{\sqrt{m!n!}}\mathrm{H}_{m,n}(-\mathrm{i}\eta, \mathrm{i}\eta^*) \tag{3.87}
$$

这恰是强迫振子矩阵元，它是以 $\mathrm{H}_{m,n}(-\mathrm{i}\eta, \mathrm{i}\eta^*)$ 形式出现的表达式，这样我们就用 $|\eta\rangle$ 在福克空间的施密特分解导出了强迫振子矩阵元。该矩阵元在固体物理和量子光学中都有广泛的应用。

3.7 用纠缠算符构建 $|\eta\rangle$ 和 $|\xi\rangle$

本节要表明纠缠态 $|\eta\rangle_{1-2}$ 也可以直接从纠缠算符作用于两个原本相互独立的态构建。对于纠缠态 $|\eta\rangle$，它的施密特分解可以表示为[7-9]

$$
|\eta\rangle = \mathrm{e}^{-\frac{\mathrm{i}\eta_1\eta_2}{2}}\int_{-\infty}^{\infty}\mathrm{d}x\, |x\rangle_1 \otimes |x-\eta_1\rangle_2 \mathrm{e}^{\mathrm{i}x\eta_2} \tag{3.88}
$$

式中，$|x\rangle_i$ 为坐标算符 X_i 的本征态。

$$
|x\rangle_i = \pi^{-1/4}\exp\left(-\frac{1}{2}x^2+\sqrt{2}xa_i^\dagger-\frac{1}{2}a_i^{\dagger 2}\right)|0\rangle_i \tag{3.89}
$$

把算符 $\mathrm{e}^{\mathrm{i}P_1X_2}$ 作用到态 $|\eta\rangle$ 上，并利用 $P_i|x\rangle_i = \mathrm{i}\frac{\mathrm{d}}{\mathrm{d}x}|x\rangle_i$ 和 ${}_i\langle x \mid p\rangle_i = \mathrm{e}^{\mathrm{i}px}/\sqrt{2\pi}$，可有

$$
\begin{aligned}
\mathrm{e}^{\mathrm{i}P_1X_2}|\eta\rangle &= \mathrm{e}^{-\frac{\mathrm{i}\eta_2\eta_1}{2}}\int_{-\infty}^{\infty}\mathrm{d}x\mathrm{e}^{\mathrm{i}P_1(x-\eta_1)}|x\rangle_1 \otimes |x-\eta_1\rangle_2\mathrm{e}^{\mathrm{i}\eta_2 x} \\
&= \mathrm{e}^{\frac{\mathrm{i}\eta_2\eta_1}{2}}|\eta_1\rangle_1 \otimes \int_{-\infty}^{\infty}\mathrm{d}x\,|x\rangle_2\mathrm{e}^{\mathrm{i}\eta_2 x} = \sqrt{2\pi}\,\mathrm{e}^{\frac{\mathrm{i}\eta_2\eta_1}{2}}|\eta_1\rangle_1 \otimes |p=\eta_2\rangle_2
\end{aligned} \tag{3.90}
$$

式中，$|\eta_1\rangle_1$ 为模 1 的坐标本征态，而 $|p=\eta_2\rangle_2$ 为模 2 的动量本征态，即

$$|p\rangle_i=\pi^{-1/4}\exp\left(-\frac{1}{2}p^2+\mathrm{i}\sqrt{2}pa_i^\dagger+\frac{1}{2}a_i^{\dagger 2}\right)|0\rangle_i \tag{3.91}$$

可见，算符 $\mathrm{e}^{-\mathrm{i}P_1X_2}$ 能把态 $|x=\eta_1\rangle_1$ 和 $|p=\eta_2\rangle_2$ 纠缠到一起并形成纠缠态 $|\eta\rangle$，即

$$\mathrm{e}^{-\mathrm{i}P_1X_2}\sqrt{2\pi}\,\mathrm{e}^{\mathrm{i}\eta_2\eta_1/2}|x=\eta_1\rangle_1\otimes|p=\eta_2\rangle_2=|\eta\rangle \tag{3.92}$$

值得注意的是，对于纠缠态 $|\eta\rangle$ 的产生，相位因子 $\mathrm{e}^{\mathrm{i}\eta_2\eta_1/2}$ 是必不可少的。对于纠缠态的产生，纠缠算符并不是唯一的。例如，根据式(3.88)，我们也可有

$$\begin{aligned}\mathrm{e}^{\mathrm{i}P_2X_1}|\eta\rangle&=\mathrm{e}^{-\frac{\mathrm{i}\eta_2\eta_1}{2}}\int_{-\infty}^{\infty}\mathrm{d}x\,|x\rangle_1\otimes\mathrm{e}^{\mathrm{i}P_2x}|x-\eta_1\rangle_2\mathrm{e}^{\mathrm{i}\eta_2x}\\&=\mathrm{e}^{-\frac{\mathrm{i}\eta_2\eta_1}{2}}\int_{-\infty}^{\infty}\mathrm{d}x\,|x\rangle_1\mathrm{e}^{\mathrm{i}\eta_2x}\otimes|-\eta_1\rangle_2=\sqrt{2\pi}\,\mathrm{e}^{-\frac{\mathrm{i}\eta_2\eta_1}{2}}|\eta_2\rangle_1\otimes|-\eta_1\rangle_2\end{aligned} \tag{3.93}$$

这样有

$$\mathrm{e}^{-\mathrm{i}P_2X_1}\sqrt{2\pi}\,\mathrm{e}^{-\mathrm{i}\eta_2\eta_1/2}|p=\eta_2\rangle_1\otimes|x=-\eta_1\rangle_2=|\eta\rangle \tag{3.94}$$

根据式(3.92)和(3.94)，算符 $\mathrm{e}^{-\mathrm{i}P_1X_2}$ 和 $\mathrm{e}^{-\mathrm{i}P_2X_1}$ 可被称为纠缠算符。此外，也存在另一个 EPR 纠缠态 $|\xi\rangle$，它实际上是算符 X_1+X_2 和 P_1-P_2 的本征态，即

$$|\xi\rangle=\exp\left(-\frac{1}{2}|\xi|^2+\xi a_1^\dagger+\xi^*a_2^\dagger-a_1^\dagger a_2^\dagger\right)|00\rangle \tag{3.95}$$

式中参数 $\xi=\frac{1}{\sqrt{2}}(\xi_1+\mathrm{i}\xi_2)$，它满足如式(3.96)的本征方程，拥有如式(3.97)的正交归一完备性。

$$\begin{gathered}(a_1+a_2^\dagger)|\xi\rangle=\xi|\xi\rangle,\ (a_1^\dagger+a_2)|\xi\rangle=\xi^*|\xi\rangle,\ \xi=(\xi_1+\mathrm{i}\xi_1)/\sqrt{2}\\(X_1+X_2)|\xi\rangle=\xi_1|\xi\rangle,\ (P_1-P_2)|\xi\rangle=\xi_2|\xi\rangle\end{gathered} \tag{3.96}$$

$$\int\frac{\mathrm{d}^2\xi}{\pi}|\xi\rangle\langle\xi|=1,\ \langle\xi'|\xi\rangle=\pi\delta(\xi-\xi')\delta(\xi^*-\xi'^*) \tag{3.97}$$

显然，态 $\langle \eta |$ 和 $| \xi \rangle$ 的内积为

$$\langle \eta | \xi \rangle = \frac{1}{2} \exp\left[\frac{\mathrm{i}}{2}(\eta_1 \xi_2 - \eta_2 \xi_1)\right] \tag{3.98}$$

也不难看出态 $| \xi \rangle$ 与 $| \eta \rangle$ 是共轭的，因为它们存在如下傅里叶变换。

$$| \xi \rangle = \frac{1}{2} \int \frac{\mathrm{d}^2 \eta}{\pi} | \eta \rangle \mathrm{e}^{(\xi \eta^* - \eta \xi^*)/2} \tag{3.99}$$

利用式(3.88)和式(3.98)，也可得到态 $| \xi \rangle$ 的施密特分解。

$$\begin{aligned} | \xi \rangle &= \int \frac{\mathrm{d}^2 \eta}{\pi} | \eta \rangle \langle \eta | \xi \rangle \\ &= \frac{1}{2} \int \frac{\mathrm{d}\eta_1 \mathrm{d}\eta_2}{\pi} \mathrm{e}^{-\frac{\mathrm{i}\eta_1 \eta_2}{2}} \int_{-\infty}^{\infty} \mathrm{d}x \, | x \rangle_1 \otimes | x - \eta_1 \rangle_2 \mathrm{e}^{\mathrm{i}x\eta_2 + \frac{\mathrm{i}(\eta_1 \xi_2 - \eta_2 \xi_1)}{2}} \\ &= \frac{1}{2} \int_{-\infty}^{\infty} \mathrm{d}x \, | x \rangle_1 \otimes \int \frac{\mathrm{d}\eta_1}{\pi} | x - \eta_1 \rangle_2 \delta\left(x - \frac{\xi_1}{2} - \frac{\eta_1}{2}\right) \mathrm{e}^{\frac{\mathrm{i}\eta_1 \xi_2}{2}} \\ &= \mathrm{e}^{-\frac{\mathrm{i}\xi_1 \xi_2}{2}} \int_{-\infty}^{\infty} \mathrm{d}x \, | x \rangle_1 \otimes | -x + \xi_1 \rangle_2 \mathrm{e}^{\mathrm{i}x\xi_2} \end{aligned} \tag{3.100}$$

同样有态 $| \xi \rangle$ 的解纠缠形式

$$\begin{aligned} \mathrm{e}^{-\mathrm{i}P_2 X_1} | \xi \rangle &= \mathrm{e}^{-\frac{\mathrm{i}\xi_1 \xi_2}{2}} \int_{-\infty}^{\infty} \mathrm{d}x \, | x \rangle_1 \mathrm{e}^{\mathrm{i}x\xi_2} \otimes \mathrm{e}^{-\mathrm{i}P_2 x} | -x + \xi_1 \rangle_2 \\ &= \mathrm{e}^{-\frac{\mathrm{i}\xi_1 \xi_2}{2}} \int_{-\infty}^{\infty} \mathrm{d}x \, | x \rangle_1 \mathrm{e}^{\mathrm{i}x\xi_2} \otimes | \xi_1 \rangle_2 \\ &= \mathrm{e}^{\frac{\mathrm{i}\xi_1 \xi_2}{2}} \sqrt{2\pi} \, | p = \xi_2 \rangle_1 \otimes | \xi_1 \rangle_2 \end{aligned} \tag{3.101}$$

因此，算符 $\mathrm{e}^{-\mathrm{i}P_1 X_2}$ 能使得态 $| \xi \rangle$ 解纠缠为

$$\begin{aligned} \mathrm{e}^{-\mathrm{i}P_1 X_2} | \xi \rangle &= \mathrm{e}^{-\frac{\mathrm{i}\xi_2 \xi_1}{2}} \int_{-\infty}^{\infty} \mathrm{d}x \, \mathrm{e}^{-\mathrm{i}P_1(-x+\xi_1)} | x \rangle_1 \otimes | -x + \xi_1 \rangle_2 \mathrm{e}^{\mathrm{i}\xi_2 x} \\ &= \mathrm{e}^{\frac{\mathrm{i}\xi_2 \xi_1}{2}} | \xi_1 \rangle_1 \otimes \int_{-\infty}^{\infty} \mathrm{d}x \, | -x \rangle_2 \mathrm{e}^{\mathrm{i}\xi_2 x} = \mathrm{e}^{\frac{\mathrm{i}\xi_2 \xi_1}{2}} | \xi_1 \rangle_1 \otimes | p = -\xi_2 \rangle_2 \end{aligned} \tag{3.102}$$

3.8 构建多模纠缠态的纠缠算符

将 $| \eta \rangle$ 记为

$$|\eta\rangle = \left|\frac{1}{\sqrt{2}}\eta_1, \frac{1}{\sqrt{2}}\eta_2\right\rangle \tag{3.103}$$

利用式(3.44)和式(3.98),我们有

$$\begin{aligned}(P_1 - P_2)|\eta\rangle &= (P_1 - P_2)\int \frac{d^2\xi}{\pi}|\xi\rangle\langle\xi|\eta\rangle \\ &= \frac{d^2\xi}{\pi}\xi_2|\xi\rangle \frac{1}{2}\exp\int\left[\frac{i}{2}(\eta_2\xi_1 - \eta_1\xi_2)\right] \\ &= 2i\frac{\partial}{\partial\eta_1}|\eta\rangle = 2i\frac{\partial}{\partial\eta_1}\left|\frac{1}{\sqrt{2}}\eta_1, \frac{1}{\sqrt{2}}\eta_2\right\rangle \end{aligned} \tag{3.104}$$

类似地,可证明,

$$(X_1 + X_2)|\eta\rangle = -2i\frac{\partial}{\partial\eta_2}|\eta\rangle = -2i\frac{\partial}{\partial\eta_2}\left|\frac{1}{\sqrt{2}}\eta_1, \frac{1}{\sqrt{2}}\eta_2\right\rangle \tag{3.105}$$

即可构造四个粒子的纠缠态。

$$|\rangle_{1-2-3-4} = \int \frac{d^2\eta}{\pi}|\eta\rangle_{1-2} \otimes |\eta - \sigma\rangle_{3-4} e^{\eta\gamma^* - \eta^*\gamma} \tag{3.106}$$

受纠缠算符 $e^{iP_1X_2}$ 或 $e^{-iP_2X_1}$ 的启示,我们考虑幺正算符 $e^{-i(X_3+X_4)(P_1+P_2)/2}$,并把它作用到 $|\rangle_{1-2-3-4}$,可得到

$$\begin{aligned} e^{-i(X_3+X_4)(P_1+P_2)/2}|\rangle_{1-2-3-4} &= \int \frac{d^2\eta}{\pi}|\eta\rangle_{1-2} \otimes e^{-i\eta_2(X_3+X_4)/2}|\eta - \sigma\rangle_{3-4} e^{\eta\gamma^* - \eta^*\gamma} \\ &= \int \frac{d^2\eta}{\pi} e^{\eta\gamma^* - \eta^*\gamma}|\eta\rangle_{1-2} \otimes \exp\left[-\frac{\eta_2}{\sqrt{2}}\frac{\partial}{\partial\eta_2/\sqrt{2}}\right] \\ &\quad \left|\frac{\eta_1 - \sigma_1}{\sqrt{2}}, \frac{\eta_2 - \sigma_2}{\sqrt{2}}\right\rangle_{3-4} \\ &= \int \frac{d^2\eta}{\pi} e^{\eta\gamma^* - \eta^*\gamma}|\eta\rangle_{1-2} \otimes \left|\frac{\eta_1 - \sigma_1}{\sqrt{2}}, \frac{-\sigma_2}{\sqrt{2}}\right\rangle_{3-4} \end{aligned} \tag{3.107}$$

进一步,把算符 $e^{i(X_1-X_2)(P_3-P_4)/2}$ 作用到式(3.106)上,则

$$e^{i(X_1-X_2)(P_3-P_4)/2} e^{-i(X_3+X_4)(P_1+P_2)/2}|\rangle_{1-2-3-4}$$

$$= \int \frac{d^2\eta}{\pi} e^{\eta\gamma^* - \eta^*\gamma}|\eta\rangle_{1-2} \otimes e^{i\eta_1(P_3-P_4)/2}|\eta_1 - \sigma_1, -\sigma_2\rangle_{3-4}$$

$$=\int\frac{d^2\eta}{\pi}e^{\eta\gamma^*-\eta^*\gamma}\left|\eta\right\rangle_{1-2}\otimes\exp\left[-\frac{\eta_1}{\sqrt{2}}\frac{\partial}{\partial\eta_1/\sqrt{2}}\right]\left|\frac{\eta_1-\sigma_1}{\sqrt{2}},\frac{-\sigma_2}{\sqrt{2}}\right\rangle_{3-4}$$

$$=\int\frac{d^2\eta}{\pi}e^{\eta\gamma^*-\eta^*\gamma}\left|\eta\right\rangle_{1-2}\otimes\left|\frac{-\sigma_1}{\sqrt{2}},\frac{-\sigma_2}{\sqrt{2}}\right\rangle_{3-4}=2\left|\xi=2\gamma\right\rangle_{1-2}\otimes\left|\eta=-\sigma\right\rangle_{3-4} \tag{3.108}$$

由于

$$[(X_1+X_2)(P_3+P_4),(X_3-X_4)(P_1-P_2)]=0 \tag{3.109}$$

则有

$$e^{\frac{i(X_3+X_4)(P_1+P_2)}{2}-\frac{i(X_1-X_2)(P_3-P_4)}{2}}\left|\xi=2\gamma\right\rangle_{1-2}\otimes\left|\eta=-\sigma\right\rangle_{3-4}$$

$$=\int\frac{d^2\eta}{2\pi}\left|\eta\right\rangle_{1-2}\otimes\left|\eta-\sigma\right\rangle_{3-4}e^{\eta\gamma^*-\eta^*\gamma} \tag{3.110}$$

上述结果表明,算符 $e^{-i(X_1+X_2)(P_3+P_4)/2}$ 和 $e^{-i(X_3-X_4)(P_1-P_2)/2}$ 为纠缠算符,能使两个独立纠缠态进一步产生纠缠。

3.9 纠缠算符的正规乘积展开

利用 IWOP 技术,可把坐标本征态和动量本征态的完备性改写为如下正规乘积形式,

$$\int_{-\infty}^{\infty}dp_1\left|p_1\right\rangle\left\langle p_1\right|=\int_{-\infty}^{\infty}dp_1:e^{-(p_1-P_1)^2}:=1 \tag{3.111}$$

$$\int_{-\infty}^{\infty}dx_2\left|x_2\right\rangle\left\langle x_2\right|=\int_{-\infty}^{\infty}dx_2:e^{-(x_2-X_2)^2}:=1 \tag{3.112}$$

于是有

$$e^{iP_1X_2}=\iint_{-\infty}^{\infty}dx_2dp_1\left|x_2\right\rangle\left|p_1\right\rangle\left\langle p_1\right|\left\langle x_2\right|e^{ip_1x_2}$$

$$=\frac{1}{\pi}\iint_{-\infty}^{\infty}dx_2dp_1:e^{-(x_2-X_2)^2-(p_1-P_1)^2+ip_1x_2}:$$

$$=\sqrt{\frac{4}{5}}:\exp\left[-\frac{1}{5}(X_2^2+P_1^2)+\frac{4iX_2P_1}{5}\right]: \tag{3.113}$$

和

$$
\begin{aligned}
e^{-iP_1X_2} &= \iint_{-\infty}^{\infty} dx_2 dp_1 \mid x_2\rangle \mid p_1\rangle\langle p_1 \mid \langle x_2 \mid e^{-ip_1x_2} \\
&= \frac{1}{\pi}\iint_{-\infty}^{\infty} dx_2 dp_1 \colon e^{-(x_2-X_2)^2-(p_1-P_1)^2-ip_1x_2} \colon \\
&= \sqrt{\frac{4}{5}} \colon \exp\left[-\frac{1}{5}(X_2^2+4P_1^2)-\frac{4iX_2P_1}{5}\right]\colon
\end{aligned} \tag{3.114}
$$

当把算符 $e^{iP_1X_2}$ 作用到双模真空态，可得到

$$
e^{iP_1X_2} \mid 00\rangle = \sqrt{\frac{4}{5}} \exp\left[\frac{1}{10}(a_1^{\dagger 2}-a_2^{\dagger 2})-\frac{2a_1^\dagger a_2^\dagger}{5}\right] \mid 00\rangle \tag{3.115}
$$

它为单双模组合压缩态，因此算符 $e^{iP_1X_2}$ 自身也是一个压缩算符。

3.10 纠缠算符的经典外尔对应

纠缠算符 $e^{iP_1X_2}$ 的经典外尔对应是什么？在 $\langle\eta\mid$ 表象中双模维格纳算符是

$$
\Delta(\lambda,\gamma) = \int \frac{d^2\eta}{\pi^3} \mid \lambda-\eta\rangle\langle\lambda+\eta \mid e^{\eta\gamma^*-\eta^*\gamma} \tag{3.116}
$$

其中

$$
\lambda=\alpha-\beta^*,\ \gamma=\alpha+\beta^*,\ \alpha=(x_1+ip_1)/\sqrt{2}
$$
$$
\beta=(x_2+ip_2)/\sqrt{2},\quad \lambda=(\lambda_1+i\lambda_2)/\sqrt{2},\quad \gamma=(\gamma_1+i\gamma_2)/\sqrt{2}
$$

这是因为用 IWOP 技术直接积分上式得到双模维格纳算符

$$
\Delta(\lambda,\gamma) = \frac{1}{\pi^2} \colon \exp\left\{-\sum_{i=1}^{2}\left[(x_i-X_i)^2+(p_i-P_i)^2\right]\right\}^2 \colon \tag{3.117}
$$

用 $\langle\eta\mid$ 的施密特分解式做内积，

$$
\begin{aligned}
\langle\eta \mid x\rangle_1 \otimes \mid p\rangle_2 &= e^{\frac{i\eta_2\eta_1}{2}} \int_{-\infty}^{\infty} dx_1' \langle x' \mid \otimes {}_2\langle x'-\eta_1 \mid e^{-i\eta_2 x'} \mid x\rangle_1 \otimes \mid p\rangle_2 \\
&= e^{\frac{i\eta_2\eta_1}{2}} e^{ip(x-\eta_1)} e^{-i\eta_2 x}
\end{aligned} \tag{3.118}
$$

由此导出

$$4\pi^2 \operatorname{tr}(e^{iP_1X_2}\Delta) = 4\int \frac{d^2\eta}{\pi}\langle\lambda+\eta \mid e^{iP_1X_2} \mid \lambda-\eta\rangle e^{i(\eta_2\gamma_1-\eta_1\gamma_2)}$$

$$= 4\sqrt{2\pi}\int \frac{d^2\eta}{\pi}\langle\lambda+\eta \mid e^{\frac{i(\lambda_2-\eta_2)(\lambda_1-\eta_1)}{2}} \mid \lambda_1-\eta_1\rangle_1$$

$$\otimes \mid p=\lambda_2-\eta_2\rangle_2 e^{i(\eta_2\gamma_1-\eta_1\gamma_2)}$$

$$= 4\int \frac{d\eta_1 d\eta_2}{2\pi} e^{4i\eta_1\eta_2 - i\eta_1\lambda_2 - i\eta_2\lambda_1 i(\eta_2\gamma_1-\eta_1\gamma_2)} = e^{\frac{i(\lambda_2+\gamma_2)(\gamma_1-\lambda_1)}{4}} = e^{ip_1x_2} \tag{3.119}$$

这就是 $e^{iP_1X_2}$ 的经典外尔对应。

参考文献

[1] Fan H Y. Operator ordering in quantum optics theory and the development of Dirac's symbolic method [J]. Journal of optics B: Quantum and Semiclassical Optics. 2003, 5(4): R147 - R163.

[2] Fan H Y, Lu H L, Fan Y. Newton-Leibniz integration for ket-bra operators in quantum mechanics and derivation of entangled state representations [J]. Annals of Physics, 2006, 321(2): 480 - 494.

[3] Fan H Y, Li H Q, Xu X L. New route to deducing integration formulas by virtue of the IWOP technique [J]. Communications in Theoretical Physics, 2011, 55(3): 415 - 417.

[4] Fan H Y, Wang Z. New operator-ordering identities and associative integration formulas of two-variable Hermite polynomials for constructing non-Gaussian states [J]. Chinese Physics B, 2014, 23(8): 080301.

[5] Fan H Y, Fan Y. EPR entangled states and complex fractional Fourier transformation [J]. The European Physical Journal D, 2002, 21(2): 233 - 238.

[6] Fan H Y, Lu H L. 2-mode Fresnel operator and entangled Fresnel transform [J]. Physics Letters A, 2005, 334(2/3): 132 - 139.

[7] Fan H Y, Sun Z H. Noh-Fougères-Mandel operational phase operator as an entangling operator and the corresponding squeezed state [J]. Journal of Physics A: Mathematical and General, 2001, 34(8): 1629 - 1635.

[8] Fan H Y. Newton-Leibniz integration for ket-bra operators (II)—application in deriving density operator and generalized partition function formula [J]. Annals of Physics, 2007, 322(4): 866 - 885.

[9] He R, Wu Z, Fan H Y. From EPR wave function to Bi-partide entangled state repreentation. Brazilian Journal of Physics, 2024, 54: 229.

4

双模压缩算符的起纠缠作用

两粒子纠缠态表象与双模压缩算符有何关系呢?

4.1 $|\eta\rangle$ 在双模压缩下的纠缠特性

我们再用 $|\eta\rangle$ 的施密特分解研究 $|\eta\rangle$ 在双模压缩下的纠缠特性,引入双模坐标表象中的积分型的 ket-bra 算符。

$$S_2^{-1}(\mu) \equiv \iint_{-\infty}^{\infty} \mathrm{d}q_1 \mathrm{d}q_2 \, | q_1 \cosh\lambda - q_2 \sinh\lambda, -q_1 \sinh\lambda + q_2 \cosh\lambda\rangle\langle q_1, q_2 |, \quad \mu = \mathrm{e}^{\lambda} \tag{4.1}$$

它把双模坐标本征态 $|q_1, q_2\rangle$ 变为

$$S_2^{-1}(\mu) | q_1, q_2\rangle = | q_1 \cosh\lambda - q_2 \sinh\lambda, -q_1 \sinh\lambda + q_2 \cosh\lambda\rangle \tag{4.2}$$

为了了解 $S_2^{-1}(\mu)$ 的功能,将它作用于 $|\eta\rangle$,根据式(3.89)和式(4.2)得到

$$\begin{aligned}
& S_2^{-1}(\mu) | \eta\rangle \\
&= \iint_{-\infty}^{\infty} \mathrm{d}q_1 \mathrm{d}q_2 \, | q_1 \cosh\lambda - q_2 \sinh\lambda, -q_1 \sinh\lambda + q_2 \cosh\lambda\rangle\langle q_1, q_2 | \times \\
& \quad \mathrm{e}^{-\frac{\mathrm{i}\eta_1\eta_2}{2}} \int_{-\infty}^{\infty} \mathrm{d}q' \, | q'\rangle_1 \otimes | q' - \eta_1\rangle_2 \mathrm{e}^{\mathrm{i}\eta_2 q'} \\
&= \mathrm{e}^{-\frac{\mathrm{i}\eta_1\eta_2}{2}} \int_{-\infty}^{\infty} \mathrm{d}q' \iint_{-\infty}^{\infty} \mathrm{d}q_1 \mathrm{d}q_2 \, | q_1 \cosh\lambda - q_2 \sinh\lambda, -q_1 \sinh\lambda + q_2 \cosh\lambda\rangle \times \\
& \quad \delta(q_1 - q')\delta(q_2 - q' + \eta_1) \mathrm{e}^{\mathrm{i}\eta_2 q'} \\
&= \mathrm{e}^{-\frac{\mathrm{i}\eta_1\eta_2}{2}} \int_{-\infty}^{\infty} \mathrm{d}q' \, | q' \cosh\lambda - (q' - \eta_1) \sinh\lambda\rangle_1
\end{aligned}$$

$$
\begin{aligned}
&\otimes|-q'\sinh\lambda+(q'-\eta_1)\cosh\lambda\rangle_2 e^{i\eta_2 q'}\\
&=e^{-\frac{i\eta_1\eta_2}{2}}\int_{-\infty}^{\infty}dq'\,|q'e^{-\lambda}+\eta_1\sinh\lambda\rangle_1\otimes|q'e^{-\lambda}-\eta_1\cosh\lambda\rangle_2 e^{i\eta_2 q'}\\
&=e^{\lambda}e^{-\frac{i\eta_1\eta_2}{2}}\int_{-\infty}^{\infty}dq''\,|q''\rangle_1\otimes|q''-e^{\lambda}\eta_1\rangle_2 e^{ie^{\lambda}\eta_2(q''-\eta_1\sinh\lambda)}\\
&=e^{\lambda}e^{-\frac{ie^{2\lambda}\eta_1\eta_2}{2}}\int_{-\infty}^{\infty}dq''\,|q''\rangle_1\otimes|q''-e^{\lambda}\eta_1\rangle_2 e^{ie^{\lambda}\eta_2 q''}
\end{aligned}\tag{4.3}
$$

对照纠缠态 $|\eta\rangle$ 的施密特分解的标准形式(3.89),可知上式可简写为

$$
S_2^{-1}(\mu)\,|\eta\rangle=e^{\lambda}\,|e^{\lambda}\eta\rangle,\ \mu=e^{\lambda}\tag{4.4}
$$

这表明 $S_2^{-1}(\mu)$ 把 $|\eta\rangle$ 压缩为 $e^{\lambda}\,|e^{\lambda}\eta\rangle$,所以

$$
S_2(\mu)=\int\frac{d^2\eta}{\pi\mu}\,|\eta/\mu\rangle\langle\eta|\tag{4.5}
$$

可以称 $S_2(\mu)$ 为双模压缩算符,这样我们就用 $|\eta\rangle$ 的施密特分解导出了 $S_2(\mu)$ 在纠缠态表象中的一个简洁自然的表示,这表明双模压缩也起了纠缠的作用。

我们已经指出,$\int\frac{d^2\eta}{\pi\mu}\,|\eta/\mu\rangle\langle\eta|$ 是一个双模压缩算符,它是 $\eta\to\eta/\mu$, $\mu=e^{\lambda}$ 在纠缠态表象的映射,现在用 IWOP 技术直接对它积分得

$$
\begin{aligned}
\int\frac{d^2\eta}{\pi\mu}\,|\eta/\mu\rangle\langle\eta|&=\int\frac{d^2\eta}{\pi\mu}:\exp\left\{-\frac{|\eta|^2}{2}\left(1+\frac{1}{\mu^2}\right)+\eta\left(\frac{a_1^\dagger}{\mu}-a_2\right)+\right.\\
&\qquad\left.\eta^*\left(a_1-\frac{a_2^\dagger}{\mu}\right)+a_1^\dagger a_2^\dagger+a_1a_2-a_1^\dagger a_1-a_2^\dagger a_2\right\}:\\
&=\frac{2\mu}{1+\mu^2}:\exp\left[\frac{\mu^2}{1+\mu^2}\left(\frac{a_1^\dagger}{\mu}-a_2\right)\left(a_1-\frac{a_2^\dagger}{\mu}\right)-\right.\\
&\qquad\left.(a_1-a_2^\dagger)(a_1^\dagger-a_2)\right]:\\
&=e^{a_1^\dagger a_2^\dagger\tanh\lambda}e^{(a_1^\dagger a_1+a_2^\dagger a_2+1)\ln\operatorname{sech}\lambda}e^{-a_1a_2\tanh\lambda}\\
&=e^{(a_1^\dagger a_2^\dagger-a_1a_2)\lambda}\equiv S_2(\mu)
\end{aligned}\tag{4.6}
$$

这是其正规乘积形式。可见,$|\eta\rangle$ 是双模压缩算符的自然表象,故引入 $|\eta\rangle$ 表象是必要的,双模压缩态本身又是纠缠态,它纠缠了光学参量转换过程产生的信号模(signal mode)和惰性模(idler mode)。

回忆单模压缩算符是 $S_1=\mathrm{e}^{\frac{\lambda}{2}(a_1^2-a_1^{\dagger 2})}$，它的坐标表示是 $S_1(\mu)=\int_{-\infty}^{\infty}\frac{\mathrm{d}q}{\sqrt{\mu}}\times\left|\frac{q}{\mu}\right\rangle\langle q|$，$\mu=\mathrm{e}^{\lambda}$。我们看到单模压缩与双模压缩的对应通过 $\int_{-\infty}^{\infty}\frac{\mathrm{d}q}{\sqrt{\mu}}\left|\frac{q}{\mu}\right\rangle\langle q|$ 与 $\int\frac{\mathrm{d}^2\eta}{\pi\mu}\left|\frac{\eta}{\mu}\right\rangle\langle\eta|$ 表现出来，而且 $(a_1^{\dagger}a_2^{\dagger},\ a_1^{\dagger}a_1+a_2^{\dagger}a_2+1,\ a_1a_2)$ 的代数结构与 $(a^{\dagger 2},\ a^{\dagger}a+\frac{1}{2},\ a^2)$ 相似，这是多么奇妙的事，展现了"大道至简，大美天成"的景象。为了更清楚地看到这一点，可把 $\mathrm{e}^{\mathrm{i}P_1X_2}$ 作用到双模压缩真空态 $S_2|00\rangle$，这里 S_2 是一个双模的压缩算符。

$$S_2(\mu)=\exp[\lambda(a_1^{\dagger}a_2^{\dagger}-a_1a_2)],\quad \mu=\mathrm{e}^{\lambda},\tag{4.7}$$

利用式(3.93)有

$$\mathrm{e}^{\mathrm{i}P_1X_2}|\eta\rangle=\sqrt{2\pi}\,\mathrm{e}^{\mathrm{i}\eta_2\eta_1/2}|x=\eta_1\rangle_1\otimes|p=\eta_2\rangle_2,\quad \eta=\frac{\eta_1+\mathrm{i}\eta_2}{\sqrt{2}}\tag{4.8}$$

于是得到

$$\begin{aligned}\mathrm{e}^{\mathrm{i}P_1X_2}S_2(\mu)|00\rangle&\equiv\int\frac{\mathrm{d}^2\eta}{\pi\mu}\mathrm{e}^{\mathrm{i}P_1X_2}\left|\frac{\eta}{\mu}\right\rangle\langle\eta|00\rangle\\&=\frac{1}{\mu}\sqrt{2\pi}\int\frac{\mathrm{d}^2\eta}{\pi}\mathrm{e}^{\frac{\mathrm{i}\eta_2\eta_1}{2\mu^2}}\left|\frac{\eta_1}{\mu}\right\rangle_1\otimes\left|p=\frac{\eta_2}{\mu}\right\rangle_2\mathrm{e}^{-\frac{|\eta|^2}{2}}\\&=\frac{1}{\mu}\iint\frac{\mathrm{d}\eta_1\mathrm{d}\eta_2}{2\pi}\mathrm{e}^{\frac{\mathrm{i}\eta_2\eta_1}{2\mu^2}-\frac{(2+\mu^2)(\eta_1^2+\eta_2^2)}{4\mu^2}+\frac{\sqrt{2}a_1^{\dagger}\eta_1}{\mu}+\frac{\mathrm{i}\sqrt{2}a_2^{\dagger}\eta_2}{\mu}-\frac{a_1^{\dagger 2}-a_2^{\dagger 2}}{2}}|00\rangle\\&=2\sqrt{2}\mu\sqrt{\frac{1}{(2+\mu^2)^2+1}}\exp\left[\frac{A(a_1^{\dagger 2}-a_2^{\dagger 2})-8a_1^{\dagger}a_2^{\dagger}}{2[(2+\mu^2)^2+1]}\right]|00\rangle\end{aligned}\tag{4.9}$$

式中，

$$A=4(2+\mu^2)-1-(2+\mu^2)^2\tag{4.10}$$

特殊地，当 $\mu=1$，即 $A=2$，式(4.9)如期变为(3.115)。由式(4.9)可知，当把算符 $\mathrm{e}^{\mathrm{i}P_1X_2}$ 作用到双模压缩态时，压缩进一步被加强。利用纠缠态 $|\eta\rangle$ 的完备性关系，得到算符 $\mathrm{e}^{\mathrm{i}P_1X_2}\mathrm{e}^{-\mathrm{i}P_2X_1}$ 具有如下积分形式

$$e^{iP_1X_2}e^{-iP_2X_1}=e^{iP_1X_2}\int\frac{d^2\eta}{\pi}\mid\eta\rangle\langle\eta\mid e^{-iP_2X_1}$$
$$=\iint d\eta_1 d\eta_2\mid x=\eta_1\rangle_1\otimes\mid p=\eta_2\rangle_{2\,1}\langle p=\eta_2\mid\otimes{}_2\langle x=-\eta_1\mid e^{i\eta_2\eta_1}\tag{4.11}$$

同样,把纠缠态$\mid\eta\rangle_{12}$和$\mid\xi\rangle_{34}$的完备性关系插入到纠缠算符$e^{i(X_1-X_2)(P_3-P_4)/2}$,可给出

$$e^{i(X_1-X_2)(P_3-P_4)/2}=\iint\frac{d^2\eta d^2\xi}{\pi^2}\mid\eta\rangle_{12}\mid\xi\rangle_{34\,12}\langle\eta\mid_{34}\langle\xi\mid e^{i\eta_1\xi_2/2}\tag{4.12}$$

利用IWOP技术,可导出式(4.11)和(4.12)的正规乘积表示。

4.2 单模压缩下的$\mid\eta\rangle$之纠缠特性

用$\mid\eta\rangle$的施密特分解式(3.88),我们可以研究$\mid\eta\rangle$在单模压缩下的纠缠特性,引入坐标表象的积分型的ket-bra算符。

$$S_1(\mu)=\int_{-\infty}^{\infty}\frac{dq}{\sqrt{\mu}}\mid\frac{q}{\mu}\rangle_{11}\langle q\mid,\mu=e^{\lambda}\tag{4.13}$$

它是单模压缩算符,因为

$$S_1\mid q\rangle_1=\frac{1}{\sqrt{\mu}}\mid q/\mu\rangle_1\tag{4.14}$$

现在,对$\mid\eta\rangle$实行单模(第一个模)压缩,根据式(3.89)和(4.14)得到

$$S_1(\mu)\mid\eta\rangle=e^{-\frac{i\eta_1\eta_2}{2}}\int_{-\infty}^{\infty}dq\frac{1}{\sqrt{\mu}}\mid\frac{q}{\mu}\rangle_1\otimes\mid q-\eta_1\rangle_2 e^{i\eta_2 q}$$
$$=e^{-\frac{i\eta_1\eta_2}{2}}\int_{-\infty}^{\infty}\sqrt{\mu}\,dq'\mid q'\rangle_1\otimes\mid\mu\left(q'-\frac{\eta_1}{\mu}\right)\rangle_2 e^{i\eta_2\mu q'}\tag{4.15}$$

把它与(3.88)式比较,并注意$S_1(1/\mu)=\int_{-\infty}^{\infty}\sqrt{\mu}\,dq\mid\mu q\rangle_{22}\langle q\mid$,就得到

$$S_1(\mu)\mid\eta\rangle=S_1(1/\mu)\mid\eta'=\frac{\eta_1/\mu+i\eta_2\mu}{\sqrt{2}}\rangle\tag{4.16}$$

可见,对态矢 $\left|\eta=\frac{\eta_1+\mathrm{i}\eta_2}{\sqrt{2}}\right\rangle$ 的第一模的压缩(压缩参数为 μ) 等价于对另一态矢 $|\eta'\rangle$ 的第二模的反压缩(压缩参数为 $1/\mu$),而 $\eta'=\frac{\eta_1/\mu+\mathrm{i}\eta_2\mu}{\sqrt{2}}$。这充分体现了态 $|\eta\rangle$ 具有量子纠缠的本性。

4.3 单边双模压缩算符

由 $|\eta\rangle$ 在坐标表象中的施密特分解式得

$$
\begin{aligned}
&(Q_1+Q_2)\,|\,\eta=\eta_1+\mathrm{i}\eta_2\rangle \\
&\quad=\mathrm{e}^{-\mathrm{i}\eta_1\eta_2}\int_{-\infty}^{\infty}\mathrm{d}q(2q-\sqrt{2}\,\eta_1)\,|\,q\rangle_1\otimes|\,q-\sqrt{2}\,\eta_1\rangle_2\,\mathrm{e}^{\mathrm{i}(\sqrt{2}q-\eta_1)\eta_2} \\
&\quad=-\mathrm{i}\sqrt{2}\,\frac{\partial}{\partial\eta_2}\,|\,\eta=\eta_1+\mathrm{i}\eta_2\rangle
\end{aligned}
\tag{4.17}
$$

另一方面,由 $|\eta\rangle$ 在动量表象中的施密特分解式得

$$
\begin{aligned}
&(P_1-P_2)\,|\,\eta=\eta_1+\mathrm{i}\eta_2\rangle \\
&\quad=\mathrm{e}^{-\mathrm{i}\eta_1\eta_2}\int_{-\infty}^{\infty}\mathrm{d}p(2p+\sqrt{2}\,\eta_2)\,|\,p+\sqrt{2}\,\eta_2\rangle_1\otimes|-p\rangle_2\,\mathrm{e}^{-\mathrm{i}\sqrt{2}\eta_1 p} \\
&\quad=\mathrm{i}\sqrt{2}\,\frac{\partial}{\partial\eta_1}\,|\,\eta=\eta_1+\mathrm{i}\eta_2\rangle
\end{aligned}
\tag{4.18}
$$

可见,在 $\langle\eta\,|\equiv\langle\eta_1,\,\eta_2\,|$ 表象下,

$$
(Q_1+Q_2)\rightarrow\mathrm{i}\sqrt{2}\,\frac{\partial}{\partial\eta_2},(P_1-P_2)\rightarrow-\mathrm{i}\sqrt{2}\,\frac{\partial}{\partial\eta_1}
\tag{4.19}
$$

于是

$$
\langle\eta_1,\,\eta_2\,|\,\frac{1}{2}(P_1+P_2)(Q_1+Q_2)=\mathrm{i}\eta_2\,\frac{\partial}{\partial\eta_2}\langle\eta_1,\,\eta_2\,|
\tag{4.20}
$$

令 $\eta_2=\mathrm{e}^y$,有

$$
\begin{aligned}
&\langle\eta_1,\,\eta_2\,|\,\frac{1}{2}(P_1+P_2)(Q_1+Q_2) \\
&=\mathrm{i}\mathrm{e}^y\,\frac{\partial y}{\partial\eta_2}\,\frac{\partial}{\partial y}\langle\eta_1,\,\eta_2=\mathrm{e}^y\,|=\mathrm{i}\,\frac{\partial}{\partial y}\langle\eta_1,\,\eta_2=\mathrm{e}^y\,|
\end{aligned}
\tag{4.21}
$$

再注意到 $\exp\left(-\lambda \frac{\partial}{\partial y}\right) f(y)=f(y-\lambda)$，

$$\langle \eta_1, \eta_2 | \exp\left[\frac{\mathrm{i}\lambda}{2}(P_1+P_2)(Q_1+Q_2)\right]=\exp\left(-\lambda \frac{\partial}{\partial y}\right)\langle \eta_1, \eta_2=\mathrm{e}^y | \\ =\langle \eta_1, \mathrm{e}^{y-\lambda} |=\langle \eta_1, \mathrm{e}^{-\lambda}\eta_2 | \tag{4.22}$$

这说明 $\exp[\mathrm{i}\lambda(P_1+P_2)(Q_1+Q_2)/2]$ 是一个单边双模压缩算符，

$$\exp\left[\frac{\mathrm{i}\lambda}{2}(P_1+P_2)(Q_1+Q_2)-\frac{\lambda}{2}\right]=\mathrm{e}^{-\lambda/2}\int \frac{\mathrm{d}^2\eta}{\pi} | \eta\rangle\langle \eta_1, \mathrm{e}^{-\lambda}\eta_2 | \tag{4.23}$$

类似可证，

$$\langle \eta_1, \eta_2 | \frac{1}{2}(Q_1-Q_2)(P_1-P_2)=-\mathrm{i}\eta_1 \frac{\partial}{\partial \eta_1}\langle \eta_1, \eta_2 | \tag{4.24}$$

令 $\eta_1=\mathrm{e}^x$，有

$$\langle \eta_1, \eta_2 | \frac{1}{2}(Q_1-Q_2)(P_1-P_2) \\ =-\mathrm{i}\mathrm{e}^x \frac{\partial x}{\partial \eta_1} \frac{\partial}{\partial x}\langle \eta_1=\mathrm{e}^x, \eta_2 |=-\mathrm{i} \frac{\partial}{\partial x}\langle \eta_1=\mathrm{e}^x, \eta_2 | \tag{4.25}$$

所以式(4.26)也被称为单边双模压缩算符，

$$\exp\left[\frac{-\mathrm{i}\lambda}{2}(Q_1-Q_2)(P_1-P_2)-\frac{\lambda}{2}\right]=\mathrm{e}^{-\lambda/2}\int \frac{\mathrm{d}^2\eta}{\pi} | \eta\rangle\langle \mathrm{e}^{-\lambda}\eta_1, \eta_2 | \tag{4.26}$$

作为练习，用 IWOP 技术计算

$$\int \frac{\mathrm{d}^2\eta}{\pi} | \eta\rangle\langle \mathrm{e}^{-\sigma}\eta_1, \mathrm{e}^{-\lambda}\eta_2 | \tag{4.27}$$

4.4 双模压缩光场的单模求迹-混沌光场

用 IWOP 技术还可以研究双模压缩光场与热光场的关系。双模压缩真空光场为[1-2]

$$S_2 \mid 00\rangle\langle 00 \mid S_2^\dagger = \mathrm{sech}^2\lambda\, \mathrm{e}^{a_1^\dagger a_2^\dagger \tanh\lambda} \mid 00\rangle\langle 00 \mid \mathrm{e}^{a_1 a_2 \tanh\lambda} \equiv \rho_t \tag{4.28}$$

这里 $\mid 00\rangle \equiv \mid 0\rangle_1 \mid 0\rangle_2$。对它的第二个模统计求和(即部分求迹)，插入相干态完备性 $\int \frac{\mathrm{d}^2 z_2}{\pi} \mid z_2\rangle\langle z_2 \mid = 1$，得到

$$\begin{aligned}
\mathrm{tr}_2\rho_t &= \mathrm{sech}^2\lambda\, \mathrm{tr}_2(\mathrm{e}^{a_1^\dagger a_2^\dagger \tanh\lambda} \mid 00\rangle\langle 00 \mid \mathrm{e}^{a_1 a_2 \tanh\lambda}) \\
&= \mathrm{sech}^2\lambda \int \frac{\mathrm{d}^2 z_2}{\pi} \langle z_2 \mid \mathrm{e}^{a_1^\dagger a_2^\dagger \tanh\lambda} \mid 00\rangle\langle 00 \mid \mathrm{e}^{a_1 a_2 \tanh\lambda} \mid z_2\rangle \\
&= \mathrm{sech}^2\lambda \int \frac{\mathrm{d}^2 z_2}{\pi} \mathrm{e}^{-|z_2|^2 + a_1^\dagger z_2^* \tanh\lambda} \mid 0\rangle\langle 0 \mid \mathrm{e}^{a_1 z_2 \tanh\lambda} \\
&= \mathrm{sech}^2\lambda \int \frac{\mathrm{d}^2 z_2}{\pi} : \mathrm{e}^{-|z_2|^2 + a_1^\dagger z_2^* \tanh\lambda + a_1 z_2 \tanh\lambda - a_1^\dagger a_1} : \\
&= \mathrm{sech}^2\lambda : \exp[a_1^\dagger a_1 (\tanh^2\lambda - 1)] : \\
&= \mathrm{sech}^2\lambda \exp(a_1^\dagger a_1 \ln\tanh^2\lambda) = \mathrm{sech}^2\lambda \sum_{n=0}^{\infty} \mathrm{e}^{n\ln\tanh^2\lambda} \mid n\rangle\langle n \mid \\
&= \mathrm{sech}^2\lambda \sum_{n=0}^{\infty} (\tanh\lambda)^{2n} \mid n\rangle\langle n \mid
\end{aligned} \tag{4.29}$$

即知(4.29)右边代表热光场密度算符。令

$$\mathrm{e}^{-\beta\omega} = \tanh^2\lambda \tag{4.30}$$

则

$$\mathrm{tr}_2(\rho_t) = (1 - \mathrm{e}^{-\omega\beta}) \sum_{n=0}^{\infty} \mathrm{e}^{-n\beta\omega} \mid n\rangle\langle n \mid \tag{4.31}$$

它代表一个混沌光场，其平均光子数为 $\bar{n} = \sinh^2\lambda$。

4.5 双模菲涅尔算符压缩纠缠态

首先，我们把一维菲涅尔变换式(2.60)拓展到二维情形[3-4]，

$$\mathcal{K}_2(\eta', \eta) = \frac{1}{2\mathrm{i}B\pi} \exp\left[\frac{\mathrm{i}}{2B}(A \mid \eta \mid^2 - (\eta\eta'^* + \eta^*\eta') + D \mid \eta' \mid^2)\right] \tag{4.32}$$

式中，η 为复参数。以下我们构造双模的菲涅尔算符 $F_2(r, s)$，它在纠缠

态 $|\eta\rangle$ 表象中满足的变换矩阵元恰好为二维菲涅尔变换，即 $\mathcal{K}_2^{(r,s)}(\eta', \eta) = \frac{1}{\pi}\langle\eta' | F_2(r, s) | \eta\rangle$，这样可以证明，

$$F_2 |\eta\rangle\langle\eta| F_2^{\dagger} = |\eta\rangle_{s,rs,r}\langle\eta| = \pi\int d^2\gamma d^2\sigma\delta(\eta_2 - D\sigma_2 + B\gamma_1) \times \delta(\eta_1 - D\sigma_1 - B\gamma_2)\Delta(\sigma, \gamma) \tag{4.33}$$

即密度算符 $|\eta\rangle_{s,rs,r}\langle\eta|$ 恰好为纠缠维格纳算符 $\Delta(\sigma, \gamma)$ 的拉东变换。类似于引入单模情况，利用双模相干态表象构造双模菲涅尔算符 $F_2(r, s)$。具体做法如下，

$$F_2(r, s) = s\int \frac{d^2 z_1 d^2 z_2}{\pi^2} | sz_1 + rz_2^*, rz_1^* + sz_2\rangle\langle z_1, z_2 | \tag{4.34}$$

这里，算符 $F_2(r, s)$ 为相空间中的经典辛变换的量子映射 $(z_1, z_2) \to (sz_1 + rz_2^*, rz_1^* + sz_2)$，$|z_1, z_2\rangle = \exp\left(-\frac{1}{2}|z_1|^2 - \frac{1}{2}|z_2|^2 + z_1 a_1^{\dagger} + z_1 a_1^{\dagger}\right) \times |00\rangle$ 为一个通常的双模相干态。具体来说，在式(4.34)中的右矢为

$$| sz_1 + rz_2^*, rz_1^* + sz_2\rangle \equiv | sz_1 + rz_2^*\rangle_1 \otimes | rz_1^* + sz_2\rangle_2 \tag{4.35}$$

式中 s，r 为复参数且满足酉模条件 $|s|^2 - |r|^2 = 1$。利用 IWOP 技术和真空态投影算符的正规乘积，即 $|00\rangle\langle 00| = :\exp(-a_1^{\dagger}a_1 - a_2^{\dagger}a_2):$，对式(4.34)执行积分，可有

$$\begin{aligned} F_2(r, s) &= s\int \frac{d^2 z_1 d^2 z_2}{\pi^2} :\exp[-|s|^2(|z_1|^2 + |z_2|^2) - r^* s z_1 z_2 - rs^* z_1^* z_2^* + \\ &\quad (sz_1 + rz_2^*)a_1^{\dagger} + (rz_1^* + sz_2)a_2^{\dagger} + z_1^* a_1 + z_2^* a_2 - a_1^{\dagger}a_1 - a_2^{\dagger}a_2]: \\ &= \frac{1}{s^*}\exp\left(\frac{r}{s^*}a_1^{\dagger}a_2^{\dagger}\right) :\exp\left[\left(\frac{1}{s^*} - 1\right)(a_1^{\dagger}a_1 + a_2^{\dagger}a_2)\right]: \exp\left(-\frac{r^*}{s^*}a_1 a_2\right) \\ &= \exp\left(\frac{r}{s^*}a_1^{\dagger}a_2^{\dagger}\right)\exp[(a_1^{\dagger}a_1 + a_2^{\dagger}a_2 + 1)\ln(s^*)^{-1}]\exp\left(-\frac{r^*}{s^*}a_1 a_2\right) \end{aligned} \tag{4.36}$$

这样，算符 $F_2(r, s)$ 生成如下变换

$$F_2(r, s)a_1 F_2^{-1}(r, s) = s^* a_1 - ra_2^{\dagger},\ F_2(r, s)a_2 F_2^{-1}(r, s) = s^* a_2 - ra_1^{\dagger} \tag{4.37}$$

可见,算符 F_2 也是一个推广的双模压缩算符。下面讨论双模菲涅尔变换的性质。从式(4.37)可知,

$$F_2Q_1F_2^{\dagger}=\frac{1}{2}[(A+D)Q_1-(B-C)P_1+(A-D)Q_2+(B+C)P_2] \tag{4.37a}$$

$$F_2Q_2F_2^{\dagger}=\frac{1}{2}[(A+D)Q_2-(B-C)P_2+(A-D)Q_1+(B+C)P_1] \tag{4.37b}$$

以及

$$F_2P_1F_2^{\dagger}=\frac{1}{2}[(A+D)P_1+(B-C)Q_1-(A-D)P_2+(B+C)Q_2] \tag{4.37c}$$

$$F_2P_2F_2^{\dagger}=\frac{1}{2}[(A+D)P_2+(B-C)Q_2-(A-D)P_1+(B+C)Q_1] \tag{4.37d}$$

于是有

$$F_2(Q_1-Q_2)F_2^{\dagger}=D(Q_1-Q_2)-B(P_1-P_2) \tag{4.37e}$$

$$F_2(P_1+P_2)F_2^{\dagger}=B(Q_1+Q_2)+D(P_1+P_2) \tag{4.37f}$$

和

$$F_2(Q_1+Q_2)F_2^{\dagger}=A(Q_1+Q_2)+C(P_1+P_2) \tag{4.37g}$$

$$F_2(P_1-P_2)F_2^{\dagger}=A(P_1-P_2)-C(Q_1-Q_2) \tag{4.37h}$$

注意到 $[F_2(Q_1-Q_2)F_2^{\dagger},\ F_2(P_1+P_2)F_2^{\dagger}]=0$,可见,对易算符 $D(Q_1-Q_2)-B(P_1-P_2)$ 和 $B(Q_1+Q_2)+D(P_1+P_2)$ 的共同本征态 $|\eta\rangle_{s,r}$ 满足方程

$$[D(Q_1-Q_2)-B(P_1-P_2)]|\eta\rangle_{s,r}=F_2(Q_1-Q_2)F_2^{\dagger}|\eta\rangle_{s,r}=\sqrt{2}\eta_1|\eta\rangle_{s,r} \tag{4.37i}$$

$$[B(Q_1+Q_2)+D(P_1+P_2)]|\eta\rangle_{s,r}=F_2(P_1+P_2)F_2^{\dagger}|\eta\rangle_{s,r}=\sqrt{2}\eta_2|\eta\rangle_{s,r} \tag{4.37j}$$

所以,结合式(4.37k)

$$|\eta\rangle_{s,r}=F_2|\eta\rangle \tag{4.37k}$$

我们可称 $D(Q_1-Q_2)-B(P_1-P_2)$ 或者 $B(Q_1+Q_2)+D(P_1+P_2)$ 为菲涅尔正交相。

另一方面,由对易关系 $[F_2(Q_1+Q_2)F_2^\dagger,\ F_2(P_1-P_2)F_2^\dagger]=0$,以及态 $|\xi\rangle$(态 $|\eta\rangle$ 的共轭态)是 (Q_1+Q_2) 和 (P_1-P_2) 的共同本征态

$$(Q_1+Q_2)|\xi\rangle=\sqrt{2}\xi_1|\xi\rangle,(P_1-P_2)|\xi\rangle=\sqrt{2}\xi_2|\xi\rangle \tag{4.37l}$$

所以,对易算符 $F_2(Q_1+Q_2)F_2^\dagger$ 和 $F_2(P_1-P_2)F_2^\dagger$ 的共同本征态由下式给出。

$$[A(Q_1+Q_2)+C(P_1+P_2)]|\xi\rangle_{s,r}=\sqrt{2}\xi_1|\xi\rangle_{s,r} \tag{4.37m}$$

$$[A(P_1-P_2)-C(Q_1-Q_2)]|\xi\rangle_{s,r}=\sqrt{2}\xi_2|\xi\rangle_{s,r} \tag{4.37n}$$

并且存在如下关系:

$$\begin{aligned}|\xi\rangle_{s,r}&\equiv F_2|\xi\rangle=F_2\int\frac{d^2\eta}{\pi}|\eta\rangle\langle\eta|\xi\rangle\\&=\int\frac{d^2\eta}{2\pi}\exp\left(\frac{\xi\eta^*-\xi^*\eta}{2}\right)|\eta\rangle_{s,r}\end{aligned} \tag{4.37o}$$

这里我们利用了内积 $\langle\eta|\xi\rangle=\frac{1}{2}\exp\left(\frac{\xi\eta^*-\xi^*\eta}{2}\right)$。

而且,算符 $F_2(r,\ s)$ 遵守群乘法规则。利用 IWOP 积分技术和式(4.36),可给出

$$\begin{aligned}&F_2(r,\ s)F_2(r',\ s')\\&=ss'\int\frac{d^2z_1d^2z_2d^2z_1'd^2z_2'}{\pi^4}:\exp\{-|s|^2(|z_1|^2+|z_2|^2)-r^*sz_1z_2-\\&rs^*z_1^*z_2^*-\frac{1}{2}(|z_1'|^2+|z_2'|^2+|s'z_1'+r'z_2'^*|^2+|r'z_1'^*+s'z_2'|^2)+\\&(sz_1+rz_2^*)a_1^\dagger+(rz_1^*+sz_2)a_2^\dagger+z_1'^*a_1+z_2'^*a_2+\\&z_1^*(s'z_1'+r'z_2'^*)+z_2^*(r'z_1'^*+s'z_2')-a_1^\dagger a_1-a_2^\dagger a_2\}:\\&=\frac{1}{s''^*}\exp\left(\frac{r''}{2s''^*}a_1^\dagger a_2^\dagger\right):\exp\left[\left(\frac{1}{s''^*}-1\right)(a_1^\dagger a_1+a_2^\dagger a_2)\right]:\exp\left(-\frac{r''^*}{2s''^*}a_1a_2\right)\\&=F_2(r'',\ s'')\end{aligned} \tag{4.38}$$

式中 (r'', s'') 为矩阵光学中光线转移矩阵

$$\begin{pmatrix} s'' & -r'' \\ -r^{*''} & s^{*''} \end{pmatrix} = \begin{pmatrix} s & -r \\ -r^{*} & s^{*} \end{pmatrix} \begin{pmatrix} s' & -r' \\ -r'^{*} & s'^{*} \end{pmatrix} \tag{4.39}$$

因此,式(4.38)为光线转移矩阵乘积规则的忠实表示。

进一步,利用相干态的完备性关系和内积

$$\langle z_1, z_2 \mid \eta \rangle = \exp\left[-\frac{1}{2}(|z_1|^2 + |z_2|^2 + |\eta|^2) + \eta z_1^* - \eta^* z_2^* + z_1^* z_2^*\right] \tag{4.40}$$

以及

$$\begin{aligned} \langle z_1', z_2' | F_2(r, s) | z_1, z_2 \rangle = & \frac{1}{s^*}\exp\left[-\frac{1}{2}(|z_1|^2 + |z_2|^2 + |z_1'|^2 + |z_2'|^2) + \right. \\ & \left. \frac{r}{s^*} z_1'^* z_2'^* - \frac{r^*}{s^*} z_1 z_2 + \frac{1}{s^*}(z_1'^* z_1 + z_2'^* z_2)\right] \end{aligned} \tag{4.41}$$

我们能计算出积分核 $\mathcal{K}_2^{(r,s)}(\eta', \eta)$

$$\begin{aligned} \mathcal{K}_2^{(r,s)}(\eta', \eta) = & \frac{1}{\pi}\langle \eta' \mid F_2(r, s) \mid \eta \rangle \\ = & \int \frac{d^2 z_1 d^2 z_2 d^2 z_1' d^2 z_2'}{\pi^5} \langle \eta' \mid z_1', z_2' \rangle \langle z_1', z_2' | \\ & F_2(r, s) \mid z_1, z_2 \rangle \langle z_1, z_2 \mid \eta \rangle \\ = & \frac{1}{s^*}\int \frac{d^2 z_1 d^2 z_2 d^2 z_1' d^2 z_2'}{\pi^5} \exp\left[-\frac{1}{2}(|\eta'|^2 + |\eta|^2) - \right. \\ & \left. (|z_1|^2 + |z_2|^2 + |z_1'|^2 + |z_2'|^2)\right] \times \\ & \exp\left(z_1^* z_2^* + \eta z_1^* - \frac{r^*}{s^*} z_1 z_2 + \frac{z_1'^* z_1 + z_2'^* z_2}{s^*} + \right. \\ & \left. \frac{r}{s^*} z_1'^* z_2'^* + z_1' z_2' + \eta'^* z_1' - \eta' z_2' - \eta^* z_2^*\right) \\ = & \frac{1}{(r^* + s^* - r - s)\pi} \times \end{aligned}$$

$$\exp\left[\frac{(r^*-s)|\eta|^2-(r+s)|\eta'|^2+\eta\eta'^*+\eta^*\eta'}{r^*+s^*-r-s}-\frac{|\eta'|^2+|\eta|^2}{2}\right] \tag{4.42}$$

利用式(2.63)中参数 s，r 和 (A, B, C, D) 的关系，可把式(4.42)改写为

$$\begin{aligned}\mathcal{K}_2^{(r,s)}(\eta', \eta) &= \frac{1}{2\mathrm{i}B\pi}\exp\left[\frac{\mathrm{i}}{2B}(A|\eta|^2-(\eta\eta'^*+\eta^*\eta')+D|\eta'|^2)\right] \\ &\equiv \mathcal{K}_2^M(\eta', \eta)\end{aligned} \tag{4.43}$$

对于标记 $\mathcal{K}_2^M$，上标 M 仅代表 $\mathcal{K}_2^M$ 中的参数 $[A, B; C, D]$，而下角标 2 指的是二维的积分核。

4.6 双模菲涅尔算符导出中介纠缠态表象

下面引入一个新的纠缠态 $|\eta\rangle_{s,r}(=F_2(r, s)|\eta\rangle)$ 表象。把菲涅尔算符 $F_2(r, s)$ 作用到纠缠态 $|\eta\rangle$ 并利用式(3.51)和(4.36)，可有式(4.44)或(4.45)。

$$\begin{aligned}F_2(r, s)|\eta\rangle &= \frac{1}{s^*}\int\frac{\mathrm{d}^2z_1\mathrm{d}^2z_2}{\pi^2}\exp\left[\frac{r}{s^*}a_1^\dagger a_2^\dagger+\left(\frac{1}{s^*}-1\right)(a_1^\dagger z_1+a_2^\dagger z_2)-\frac{r^*}{s^*}z_1z_2\right]|z_1, z_2\rangle\langle z_1, z_2|\eta\rangle \\ &= \frac{1}{s^*}\int\frac{\mathrm{d}^2z_1\mathrm{d}^2z_2}{\pi^2}\exp\left[-|z_1|^2+\frac{1}{s^*}(a_1^\dagger-r^*z_2)z_1+(\eta+z_2^*)z_1^*\right]\times \\ &\quad \exp\left(-\frac{1}{2}|\eta|^2-|z_2|^2+\frac{1}{s^*}z_2a_2^\dagger-\eta^*z_2^*+\frac{r}{s^*}a_1^\dagger a_2^\dagger\right)|00\rangle \\ &= \frac{1}{s^*}\int\frac{\mathrm{d}^2z_2}{\pi}\exp\left[-\frac{s^*+r^*}{s^*}|z_2|^2+\frac{1}{s^*}(a_2^\dagger-\eta r^*)z_2+\frac{1}{s^*}(a_1^\dagger-s^*\eta^*)z_2^*\right]\times \\ &\quad \exp\left(\frac{\eta}{s^*}a_1^\dagger+\frac{r}{s^*}a_1^\dagger a_2^\dagger-\frac{1}{2}|\eta|^2\right)|00\rangle \\ &= \frac{1}{s^*+r^*}\exp\left[-\frac{s^*-r^*}{2(s^*+r^*)}|\eta|^2+\frac{\eta a_1^\dagger}{s^*+r^*}-\frac{\eta^*a_2^\dagger}{s^*+r^*}+\frac{s+r}{s^*+r^*}a_1^\dagger a_2^\dagger\right]|00\rangle \equiv |\eta\rangle_{s,r}\end{aligned} \tag{4.44}$$

或者

$$|\eta\rangle_{s,r}=\frac{1}{D+\mathrm{i}B}\exp\left[-\frac{A-\mathrm{i}C}{2(D+\mathrm{i}B)}|\eta|^2+\frac{\eta a_1^\dagger}{D+\mathrm{i}B}-\frac{\eta^* a_2^\dagger}{D+\mathrm{i}B}+\frac{D-\mathrm{i}B}{D+\mathrm{i}B}a_1^\dagger a_2^\dagger\right]|00\rangle \tag{4.45}$$

这里利用了积分公式

$$\int\frac{\mathrm{d}^2 z}{\pi}\exp(\zeta|z|^2+\xi z+\eta z^*)=-\frac{1}{\zeta}\mathrm{e}^{-\frac{\xi\eta}{\zeta}},\ \mathrm{Re}(\zeta)<0 \tag{4.46}$$

利用纠缠态 $|\eta\rangle$ 的完备正交性关系，可知

$$\int\frac{\mathrm{d}^2\eta}{\pi}|\eta\rangle_{s,r\,s,r}\langle\eta|=1,\ {}_{s,r}\langle\eta|\eta'\rangle_{s,r}=\pi\delta(\eta-\eta')\delta(\eta^*-\eta'^*) \tag{4.47}$$

即推广纠缠态 $|\eta\rangle_{s,r}$ 是完备正交的。把算符 a_1，a_2 作用到态 $|\eta\rangle_{s,r}$ 上，可见

$$a_1|\eta\rangle_{s,r}=\left(\frac{\eta}{D+\mathrm{i}B}+\frac{D-\mathrm{i}B}{D+\mathrm{i}B}a_2^\dagger\right)|\eta\rangle_{s,r} \tag{4.48}$$

$$a_2|\eta\rangle_{s,r}=\left(-\frac{\eta^*}{D+\mathrm{i}B}+\frac{D-\mathrm{i}B}{D+\mathrm{i}B}a_1^\dagger\right)|\eta\rangle_{s,r} \tag{4.49}$$

由此发现态 $|\eta\rangle_{s,r}$ 所满足的本征方程为

$$[D(Q_1-Q_2)-B(P_1-P_2)]|\eta\rangle_{s,r}=\sqrt{2}\eta_1|\eta\rangle_{s,r} \tag{4.50}$$

$$[B(Q_1+Q_2)+D(P_1+P_2)]|\eta\rangle_{s,r}=\sqrt{2}\eta_2|\eta\rangle_{s,r} \tag{4.51}$$

4.7 纠缠维格纳算符的拉东变换——中介纠缠态表象

对于双模的纠缠体系，它的维格纳算符在纠缠态 $|\eta\rangle$ 中表示为[5, 6]

$$\Delta(\sigma,\gamma)=\int\frac{\mathrm{d}^2\eta}{\pi^3}|\sigma-\eta\rangle\langle\sigma+\eta|\mathrm{e}^{\eta\gamma^*-\eta^*\gamma} \tag{4.52}$$

若取 $\sigma=\alpha-\beta^*$，$\gamma=\alpha+\beta^*$，可把算符 $\Delta(\sigma,\gamma)$ 表示为两个单模维格纳算符的直积，即 $\Delta(\sigma,\gamma)=\Delta(\alpha,\alpha^*)\otimes\Delta(\beta,\beta^*)$。根据外尔对应规则，可有

$$H(a_1^\dagger, a_2^\dagger; a_1, a_2) = \int d^2\gamma d^2\sigma h(\sigma, \gamma)\Delta(\sigma, \gamma) \tag{4.53}$$

式中，$h(\sigma, \gamma)$ 为 $H(a_1^\dagger, a_2^\dagger; a_1, a_2)$ 的经典外尔对应，且为

$$h(\sigma, \gamma) = 4\pi^2 \mathrm{tr}[H(a_1^\dagger, a_2^\dagger; a_1, a_2)\Delta(\sigma, \gamma)] \tag{4.54}$$

这样，投影算符 $|\eta\rangle_{r, sr, s}\langle\eta|$ 的经典外尔对应可表示为

$$\begin{aligned} & 4\pi^2 \mathrm{tr}[|\eta\rangle_{r, sr, s}\langle\eta|\Delta(\sigma, \gamma)] \\ = & 4\pi^2\int \frac{d^2\eta'}{\pi^3}{}_{r, s}\langle\eta|\sigma-\eta'\rangle\langle\sigma+\eta'|\eta\rangle_{r, s}\exp(\eta'\gamma^* - \eta'^*\gamma) \\ = & 4\pi^2\int \frac{d^2\eta'}{\pi^3}\langle\eta|F_2^\dagger|\sigma-\eta'\rangle\langle\sigma+\eta'|F_2|\eta\rangle\exp\int(\eta'\gamma^* - \eta'^*\gamma) \end{aligned} \tag{4.55}$$

进一步，利用式(4.33)，可得到

$$4\pi^2 \mathrm{tr}[|\eta\rangle_{s, rs, r}\langle\eta|\Delta(\sigma, \gamma)] = \pi\delta(\eta_2 - D\sigma_2 + B\gamma_1)\delta(\eta_1 - D\sigma_1 - B\gamma_2) \tag{4.56}$$

这意味着 $|\eta\rangle_{s, rs, r}\langle\eta|$ 的经典外尔对应为

$$|\eta\rangle_{s, rs, r}\langle\eta| = \pi\int d^2\gamma d^2\sigma\delta(\eta_2 - D\sigma_2 + B\gamma_1)\delta(\eta_1 - D\sigma_1 - B\gamma_2)\Delta(\sigma, \gamma) \tag{4.57}$$

可见，投影算符 $|\eta\rangle_{s, rs, r}\langle\eta|$ 恰好是维格纳算符 $\Delta(\sigma, \gamma)$ 的拉东变换，其中 D，B 为拉东变换参数。结合式(4.46)和式(4.59)，双模态 $|\psi\rangle$ 的量子层析为

$$\begin{aligned} |{}_{s, r}\langle\eta|\psi\rangle|^2 = & |\langle\eta|F^\dagger|\psi\rangle|^2 \\ = & \pi\int d^2\gamma d^2\sigma\delta(\eta_2 - D\sigma_2 + B\gamma_1)\delta(\eta_1 - D\sigma_1 - B\gamma_2)\langle\psi|\Delta(\sigma, \gamma)|\psi\rangle \end{aligned} \tag{4.58}$$

式中，$\langle\psi|\Delta(\sigma, \gamma)|\psi\rangle$ 为态 $|\psi\rangle$ 的维格纳函数。可见，菲涅尔正交相的概率分布正好是层析函数(双模维格纳函数的拉东变换)。量子层析与光学菲涅尔变换的新关系为实验物理学家制备层析函数提供新的途径。

下面给出 $|\eta\rangle_{s, r}$ 的共轭态 $|\xi\rangle_{s, r}$ 构成的表象。我们讨论“频域”中的变换，即要证明纠缠维格纳算符 $\Delta(\sigma, \gamma)$ 的拉东变换恰好为纯态密度算符 $|\xi\rangle_{s, rs, r}\langle\xi|$，即

$$F_2 \mid \xi\rangle\langle\xi \mid F_2^\dagger = \mid \xi\rangle_{s,\,rs,\,r}\langle\xi \mid = \pi\int \mathrm{d}^2\sigma\mathrm{d}^2\gamma\delta(\xi_1 - A\sigma_1 - C\gamma_2)\delta(\xi_2 - A\sigma_2 + C\gamma_1)\Delta(\sigma,\ \gamma) \tag{4.59}$$

$$\mid \xi\rangle = \exp\left(-\frac{1}{2} \mid \xi \mid^2 + \xi a_1^\dagger + \xi^* a_2^\dagger - a_1^\dagger a_2^\dagger\right) \mid 00\rangle \tag{4.60}$$

式(4.60)中为与态 $\mid \eta\rangle$ 相共轭的纠缠态。通过与上面推导过程类比，可得到二维菲涅尔变换核在“频域”中的表示，即

$$\begin{aligned}\mathcal{K}_2^N(\xi',\ \xi) &\equiv \frac{1}{\pi}\langle\xi' \mid F_2(r,\ s) \mid \xi\rangle \\ &= \int \frac{\mathrm{d}^2\eta\mathrm{d}^2\sigma}{\pi^2}\langle\xi' \mid \eta'\rangle\langle\eta' \mid F_2(r,\ s) \mid \eta\rangle\langle\eta \mid \xi\rangle \\ &= \frac{1}{8\mathrm{i}B\pi}\int \frac{\mathrm{d}^2\eta\mathrm{d}^2\sigma}{\pi^2}\exp\left(\frac{\xi'^*\eta' - \xi'\eta'^* + \xi\eta^* - \xi^*\eta}{2}\right)\mathcal{K}_2^{(r,\,s)}(\sigma,\ \eta) \\ &= \frac{1}{2\mathrm{i}(-C)\pi}\exp\left[\frac{\mathrm{i}}{2(-C)}(D \mid \xi \mid^2 + A \mid \xi' \mid^2 - \xi'^*\xi - \xi'\xi^*)\right]\end{aligned} \tag{4.61}$$

其中上标 N 代表变换核对应于参数矩阵 $N = [D,\ -C,\ -B,\ A]$。这样，二维菲涅尔变换在“频域”中可表示为

$$\Psi(\xi') = \int \mathcal{K}_2^N(\xi',\ \xi)\Phi(\xi)\mathrm{d}^2\xi \tag{4.62}$$

同样地，把算符 $F_2(r,\ s)$ 作用到态 $\mid \xi\rangle$ 上，可有式(4.63)或式(4.64)。

$$\mid \xi\rangle_{s,\,r} = \frac{1}{A - \mathrm{i}C}\exp\left[-\frac{D + \mathrm{i}B}{2(A - \mathrm{i}C)} \mid \eta \mid^2 + \frac{\xi a_1^\dagger}{A - \mathrm{i}C} + \frac{\xi^* a_2^\dagger}{A - \mathrm{i}C} - \frac{A + \mathrm{i}C}{A - \mathrm{i}C}a_1^\dagger a_2^\dagger\right] \mid 00\rangle \tag{4.63}$$

或者

$$\mid \xi\rangle_{s,\,r} = \frac{1}{s^* - r^*}\exp\left[-\frac{s^* + r^*}{2(s^* - r^*)} \mid \xi \mid^2 + \frac{\xi a_1^\dagger}{s^* - r^*} + \frac{\xi^* a_2^\dagger}{s^* - r^*} - \frac{s - r}{s^* - r^*}a_1^\dagger a_2^\dagger\right] \mid 00\rangle \tag{4.64}$$

利用维格纳算符在纠缠态 $\langle\xi \mid$ 中的表示[式(4.65)]和算符 $\mid \xi\rangle_{s,\,rs,\,r}\langle\xi \mid$ 的经典外尔对应[式(4.66)]，

$$\Delta(\sigma, \gamma)=\int \frac{d^2\xi}{\pi^3} |\gamma+\xi\rangle\langle\gamma-\xi| \exp(\xi^*\sigma-\sigma^*\xi) \tag{4.65}$$

$$\begin{aligned} h(\sigma, \gamma) &= 4\pi^2 \operatorname{tr}[|\xi\rangle_{s,rs,r}\langle\xi|\Delta(\sigma, \gamma)] \\ &= 4\int \frac{d^2\xi}{\pi}\langle\gamma-\xi|F_2|\xi\rangle\langle\xi|F_2^\dagger|\gamma+\xi\rangle \exp\int(\xi^*\sigma-\sigma^*\xi) \\ &= \pi\delta(\xi_1-A\sigma_1-C\gamma_2)\delta(\xi_2-A\sigma_2+C\gamma_1) \end{aligned} \tag{4.66}$$

我们可得到，

$$|\xi\rangle_{s,rs,r}\langle\xi| = \pi\int d^2\sigma d^2\gamma\delta(\xi_1-A\sigma_1-C\gamma_2)\delta(\xi_2-A\sigma_2+C\gamma_1)\Delta(\sigma, \gamma) \tag{4.67}$$

可见，投影算符 $|\xi\rangle_{s,rs,r}\langle\xi|$ 恰恰是双模维格纳算符的另一个拉东变换，其中 A, C 为拉东变换参数（“频域”）。因此，在纠缠态 ${}_{s,r}\langle\xi|$ 表象中的量子层析恰好是维格纳函数的拉东变换，即

$$\begin{aligned} |\langle\xi|F^\dagger|\psi\rangle|^2 &= |{}_{s,r}\langle\xi|\psi\rangle|^2 \\ &= \pi\int d^2\gamma d^2\sigma\delta(\xi_1-A\sigma_1-C\gamma_2)\delta(\xi_2-A\sigma_2+C\gamma_1)\langle\psi|\Delta(\sigma, \gamma)|\psi\rangle \end{aligned} \tag{4.68}$$

现在考虑拉东变换的逆变换。利用式(4.57)，可得到 $|\eta\rangle_{s,rs,r}\langle\eta|$ 的傅里叶变换，

$$\begin{aligned} &\int d^2\eta |\eta\rangle_{s,rs,r}\langle\eta| \exp(-i\zeta_1\eta_1-i\zeta_2\eta_2)) \\ &= \pi\int d^2\gamma d^2\sigma\Delta(\sigma, \gamma)\exp\int[-i\zeta_1(D\sigma_1+B\gamma_2)-i\zeta_2(D\sigma_2-B\gamma_1)] \end{aligned} \tag{4.69}$$

实际上，式(4.69)的右边可看成是一个关于 $\Delta(\sigma, \gamma)$ 的特殊傅里叶变换，其逆傅里叶变换为

$$\begin{aligned} \Delta(\sigma, \gamma) = &\frac{1}{(2\pi)^4}\int_{-\infty}^{\infty} dr_1 |r_1| \int_{-\infty}^{\infty} dr_2 |r_2| \int_0^{\pi} d\theta_1 d\theta_2 \times \\ &\int_{-\infty}^{\infty} \frac{d^2\eta}{\pi} |\eta\rangle_{s,rs,r}\langle\eta| K(r_1, r_2, \theta_1, \theta_2) \end{aligned} \tag{4.70}$$

式中，$\cos\theta_1=\cos\theta_2=\frac{D}{\sqrt{B^2+D^2}}$，$r_1=\zeta_1\sqrt{B^2+D^2}$，$r_2=\zeta_2\sqrt{B^2+D^2}$ 和

$$K(r_1, r_2, \theta_1, \theta_2) \equiv \exp\left[-\mathrm{i}r_1\left(\frac{\eta_1}{\sqrt{B^2+D^2}} - \sigma_1\cos\theta_1 - \gamma_2\sin\theta_1\right)\right] \times \exp\left[-\mathrm{i}r_2\left(\frac{\eta_2}{\sqrt{B^2+D^2}} - \sigma_2\cos\theta_2 + \gamma_1\sin\theta_2\right)\right] \tag{4.71}$$

式(4.70)恰好为纠缠态表象中纠缠维格纳算符 $\Delta(\sigma, \gamma)$ 的逆拉东变换。因为态 $|\eta\rangle_{s,r}$ 为一个纠缠态,故式(4.70)不同于单模维格纳算符形成的两个独立拉东变换直积形式。因此,根据一系列可测量的概率分布 $|_{s,r}\langle\eta|\psi\rangle|^2$ 的层析反演,可重构态 $|\psi\rangle$ 的维格纳函数,即

$$W_\psi = \frac{1}{(2\pi)^4}\int_{-\infty}^{\infty}\mathrm{d}r_1 |r_1| \int_{-\infty}^{\infty}\mathrm{d}r_2 |r_2| \int_0^{\pi}\mathrm{d}\theta_1\mathrm{d}\theta_2 \times \int_{-\infty}^{\infty}\frac{\mathrm{d}^2\eta}{\pi} |_{s,r}\langle\eta|\psi\rangle|^2 K(r_1, r_2, \theta_1, \theta_2) \tag{4.72}$$

4.8 单-双模组合压缩态的单模求迹-高斯增强混沌场

我们已知双模压缩光场的单模求迹是混沌光场。现在引入单-双模组合压缩态。取两个实参量 $\lambda_1 = \lambda e^r$, $\lambda_2 = \lambda e^{-r}$, λ 独立于 r,设单-双模组合压缩算符是[7]

$$U = \exp[-\mathrm{i}\lambda(e^r Q_1 P_2 + e^{-r} Q_2 P_1)] \tag{4.73}$$

当 $r=0$,算符 U 退化为 $\exp[\lambda(a_1^\dagger a_1 - a_2^\dagger a_2)]$。对于算符 U,它满足如下变换

$$\begin{aligned} Ua_1U^{-1} &= a_1\cosh\lambda + \sinh\lambda(a_2\sinh r - a_2^\dagger\cosh r) \\ Ua_2U^{-1} &= a_2\cosh\lambda + \sinh\lambda(a_1\sinh r + a_1^\dagger\cosh r) \end{aligned} \tag{4.74}$$

故而

$$UQ_1U^{-1} = Q_1\cosh\lambda - Q_2 e^{-r}\sinh\lambda \tag{4.75}$$

$$UQ_2U^{-1} = Q_2\cosh\lambda - Q_1 e^{r}\sinh\lambda \tag{4.76}$$

可见,算符 U 具有单-双模组合压缩的特性。实际上,根据双模坐标本征态

$|q_1, q_2\rangle$，算符 U 可表示为

$$
\begin{aligned}
U &= \exp[-\mathrm{i}\lambda(\mathrm{e}^{r}Q_1P_2 + \mathrm{e}^{-r}Q_2P_1)] \\
&= \iint \mathrm{d}q_1\mathrm{d}q_2 \left| \begin{pmatrix} \cosh\lambda & \mathrm{e}^{-r}\sinh\lambda \\ \mathrm{e}^{r}\sinh\lambda & \cosh\lambda \end{pmatrix} \begin{pmatrix} q_1 \\ q_2 \end{pmatrix} \right\rangle \left\langle \begin{pmatrix} q_1 \\ q_2 \end{pmatrix} \right| \\
&= \iint \mathrm{d}q_1\mathrm{d}q_2 \, |q_1\cosh\lambda + q_2\mathrm{e}^{-r}\sinh\lambda, \, q_2\cosh\lambda + q_1\mathrm{e}^{r}\sinh\lambda\rangle\langle q_1, q_2| \quad (4.77)
\end{aligned}
$$

式中，$Q_i|q_i\rangle = q_i|q_i\rangle$。利用 IWOP 技术，可给出算符 U 的正规乘积表示，即

$$
\begin{aligned}
U &= \exp[-\mathrm{i}\lambda(\mathrm{e}^{r}Q_1P_2 + \mathrm{e}^{-r}Q_2P_1)] \\
&= \frac{2}{\sqrt{L}}\exp\left\{\frac{1}{L}[(a_2^{\dagger 2} - a_1^{\dagger 2})\sinh^2\lambda\sinh 2r + 2a_1^{\dagger}a_2^{\dagger}\sinh 2\lambda\cosh r]\right\} \times \\
&\quad :\exp\left\{\frac{4}{L}[(a_1^{\dagger}a_1 + a_2^{\dagger}a_2)\cosh\lambda + (a_2^{\dagger}a_1 - a_1^{\dagger}a_2)\sinh\lambda\sinh r] - a_1^{\dagger}a_1 - a_2^{\dagger}a_2\right\}: \times \\
&\quad \exp\left\{\frac{1}{L}[(a_2^2 - a_1^2)\sinh^2\lambda\sinh 2r - 2a_1a_2\sinh 2\lambda\cosh r]\right\} \quad (4.78)
\end{aligned}
$$

把算符 U 作用到真空态 $|00\rangle$ 上，可得到单双模组合压缩态

$$
U|00\rangle = \frac{2}{\sqrt{L}}\exp\left\{\frac{1}{L}[\sinh^2\lambda\sinh 2r(a_1^{\dagger 2} - a_2^{\dagger 2}) + 2\sinh 2\lambda\cosh r a_1^{\dagger}a_2^{\dagger}]\right\}|00\rangle \tag{4.79}
$$

这里，

$$
L = 4(1 + \sinh^2 r\tanh^2\lambda)\cosh^2\lambda = 4(1 + \sinh^2\lambda\cosh^2 r) \tag{4.80}
$$

特殊情况下，当 $r = 0$ 时，$L = 4\cosh^2\lambda$，那么 $U|00\rangle \to \mathrm{sech}\lambda\exp(a_1^{\dagger}a_2^{\dagger}\tanh\lambda)|00\rangle$，它是通常的双模压缩态。进一步，令

$$
A = \frac{\sinh^2\lambda\sinh 2r}{L}, \quad B = \frac{2\sinh 2\lambda\cosh r}{L} \tag{4.81}
$$

经过简单的计算，可得到

$$
L = \frac{4}{1 - 4A^2 - B^2} \tag{4.82}
$$

这样，态 $U|00\rangle$ 简化为

$$U|00\rangle=\frac{2}{\sqrt{L}}\exp[A(a_2^{\dagger 2}-a_1^{\dagger 2})+Ba_1^{\dagger}a_2^{\dagger}]|00\rangle \tag{4.83}$$

当情形满足式(4.84)时，态 $U|00\rangle$ 能展现出更强的压缩效应。

$$0<\tanh\lambda<\frac{1}{1+\cosh r} \tag{4.84}$$

下面在算符 $U|00\rangle\langle 00|U^{\dagger}$ 中对模 $a_1^{\dagger}$ 或 $a_2^{\dagger}$ 求偏迹，可得到一个新的光场，还可以利用算符的外尔编序性质计算这个态的维格纳函数。利用相干态 $|z\rangle$ 的完备性，

$$\int\frac{d^2z}{\pi}|z\rangle\langle z|=1 \tag{4.85}$$

并对模 2 进行求偏迹，标记为 tr_2，这样有

$$\begin{aligned}
\mathrm{tr}_2(U|00\rangle\langle 00|U^{\dagger})&=\mathrm{tr}_2\left(\int\frac{d^2z}{\pi}|z\rangle_{22}\langle z|U|00\rangle\langle 00|U^{\dagger}\right)\\
&=\frac{4}{L}\int\frac{d^2z}{\pi}{}_2\langle z|\exp[A(a_2^{\dagger 2}-a_1^{\dagger 2})+Ba_1^{\dagger}a_2^{\dagger}]|00\rangle\\
&\quad\langle 00|\exp[A(a_2^2-a_1^2)+Ba_1a_2]|z\rangle_2\\
&=\frac{4}{L}\int\frac{d^2z}{\pi}\exp[-|z|^2+A(z^{*2}-a_1^{\dagger 2})+Ba_1^{\dagger}z^*]\times\\
&\quad|0\rangle_{11}\langle 0|\exp[A(z^2-a_1^2)+Ba_1z]
\end{aligned} \tag{4.86}$$

再利用式(4.87)和 IWOP 技术，可以得到式(4.88)。

$$|0\rangle_{11}\langle 0|=:e^{-a_1^{\dagger}a_1}: \tag{4.87}$$

$$\begin{aligned}
&\mathrm{tr}_2(U|00\rangle\langle 00|U^{\dagger})\\
&=\frac{4}{L}\int\frac{d^2z}{\pi}:\exp[-|z|^2+A(z^{*2}+z^2)+B(a_1^{\dagger}z^*+a_1z)-\\
&\quad A(a_1^{\dagger 2}+a_1^2)-a_1^{\dagger}a_1]:\\
&=\frac{4}{L\sqrt{1-4A^2}}:\exp\Bigg[\frac{B^2a_1^{\dagger}a_1+AB^2(a_1^{\dagger 2}+a_1^2)}{1-4A^2}-\\
&\quad A(a_1^{\dagger 2}+a_1^2)-a_1^{\dagger}a_1\Bigg]:
\end{aligned} \tag{4.88}$$

进一步,利用算符恒等式

$$:\mathrm{e}^{(f-1)a^{\dagger}a}:=\mathrm{e}^{a^{\dagger}a\ln f}=f^{a^{\dagger}a} \tag{4.89}$$

则式(4.88)变为

$$\begin{aligned}\mathrm{tr}_2[U\mid 00\rangle\langle 00\mid U^{\dagger}]&=\frac{4}{L\sqrt{1-4A^2}}\mathrm{e}^{\left(\frac{B^2}{1-4A^2}-1\right)Aa_1^{\dagger 2}}\mathrm{e}^{a_1^{\dagger}a_1\ln\frac{B^2}{1-4A^2}}\mathrm{e}^{\left(\frac{B^2}{1-4A^2}-1\right)Aa_1^2}\\&=\sqrt{1-4A^2}\,\mathrm{e}^{A(f-1)a^{\dagger 2}}\rho_c\,\mathrm{e}^{A(f-1)a^2}\equiv\rho_g\end{aligned} \tag{4.90}$$

式中,$f\equiv\dfrac{B^2}{1-4A^2}$,且 $\rho_c\equiv(1-f)f^{a^{\dagger}a}$ 为描述混沌光场的密度算符。实际上,态 ρ_g 为一个新的光场量子态。特殊情况下,当 $r=0$ 时,

$$A=0,\ L=4\cosh^2\lambda,\ B=\tanh\lambda,\ f\equiv\tanh^2\lambda \tag{4.91}$$

ρ_g 退化为普通的热态 ρ_c,若取 $\tanh\lambda=\mathrm{e}^{-\omega\hbar/(2kT)}$,其中 k 为玻尔兹曼常数,T 为热场温度,这样

$$\rho_c=\mathrm{sech}^2\lambda(\tanh^2\lambda)^{a^{\dagger}a}=(1-\mathrm{e}^{-\omega\hbar/(kT)})\mathrm{e}^{-\omega\hbar a^{\dagger}a/(kT)} \tag{4.92}$$

实际上,ρ_g 也是一个密度算符,因为它满足关系 $\mathrm{tr}_1\rho_g=1$,其详细证明如下:

$$\begin{aligned}\mathrm{tr}_1\rho_g&=\sqrt{1-4A^2}\,\mathrm{tr}_1\left[\int\frac{\mathrm{d}^2z}{\pi}{}_1\langle z\mid\mathrm{e}^{A(f-1)a^{\dagger 2}}\rho_c\mathrm{e}^{A(f-1)a^2}\mid z\rangle_1\right]\\&=\sqrt{1-4A^2}(1-f)\mathrm{tr}\int\frac{\mathrm{d}^2z}{\pi}\langle z\mid\mathrm{e}^{A(f-1)a^{\dagger 2}}:\mathrm{e}^{(f-1)a^{\dagger}a}:\mathrm{e}^{A(f-1)a^2}\mid z\rangle\\&=\sqrt{1-4A^2}(1-f)\int\frac{\mathrm{d}^2z}{\pi}\mathrm{e}^{A(f-1)(z^{*2}+z^2)+(f-1)|z|^2}=1\end{aligned} \tag{4.93}$$

4.9 测双模压缩光场的单模光子数

双模压缩光处于纠缠态,那么测双模压缩光场的其中一个模的光子数会有什么结果呢[8]? 自从爱因斯坦用量子论解释光电效应后,大多数有关电磁场的测量是基于光电效应原理的光子吸收。迄今为止,用光电器件的光子计数是量子光学的一个热门课题,人们借助它可以判断光场的非经典特征,例如压缩光的

光子计数是不同于相干光的。量子力学的理想光子计数算符是粒子数投影算符 $|n\rangle\langle n|$，$|n\rangle=\frac{a^{\dagger n}}{\sqrt{n!}}|0\rangle$，所以 $|n\rangle\langle n|=:\frac{(a^{\dagger}a)^n}{n!}\mathrm{e}^{-a^{\dagger}a}:$，当计入光电器件的量子效率 ξ 后，$\xi\leqslant 1$，光子计数算符为：$\frac{(\xi a^{\dagger}a)^n}{n!}\mathrm{e}^{-\xi a^{\dagger}a}:$。在时间间隔 $\Delta\tau$ 内光电器件计数(记录)到单模光场 n 个光电子的概率分布是

$$\mathfrak{p}(n,\ \xi)=\mathrm{tr}\{\rho:\frac{(\xi a^{\dagger}a)^n}{n!}\mathrm{e}^{-\xi a^{\dagger}a}:\}\tag{4.94}$$

这里，ρ 是受检测的光场的密度算符。例如，当 ρ 是纯相干态密度算符(代表一束激光)，$\rho_0\equiv|\alpha\rangle\langle\alpha|$，$|\alpha\rangle=\exp\left(-\frac{|\alpha|^2}{2}+\alpha a^{\dagger}\right)|0\rangle$，则用(4.92)可得

$$\mathfrak{p}(n)=\mathrm{tr}\{|\alpha\rangle\langle\alpha|:\frac{(\xi a^{\dagger}a)^n}{n!}\mathrm{e}^{-\xi a^{\dagger}a}:\}=\frac{(\xi|\alpha|^2)^n}{n!}\mathrm{e}^{-\xi|\alpha|^2}\tag{4.95}$$

它在 $\xi\rightarrow 1$ 情形下趋于泊松分布，我们称式(4.96)是探测器量子效率为 ξ 的计数算符。

$$:\frac{(\xi a^{\dagger}a)^n}{n!}\mathrm{e}^{-\xi a^{\dagger}a}:\equiv M_a(\xi)\tag{4.96}$$

自然就产生这样的问题，对双模压缩光场的其中一个模的光子数测量得到 n，会对第二个模造成什么后果？换言之，双模压缩光场的另一个模在一个模的 n 光子得以记录后是如何坍缩的？

当 ρ 是一个双模(a，b 模)密度算符，自然要把式(4.94)改为部分求迹，

$$\mathfrak{p}(n,\ \xi)\rightarrow\mathrm{tr}_a\{\rho_{a,\,b}:\frac{(\xi a^{\dagger}a)^n}{n!}\mathrm{e}^{-\xi a^{\dagger}a}:\}\equiv\rho_b\tag{4.97}$$

对 a 模的求迹得到一个 b 模算符。注意到式(4.94)的 $\mathfrak{p}(n,\ \xi)$ 表达式不适合计算这个具体问题，我们把它纳入相干态表象。利用密度算符 ρ 的 P 表示，

$$\rho=\int\frac{\mathrm{d}^2\alpha}{\pi}\mathrm{P}(\alpha)|\alpha\rangle\langle\alpha|\tag{4.98}$$

$|\alpha\rangle=\exp(-|\alpha|^2/2+\alpha a^{\dagger})|0\rangle_a$ 是相干态，把式(4.98)代入(4.97)得到式(4.99)。

$$\mathfrak{p}(n)=\int\frac{d^2\alpha}{\pi}P(\alpha)\langle\alpha\mid:\frac{(\xi a^{\dagger}a)^n}{n!}e^{-\xi a^{\dagger}a}:\mid\alpha\rangle$$
$$=\int\frac{d^2\alpha}{\pi}P(\alpha)\frac{(\xi\mid\alpha\mid^2)^n}{n!}e^{-\xi|\alpha|^2}\tag{4.99}$$

再利用 $P(\alpha)$ 的表达式，

$$P(\alpha)=e^{|\alpha|^2}\int\frac{d^2\beta}{\pi}\langle-\beta\mid\rho\mid\beta\rangle e^{|\beta|^2+\alpha\beta^*-\beta\alpha^*}\tag{4.100}$$

这里 $|\beta\rangle$ 也是相干态，可把式(4.99)改写为

$$\mathfrak{p}(n,\xi)=\frac{\xi^n}{n!}\int\frac{d^2\beta}{\pi}e^{|\beta|^2}\langle-\beta\mid\rho\mid\beta\rangle\int\frac{d^2\alpha}{\pi}\mid\alpha\mid^{2n}e^{(1-\xi)|\alpha|^2+\alpha\beta^*-\beta\alpha^*}\tag{4.101}$$

借助数学积分公式有

$$(-1)^n e^{\mu\nu}\int\frac{d^2z}{\pi}z^n z^{*m}e^{-|z|^2+\mu z-\nu z^*}=H_{m,n}(\mu,\nu)\tag{4.102}$$

这里 $H_{m,n}(x,y)$ 是双变量厄米多项式，

$$H_{m,n}(x,y)=\sum_{l=0}^{\min(m,n)}\frac{m!n!(-1)^l x^{m-l}y^{n-l}}{l!(m-l)!(n-l)!}\tag{4.103}$$

且 $H_{m,n}(x,y)$ 与 n 阶拉盖尔(Laguerre)多项式 $L_n(x)$ 式(4.104)有如式(4.105)的关系。

$$L_n(x)=\sum_{l=0}^{n}\binom{n}{l}\frac{(-x)^l}{l!}\tag{4.104}$$

$$\frac{(-1)^n}{n!}H_{n,n}(x,y)=L_n(xy)\tag{4.105}$$

这样，可把式(4.101)演变为

$$\mathfrak{p}(n,\xi)=\frac{\xi^n}{(\xi-1)^{n+1}}\int\frac{d^2\beta}{\pi}\langle-\beta\mid\rho\mid\beta\rangle L_n\left(\frac{\mid\beta\mid^2}{\xi-1}\right)e^{\frac{\xi-2}{\xi-1}|\beta|^2}\tag{4.106}$$

$\mathfrak{p}(n,\xi)$ 的这个表达式适合计算上面的具体问题。现在我们把式(4.28)代入(4.106)并用 $|0\rangle_{22}\langle 0|=:e^{-b^{\dagger}b}:$，得到

$$\rho_b = \frac{\xi^n \operatorname{sech}^2\lambda}{(\xi-1)^{n+1}} \int \frac{d^2\beta}{\pi} \langle -\beta \mid e^{a^\dagger b^\dagger \tanh\lambda} \mid 00\rangle\langle 00 \mid e^{ab\tanh\lambda} \mid \beta\rangle e^{\frac{\xi-2}{\xi-1}|\beta|^2} L_n\left(\frac{|\beta|^2}{\xi-1}\right)$$

$$= \frac{\xi^n \operatorname{sech}^2\lambda}{(\xi-1)^{n+1}} \int \frac{d^2\beta}{\pi} e^{-\beta^* b^\dagger \tanh\lambda} \mid 0\rangle_{22}\langle 0 \mid e^{\beta b\tanh\lambda} e^{\left(\frac{\xi-2}{\xi-1}-1\right)|\beta|^2} L_n\left(\frac{|\beta|^2}{\xi-1}\right)$$

$$= \frac{\xi^n \operatorname{sech}^2\lambda}{(\xi-1)^{n+1}} \int \frac{d^2\beta}{\pi} : e^{\frac{-1}{\xi-1}|\beta|^2 + (\beta b - \beta^* b^\dagger)\tanh\lambda - b^\dagger b} L_n\left(\frac{|\beta|^2}{\xi-1}\right) :$$

$$= \frac{\xi^n \operatorname{sech}^2\lambda}{n!(\xi-1)^{n+1}} \frac{\partial^n}{\partial t^n} : \int \frac{d^2\beta}{\pi(1-t)} e^{\frac{|\beta|^2}{(\xi-1)(t-1)} + (\beta b - \beta^* b^\dagger)\tanh\lambda - b^\dagger b} \Big|_{t=0} : \tag{4.107}$$

在最后一步，我们使用了拉盖尔多项式 $L_n(x)$ 的母函数公式[式(4.108)]，或式(4.109)。

$$\sum_{n=0}^{\infty} L_n(x)t^n = \frac{\exp\left(\frac{-xt}{1-t}\right)}{1-t} \tag{4.108}$$

$$L_n(x) = \frac{1}{n!} \frac{\partial^n}{\partial t^n} \frac{\exp\left(\frac{-xt}{1-t}\right)}{1-t} \Big|_{t=0} \tag{4.109}$$

用 IWOP 技术对式(4.107)积分得

$$\rho_b = \frac{\xi^n \operatorname{sech}^2\lambda}{n!(\xi-1)^n} : \frac{\partial^n}{\partial t^n} e^{[(\xi-1)(t-1)\tanh^2\lambda - 1]b^\dagger b} \Big|_{t=0} :$$

$$= \frac{\xi^n \operatorname{sech}^2\lambda}{n!(\xi-1)^n} : \frac{\partial^n}{\partial t^n} e^{[(\xi-1)t\tanh^2\lambda - \xi\tanh^2\lambda - \operatorname{sech}^2\lambda]b^\dagger b} \Big|_{t=0} :$$

$$= \xi^n \operatorname{sech}^2\lambda \tanh^{2n}\lambda : \frac{1}{n!} b^{\dagger n} b^n e^{(-\xi\tanh^2\lambda - \operatorname{sech}^2\lambda)b^\dagger b} : \tag{4.110}$$

与式(4.96)进行比较，并满足式(4.111)，

$$\xi' = \xi\tanh^2\lambda + \operatorname{sech}^2\lambda \tag{4.111}$$

则式(4.110)变为

$$\rho_b = \frac{(\xi\tanh^2\lambda)^n \operatorname{sech}^2\lambda}{\xi'^n} : \frac{(\xi' b^\dagger b)^n}{n!} e^{-\xi' b^\dagger b} :$$

$$= \frac{(\xi\tanh^2\lambda)^n \operatorname{sech}^2\lambda}{\xi'^n} M_b(\xi') \tag{4.112}$$

其中 b 模算符 $M_b(\xi')$ 是效率为 ξ' 的计数算符。从式(4.111)看到，$\xi'-1=$

$(\xi-1)\tanh^2\lambda$，故 $\xi'\leqslant\xi$，于是我们看到双模压缩光场的另一个模在一个模的 n 光子得以记录后坍缩到量子效率趋小的 $M_b(\xi')$。特别情况下，当 $\xi\to 1$，$\xi'\to 1$，$:\mathrm{e}^{-b^\dagger b}:=|0\rangle_{bb}\langle 0|$ 时有

$$\rho_b(n)\to\tanh^{2n}\lambda\,\mathrm{sech}^2\lambda:\frac{(b^\dagger b)^n}{n!}\mathrm{e}^{-b^\dagger b}:=\mathrm{sech}^2\lambda\tanh^{2n}\lambda\,|n\rangle_{bb}\langle n| \tag{4.113}$$

它与 b 模数算符有关。这告诉我们，当一个 $\xi=1$ 的理想的探测器（由算符：$\frac{(a^\dagger a)^n}{n!}\mathrm{e}^{-a^\dagger a}$：表示）检测到双模压缩态的 n 个 a 模光子，则其 b 模肯定处于态 $|n\rangle_b$。而当 $\xi<1$，b 模保持在 $M_b(\xi')$。例如，对于纯数态 $|m\rangle\langle m|$，由式(4.112)给出

$$\begin{aligned}\mathrm{tr}[\rho_b(n)\,|m\rangle\langle m|]&=\frac{(\xi\tanh^2\lambda)^n\,\mathrm{sech}^2\lambda}{\xi'^n}\langle m|M_b(\xi')|m\rangle\\&=\frac{1}{n!}(\xi\tanh^2\lambda)^n\,\mathrm{sech}^2\lambda\langle m|:(b^\dagger b)^n\mathrm{e}^{-\xi'b^\dagger b}:|m\rangle\end{aligned} \tag{4.114}$$

注意到式(4.115)和式(4.116)，

$$\begin{aligned}:(b^\dagger b)^n\mathrm{e}^{-\xi'b^\dagger b}:&=b^{\dagger n}:\mathrm{e}^{-\xi'b^\dagger b}:b^n\\&=b^{\dagger n}\mathrm{e}^{b^\dagger b\ln(1-\xi')}b^n\\&=b^{\dagger n}b^n\mathrm{e}^{b^\dagger b\ln(1-\xi')}\frac{1}{(1-\xi')^n}\end{aligned} \tag{4.115}$$

$$b^{\dagger n}b^n=N(N-1)\cdots(N-n+1),\ N\equiv b^\dagger b \tag{4.116}$$

可得到式(4.117)，

$$\langle m|:(b^\dagger b)^n\mathrm{e}^{-\xi'b^\dagger b}:|m\rangle=\frac{m!}{(m-n)!}(1-\xi')^{m-n} \tag{4.117}$$

所以有式(4.118)，这是一个二项分布。

$$\mathrm{tr}[\rho_b(n)\,|m\rangle\langle m|]=\mathrm{sech}^2\lambda\begin{pmatrix}m\\n\end{pmatrix}(\xi\tanh^2\lambda)^n(1-\xi')^{m-n} \tag{4.118}$$

这表明对于处在 b-模的 m-光子态，观测到 n 光子的概率正比于 $(\xi\tanh^2\lambda)^n$（探到 n 光子）和 $(1-\xi')^{m-n}$（未探到 $m-n$ 光子）的乘积。

进一步，利用式(4.119)以及求和公式式(4.120)，

$$b^{\dagger k+n}b^{k+n} = \vdots \mathrm{H}_{k+n,\, k+n}(b,\, b^{\dagger}) \vdots \tag{4.119}$$

$$\sum_{k=0}^{\infty} \frac{f^k}{k!}\mathrm{H}_{k+m,\, k+n}(x,\, y) = (f+1)^{-\frac{m+n+2}{2}} \mathrm{e}^{\frac{fxy}{f+1}} \mathrm{H}_{m,\, n}\left(\frac{x}{\sqrt{f+1}},\, \frac{y}{\sqrt{f+1}}\right) \tag{4.120}$$

可把式(4.112)改写为

$$\begin{aligned}
\rho_b &= \xi^n \operatorname{sech}^2\lambda \tanh^{2n}\lambda \vdots \frac{1}{n!} b^{\dagger n} b^n \mathrm{e}^{(-\xi \tanh^2\lambda - \operatorname{sech}^2\lambda) b^{\dagger} b} \vdots \\
&= \frac{\xi^n}{n!} \operatorname{sech}^2\lambda \tanh^{2n}\lambda \sum_k b^{\dagger k+n} b^{k+n} \frac{(-\xi \tanh^2\lambda - \operatorname{sech}^2\lambda)^k}{k!} \\
&= \frac{\xi^n}{n!} \operatorname{sech}^2\lambda \tanh^{2n}\lambda \sum_k \vdots \mathrm{H}_{k+n,\, k+n}(b,\, b^{\dagger}) \vdots \frac{(-\xi \tanh^2\lambda - \operatorname{sech}^2\lambda)^k}{k!} \\
&= \frac{\xi^n}{n! \sinh^2\lambda (1-\xi)^n} \vdots \mathrm{e}^{\frac{(-\xi \tanh^2\lambda - \operatorname{sech}^2\lambda) b b^{\dagger}}{[(1-\xi)\tanh^2\lambda]}} \times \\
&\quad \mathrm{H}_{n,\, n}\left(\frac{b}{\tanh\lambda\sqrt{1-\xi}},\, \frac{b^{\dagger}}{\tanh\lambda\sqrt{1-\xi}}\right) \vdots
\end{aligned} \tag{4.121}$$

所以 ρ_b 的 P 表示为

$$\mathrm{P}_b = \mathrm{e}^{-(\xi \tanh^2\lambda + \operatorname{sech}^2\lambda)|\alpha|^2/[(1-\xi)\tanh^2\lambda]} \mathrm{L}_n\left(\frac{|\alpha|^2}{\tanh^2\lambda(1-\xi)}\right) \tag{4.122}$$

4.10 双模压缩态的单模衰减

现在讨论双模压缩真空态在单模振幅衰减通道中的演化规律[9-11]。任意的双模量子态(密度算符为 ρ) 在经历单模(比如 a_2 模)振幅衰减通道时，其演化规律满足如下量子主方程

$$\frac{\mathrm{d}\rho(t)}{\mathrm{d}t} = \kappa(2a_2\rho a_2^{\dagger} - a_2^{\dagger}a_2\rho - \rho a_2^{\dagger}a_2) \tag{4.123}$$

式中 κ 为衰减常数，把双模压缩真空态式(4.124)作为初始态代入含时密度算符 $\rho(t)$ 的无限维算符和表示为式(4.125)。

$$\rho_0 = \operatorname{sech}^2\lambda\, e^{a_1^\dagger a_2^\dagger \tanh\lambda} \mid 00\rangle\langle 00 \mid e^{a_1 a_2 \tanh\lambda} \tag{4.124}$$

$$\rho(t) = \sum_{n=0}^{\infty} \frac{T'^n}{n!} e^{-\kappa t a_2^\dagger a_2} a_2^n \rho_0 a_2^{\dagger n} e^{-\kappa t a_2^\dagger a_2},\ T' = 1 - e^{-2\kappa t} \tag{4.125}$$

这样,可得到

$$\begin{aligned}\rho(t) &= \operatorname{sech}^2\lambda \sum_{n=0}^{\infty} \frac{T'^n}{n!} e^{-\kappa t a_2^\dagger a_2} a_2^n e^{a_1^\dagger a_2^\dagger \tanh\lambda} \mid 00\rangle\langle 00 \mid e^{a_1 a_2 \tanh\lambda} a_2^{\dagger n} e^{-\kappa t a_1^\dagger a_1} \\ &= \operatorname{sech}^2\lambda \sum_{n=0}^{\infty} \frac{T'^n \tanh^{2n}\lambda}{n!} a_1^{\dagger n} e^{e^{-\kappa t} a_1^\dagger a_2^\dagger \tanh\lambda} \mid 00\rangle\langle 00 \mid e^{e^{-\kappa t} a_1 a_2 \tanh\lambda} a_1^n\end{aligned} \tag{4.126}$$

进一步,利用正规乘积表示为式(4.127)和式(4.128)。

$$\mid 00\rangle\langle 00 \mid = : e^{-a_1^\dagger a_1 - a_2^\dagger a_2} :,\ \mid 0\rangle_{11}\langle 0 \mid = : e^{-a_1^\dagger a_1} :,\ \mid 0\rangle_{22}\langle 0 \mid = : e^{-a_2^\dagger a_2} : \tag{4.127}$$

$$: e^{a^\dagger a (e^\lambda - 1)} := e^{\lambda a^\dagger a} \tag{4.128}$$

可把 $\rho(t)$ 改写为

$$\begin{aligned}\rho(t) &= \operatorname{sech}^2\lambda \sum_{n=0}^{\infty} \frac{T'^n \tanh^{2n}\lambda}{n!} : a_1^{\dagger n} a_1^n e^{e^{-\kappa t} a_1^\dagger a_2^\dagger \tanh\lambda} e^{e^{-\kappa t} a_1 a_2 \tanh\lambda - a_1^\dagger a_1 - a_2^\dagger a_2} : \\ &= \operatorname{sech}^2\lambda : e^{a_1^\dagger a_1 (1 - e^{-2\kappa t}) \tanh^2\lambda + e^{-\kappa t} \tanh\lambda (a_1^\dagger a_2^\dagger + a_1 a_2) - a_1^\dagger a_1 - a_2^\dagger a_2} : \\ &= \operatorname{sech}^2\lambda\, e^{e^{-\kappa t} a_1^\dagger a_2^\dagger \tanh\lambda} e^{a_1^\dagger a_1 \ln[(1 - e^{-2\kappa t}) \tanh^2\lambda]} \mid 0\rangle_{22}\langle 0 \mid e^{e^{-\kappa t} a_1 a_2 \tanh\lambda} \\ &= \operatorname{sech}^2\lambda\, e^{e^{-\kappa t} a_1^\dagger a_2^\dagger \tanh\lambda} [(1 - e^{-2\kappa t}) \tanh^2\lambda]^{a_1^\dagger a_1} \mid 0\rangle_{22}\langle 0 \mid e^{e^{-\kappa t} a_1 a_2 \tanh\lambda}\end{aligned} \tag{4.129}$$

式(4.129)表明,当双模压缩真空态经历单模振幅衰减通道时,初始态中的压缩参数会按照 $e^{-\kappa t}$ 方式进行衰减,且 a_1 模演化为混沌态 $[(1 - e^{-2\kappa t})\tanh^2\lambda]^{a_1^\dagger a_1}$。可见,其输出态不再是一个纯态,而是一个纠缠混合态,这是因为输出态 $\rho(t)$ 同时具有压缩和混沌行为。

参考文献

[1] Fan H Y, Tang X B, Hu L Y. Partial trace method for deriving density operators of light field [J]. Communications in Theoretical Physics, 2010, 53(1): 45-48.

[2] Wan Z L, Yuan H C. Deriving mixed state of light field by partial tracing pure state in higher dimension [J]. Physica A: Statistical Mechanics and its Applications, 2023,

623：128809.

[3] Fan H Y，Lu H L. 2-mode Fresnel operator and entangled Fresnel transform [J]. Physics Letters A，2005，334(2/3)：132 - 139.

[4] Fan H Y，Lu H L. Optical fresnel transform as a correspondence of the SU (1，1) squeezing operator composed of quadratic combination of canonical operators and the entangled state [J]. International Journal of Theoretical Physics，2006，45 (3)：641 - 649.

[5] Fan H Y，Yu G C. Radon transformation of the Wigner operator for two-mode correlated system in generalized entangled state representation [J]. Modern Physics Letters A，2000，15(7)：499 - 507.

[6] Fan H Y，Chen J H. Fractional Radon transform and transform of Wigner operator [J]. Communications in Theoretical Physics，2003，39(2)：147 - 150.

[7] Wang T T，Fan H Y. New optical field and its Wigner function obtained by partial tracing over one-and two-mode combinatorial squeezed state [J]. Optics Communications，2016，381：112 - 115.

[8] Zhou J，Fan H Y，Song J. A new two-mode thermo-and squeezing-mixed optical field [J]. Chinese Physics B，2017，26(7)：070301.

[9] Zhou N R，Hu L Y，Fan H Y. Dissipation of a two-mode squeezed vacuum state in the single-mode amplitude damping channel [J]. Chinese Physics B，2011，20(12)：120301.

[10] Zhan D H，Fan H Y. Dissipation of two-mode squeezed state in two independent amplitude dissipative channels [J]. International Journal of Theoretical Physics，2018，57(9)：2687 - 2694.

[11] Xu X F，Fan H Y. Entanglement involved in time evolution of two-mode squeezed state in single-mode diffusion channel [J]. International Journal of Theoretical Physics，2017，56(5)：1550 - 1557.

5

诱导纠缠态表象

本章指出，纠缠态派生出来的表象一般也是纠缠态表象，这对量子领域有重要的意义。

5.1 描述“荷”上升、下降的算符与表象

从纠缠态 $|\xi\rangle$ 表象可以派生出描述“荷”上升、下降的表象，有利于阐述介观电路的荷量子化理论[1−4]。类似于式(3.75)将 $|\xi\rangle$ 展开为

$$
\begin{aligned}
|\xi\rangle &= e^{-\frac{r}{2}} \sum_{m,n=0}^{\infty} \frac{a_1^{\dagger m} a_2^{\dagger n}}{m!n!} \mathrm{H}_{m,n}(\xi, \xi^*) |00\rangle \\
&= e^{-\frac{r}{2}} \sum_{k,n=0}^{\infty} \frac{a_1^{\dagger k} a_2^{\dagger n}}{k!n!} e^{\mathrm{i}(k-n)\varphi} \mathrm{H}_{k,n}(\sqrt{r}, \sqrt{r}) |00\rangle
\end{aligned} \tag{5.1}
$$

这里，

$$
\xi = \xi_1 + \mathrm{i}\xi_2 = \sqrt{r}\, e^{\mathrm{i}\varphi} \tag{5.2}
$$

借助于双重求和的重排公式，

$$
\sum_{k=0}^{\infty} \sum_{n=0}^{\infty} A_k B_n = \sum_{m=0}^{\infty} \sum_{n=0}^{m} A_{m-n} B_n \tag{5.3}
$$

得到

$$
\begin{aligned}
|\xi\rangle &= e^{-\frac{r}{2}} \sum_{m=0}^{\infty} \sum_{n=0}^{m} \frac{a_1^{\dagger m-n} a_2^{\dagger n}}{(m-n)!n!} e^{\mathrm{i}(m-2n)\varphi} \mathrm{H}_{m-n,n}(\sqrt{r}, \sqrt{r}) |00\rangle \\
&= e^{-\frac{r}{2}} \sum_{q=-\infty}^{\infty} e^{\mathrm{i}q\varphi} \sum_{n=\max(0,-q)}^{\infty} \mathrm{H}_{n+q,n}(\sqrt{r}, \sqrt{r}) \frac{1}{\sqrt{(n+q)!n!}} |n+q, n\rangle
\end{aligned} \tag{5.4}
$$

式(5.4)中 q 是整数,从中可以抽象出一个态矢量,

$$e^{-\frac{r}{2}}\sum_{n=\max(0,-q)}^{\infty}H_{n+q,n}(\sqrt{r},\sqrt{r})\frac{1}{\sqrt{(n+q)!n!}}|n+q,n\rangle\equiv|q,r) \tag{5.5}$$

则

$$|\xi\rangle=\sum_{q=-\infty}^{\infty}|q,r)e^{iq\varphi} \tag{5.6}$$

式(5.6)称为 $|\xi\rangle$ 在基 $|q,r)$ 的荷展开谱。因为 $|q,r)$ 是荷算符 $\mathfrak{Q}=a_1^{\dagger}a_1-a_2^{\dagger}a_2$ 的本征态,即

$$\mathfrak{Q}|q,r)=q|q,r) \tag{5.7}$$

而且,式(5.6)的逆关系为

$$|q,r)=\frac{1}{2\pi}\int_0^{2\pi}d\varphi|\xi\rangle e^{-iq\varphi},\ \xi=\sqrt{r}e^{i\varphi} \tag{5.8}$$

注意到

$$[\mathfrak{Q},(a_1+a_2^{\dagger})]=-(a_1+a_2^{\dagger}),\ [\mathfrak{Q},(a_1^{\dagger}+a_2)]=a_1^{\dagger}+a_2 \tag{5.9}$$

引入算符式(5.10),

$$(a_1+a_2^{\dagger})(a_1^{\dagger}+a_2)\equiv\mathfrak{R} \tag{5.10}$$

则有

$$[\mathfrak{R},\mathfrak{Q}]=0 \tag{5.11}$$

当把算符 $\mathfrak{R}$ 作用到态 $|q,r)$ 上时,可有

$$\begin{aligned}\mathfrak{R}|q,r)&=\frac{1}{2\pi}(a_1+a_2^{\dagger})(a_1^{\dagger}+a_2)\int_0^{2\pi}d\varphi|\xi\rangle e^{-iq\varphi}\\&=\frac{r}{2\pi}\int_0^{2\pi}d\varphi|\xi\rangle e^{-iq\varphi}=r|q,r),\ r\geqslant 0\end{aligned} \tag{5.12}$$

利用式(5.1)和(5.8)证明态 $|q,r)$ 的完备性,即

$$\begin{aligned}\sum_{q=-\infty}^{\infty}\int_0^{\infty}dr|q,r)(q,r|&=\sum_{q=-\infty}^{\infty}\sum_{n,n'=\max(0,-q)}^{\infty}|n+q,n\rangle\langle n'+q,n'|\\&\quad\int_0^{\infty}dre^{-r}\frac{H_{n+q,n}(\sqrt{r},\sqrt{r})}{\sqrt{(n+q)!n!}}\frac{H_{n'+q,n'}(\sqrt{r},\sqrt{r})}{\sqrt{(n'+q)!n'!}}\\&=\sum_{q=-\infty}^{\infty}\sum_{n=\max(0,-q)}^{\infty}|n+q,n\rangle\langle n+q,n|=1\end{aligned} \tag{5.13}$$

另一方面，由于$\mathfrak{Q}$与$\mathfrak{R}$都是厄米算符，

$$(q', r' \mid \mathfrak{Q} \mid q, r) = q'(q', r' \mid q, r) = q(q', r' \mid q, r)$$
$$(q', r' \mid \mathfrak{R} \mid q, r) = r'(q', r' \mid q, r) = r(q', r' \mid q, r) \tag{5.14}$$

这意味着有正交性，

$$(q', r' \mid q, r) = \delta_{q, q'}\delta(r' - r) \tag{5.15}$$

于是$|q, r)$构成一个新的完备正交表象。鉴于$[(a_1 + a_2^\dagger), (a_1^\dagger + a_2)] = 0$，所以它们可以同时在一个根号里，故可再定义，

$$\mathrm{e}^{\mathrm{i}\Phi} = \sqrt{\frac{a_1 + a_2^\dagger}{a_2 + a_1^\dagger}},\ (\mathrm{e}^{\mathrm{i}\Phi})^\dagger = \sqrt{\frac{a_2 + a_1^\dagger}{a_1 + a_2^\dagger}} = \mathrm{e}^{-\mathrm{i}\Phi} \tag{5.16}$$

$\mathrm{e}^{\mathrm{i}\Phi}$是幺正的，$|\xi\rangle$是其本征态。

$$\mathrm{e}^{\mathrm{i}\Phi}(\mathrm{e}^{\mathrm{i}\Phi})^\dagger = 1 \tag{5.17}$$

$$\mathrm{e}^{\mathrm{i}\Phi} \mid \xi\rangle = \mathrm{e}^{\mathrm{i}\varphi} \mid \xi\rangle,\ (\mathrm{e}^{\mathrm{i}\Phi})^\dagger \mid \xi\rangle = \mathrm{e}^{-\mathrm{i}\varphi} \mid \xi\rangle \tag{5.18}$$

鉴于，

$$(a_2 + a_1^\dagger) \mid q, r) = \frac{1}{2\pi}\int \mathrm{d}\varphi \xi^* \mid \xi\rangle \mathrm{e}^{-\mathrm{i}q\varphi} = \sqrt{r} \mid q+1, r)$$
$$(a_1 + a_2^\dagger) \mid q, r) = \sqrt{r} \mid q-1, r) \tag{5.19}$$

所以，

$$[\mathfrak{Q}, \mathrm{e}^{\mathrm{i}\Phi}] = \left[\mathfrak{Q}, \frac{a_1 + a_2^\dagger}{\sqrt{(a_1 + a_2^\dagger)(a_2 + a_1^\dagger)}}\right] = -\mathrm{e}^{\mathrm{i}\Phi},\ [\mathfrak{Q}, (\mathrm{e}^{\mathrm{i}\Phi})^\dagger] = (\mathrm{e}^{\mathrm{i}\Phi})^\dagger \tag{5.20}$$

因而，

$$\mathrm{e}^{\mathrm{i}\Phi} \mid q, r) = \sqrt{\frac{a_1 + a_2^\dagger}{a_2 + a_1^\dagger}} \mid q, r) = \mid q-1, r), (\mathrm{e}^{\mathrm{i}\Phi})^\dagger \mid q, r) = \mid q+1, r) \tag{5.21}$$

可见$\mathrm{e}^{\mathrm{i}\Phi}$与$(\mathrm{e}^{\mathrm{i}\Phi})^\dagger$分别是“荷”上升、下降的算符，$|q, r)$确实是描述“荷”上升、下降的表象。特别值得关注的是，荷算符作用于$|\xi\rangle$上，其行为是对相角的

微商，即

$$\begin{aligned}\mathfrak{Q} \mid \xi\rangle &= [a_1^\dagger(\xi - a_2^\dagger) - a_2^\dagger(\xi^* - a_1^\dagger)] \mid \xi\rangle \\ &= \sqrt{r}\,(a_1^\dagger \mathrm{e}^{\mathrm{i}\varphi} - a_2^\dagger \mathrm{e}^{-\mathrm{i}\varphi})\exp\left[-\frac{1}{2}r + \sqrt{r}\,(a_1^\dagger \mathrm{e}^{\mathrm{i}\varphi} + a_2^\dagger \mathrm{e}^{-\mathrm{i}\varphi}) - a_1^\dagger a_2^\dagger\right] \mid 00\rangle \\ &= -\mathrm{i}\frac{\partial}{\partial\varphi} \mid \xi\rangle \end{aligned} \tag{5.22}$$

这使人回忆起诺特(Noether)定律，一个连续相变换导致荷守恒。

5.2 描述约瑟夫森结方程的导出和库珀对数-相不确定关系

5.1 节的理论可以用于研究超导约瑟夫森(Josephson)效应，它是指电子的库珀对能通过两块超导体之间夹薄绝缘层(厚度约 10 埃的势垒，称为“弱连接”的约瑟夫森结)的量子隧道效应。即使当结两端的电压 $V=0$ 时，结中也存在超导电流，这是势垒穿透的范例。只要该超导电流小于某一临界流 I_{cr}，就始终保持此零电压现象。而当结两端的直流电压 $V\neq 0$ 时，通过结的电流是交变的振荡超导电流。费曼(Feynman)这样分析它：“电子对的行为宛如玻色子，……几乎所有的电子对会被锁定在同一个最低能态上。”然后他给每个超导体区指定波函数 $\psi_i=\sqrt{\rho_i}\,\mathrm{e}^{\mathrm{i}\theta_i}$，这里 $\theta_i(i=1, 2,\cdots)$ 是结两边的相，ρ_i 是电子密度。此外，费曼建立了两个方程，即

$$\mathrm{i}\hbar\frac{\mathrm{d}\psi_1}{\mathrm{d}t}=eV\psi_1+K\psi_2 \tag{5.23}$$

$$\mathrm{i}\hbar\frac{\mathrm{d}\psi_1}{\mathrm{d}t}=-eV\psi_2+K\psi_1 \tag{5.24}$$

其中 K 是跨结的两个波函数的耦合常数，V 是施加在结两边的电压。费曼也证明了，结电流与跨结的相差 $\theta_2-\theta_1\equiv\varphi$ 有关，即得到两个 c 数约瑟夫森方程

$$J=e\frac{\mathrm{d}}{\mathrm{d}t}(\rho_2-\rho_1)=\frac{4eK\sqrt{\rho_1\rho_2}}{\hbar}\sin\varphi \tag{5.25}$$

$$\frac{\mathrm{d}\varphi}{\mathrm{d}t}=\frac{2e}{\hbar}V,\quad \varphi(t)=\varphi_0+\frac{2e}{\hbar}\int V(t)\,\mathrm{d}t \tag{5.26}$$

这里 J 是约瑟夫森流，甚至在外电压 V 为零时它也存在。现在，我们可以用上一节的(Φ, $\mathfrak{Q}$) 构造出一个描述约瑟夫森结功能的算符哈密顿量，

$$H = \frac{E_c}{2}\mathfrak{Q}^2 + E_j(1 - \cos\Phi)$$

$$\cos\Phi = \frac{e^{i\Phi} + e^{-i\Phi}}{2} \tag{5.27}$$

这里 E_j、$E_c = \frac{(2e)^2}{C}$ 分别是约瑟夫森耦合常数[与式(5.25)中的 K 相同]和库仑(Coulomb)耦合常数，$\frac{E_c}{2}\mathfrak{Q}^2$ 是与结上的荷相关的诱导电压，C 是结电容。e 是电荷量，$e^{i\Phi}$ 是两个超导体之间的相差算符，Φ 是相角差，共轭于库珀对数算符 $\mathfrak{Q}$，这是因为在 $\langle\xi|$ 表象中库珀对数算符 $\mathfrak{Q}$ 表现为对 ξ 的相角的一个微商运算。所以，形式上 Φ 与 $\mathfrak{Q}$ 的行为宛如一对正则共轭变数，这导致式(5.28)，

$$\langle\xi|[\Phi, \mathfrak{Q}] = \left[\varphi, i\frac{\partial}{\partial\varphi}\right]\langle\xi| = -i\langle\xi|$$

$$[\Phi, \mathfrak{Q}] = -i \tag{5.28}$$

利用式(5.18)和式(5.22)，我们知道

$$\langle\xi|H = \left[-\frac{1}{2}E_c\partial_\varphi^2 + E_J(1 - \cos\varphi)\right]\langle\xi| \tag{5.29}$$

根据海森伯运动方程和式(5.28)，我们导出式(5.30)或式(5.31)，

$$\frac{\partial}{\partial t}\mathfrak{Q} = \frac{1}{i\hbar}[\mathfrak{Q}, H] = \frac{1}{i\hbar}[\mathfrak{Q}, -E_j\cos\Phi] = \frac{E_j}{\hbar}\sin\Phi \tag{5.30}$$

$$\partial_t\langle 2e\mathfrak{Q}\rangle = I_{cr}\langle\sin\Phi\rangle \tag{5.31}$$

这里 $I_{cr} = 2e\frac{E_j}{\hbar}$ 是临界流(这里恢复了普朗克常数 $\hbar$)，所以式(5.32)是式(5.25)的算符版本，我们再进一步计算得式(5.33)，

$$\partial_t\Phi = \frac{1}{i\hbar}[\Phi, H] = \frac{1}{i\hbar}\left[\Phi, \frac{E_c}{2}\mathfrak{Q}^2\right] = -\frac{E_c}{\hbar}\mathfrak{Q} \tag{5.32}$$

这与第二个 c 数约瑟夫森方程(5.26)相应。方程(5.31)和(5.32)是玻色算

符约瑟夫森方程，分别控制流和相。

我们这里为描述约瑟夫森机制而引入的玻色相算符提供了理解超导电流的新观点。事实上，从式(5.33)中，

$$[\Omega, \cos\Phi] = -\mathrm{i}\sin\Phi, \quad [\Omega, \sin\Phi] = \mathrm{i}\cos\Phi \tag{5.33}$$

我们知道库珀对数-相不确定关系是[5-6]

$$\Delta\Omega\,\Delta\cos\Phi \geqslant \frac{1}{2}\,|\langle\sin\Phi\rangle| \tag{5.34}$$

这里存在的极小值 $\langle\sin\Phi\rangle \neq 0$ 意味着约瑟夫森流必定存在。有兴趣的读者请比较由坐标-动量不确定关系 $\Delta P\Delta Q \geqslant \frac{1}{2}$，其当等号成立时相应的量子态是相干态(最接近于经典情形)。所以，我们可以继续想一想，当约瑟夫森结处于什么量子态时库珀对数-相不确定关系取极小值？处在这个态时，当 $\cos\Phi$ 的涨落增加时，库珀(Copper)对 Ω 的涨落必定减少，以至于 $\Delta\Omega\,\Delta\cos\Phi$ 仍然等于 $\frac{1}{2}\,|\langle\sin\varphi\rangle|$。

参考文献

[1] Fan H Y. Application of entangled state in quantizing superconducting capacitor model in the presence of a voltage bias and a current bias [J]. International Journal of Modern Physics B, 2004, 18(2): 233 - 240.

[2] Fan H Y. Bosonic operator realization of Hamiltonian for a superconducting quantum interference device [J]. Communications in Theoretical Physics, 2004, 41(6): 878 - 880.

[3] Fan H Y, Sun Z H, Zou H. On the inverse of two-mode boson operators (a-$b^\dagger$) and ($a^\dagger$-b) [J]. Modern Physics Letters A, 2009, 14 (40): 2783 - 2788.

[4] Fan H Y, Fan Y, Song T Q. Quantum theory of mesoscopic electric circuits in entangled state representation [J]. Physics Letters A, 2002, 305(5): 222 - 230.

[5] Fan H Y. Phase state as a cooper-pair number: phase minimum uncertainty state for Josephson junction [J]. International Journal of Modern Physics B, 2003, 17(13): 2599 -2608.

[6] Fan H Y, Fan Y. On the bosonic phase operator realization for Josephson Hamiltonian model [J]. Communications in Theoretical Physics, 2001, 35(1): 96 - 99.

6

相干纠缠态

本章把相干态的性质和纠缠态的行为综合在一起研究。

6.1 相干-纠缠态的构造

前面用 IWOP 技术，得到相干态 $|z\rangle$ 的完备高斯积分形式和纠缠态表象 $|\eta\rangle$，$|\eta\rangle$ 是相互对易的相对坐标 Q_1-Q 和总动量 P_1+P_2 的共同本征态，满足本征方程

$$(Q_1-Q_2)|\eta\rangle=\sqrt{2}\eta_1|\eta\rangle,\ (P_1+P_2)|\eta\rangle=\sqrt{2}\eta_2|\eta\rangle \tag{6.1}$$

式中 $\eta=\eta_1+\mathrm{i}\eta_2$，其完备性有

$$\int\frac{\mathrm{d}^2\eta}{\pi}|\eta\rangle\langle\eta|=\int\frac{\mathrm{d}^2\eta}{\pi}:\mathrm{e}^{-\left(\eta_1-\frac{Q_1-Q_2}{\sqrt{2}}\right)^2-\left(\eta_2-\frac{\hat{P}_1+\hat{P}_2}{\sqrt{2}}\right)^2}:=1 \tag{6.2}$$

考虑到[1-3]

$$\left[\frac{Q_1+Q_2}{\sqrt{2}},\ a_1-a_2\right]=0 \tag{6.3}$$

这样它们必然存在共同本征态，称为相干-纠缠态，记为 $|z,q\rangle$，令它满足下列本征方程，

$$\frac{Q_1+Q_2}{\sqrt{2}}|z,q\rangle=q|z,q\rangle,\ (a_1-a_2)|z,q\rangle=z|z,q\rangle \tag{6.4}$$

其中 $Q_j=(a_j+a_j^\dagger)/\sqrt{2}$，$j=1,2$。为了找到 $|z,q\rangle$ 的明确表达式，根据坐标表象和相干态表象的正规乘积高斯积分形式，构造如下正规乘积高斯算符

$$:e^{-\left(q-\frac{Q_1+Q_2}{\sqrt{2}}\right)^2-\frac{1}{2}[z-(a_1-a_2)][z^*-(a_1^\dagger-a_2^\dagger)]}:\equiv O(z,q) \tag{6.5}$$

并用积分公式

$$\int\frac{d^2z}{\pi}e^{\lambda|z|^2+\mu z+\nu z^*}=-\frac{1}{\lambda}e^{-\frac{\mu\nu}{\lambda}},\ \lambda<0 \tag{6.6}$$

求它的边缘分布积分，分别得式(6.7)和式(6.8)，

$$\int\frac{d^2z}{2\pi}O(z,q)=:e^{-\left(q-\frac{Q_1+Q_2}{\sqrt{2}}\right)^2}: \tag{6.7}$$

$$\int_{-\infty}^{\infty}\frac{dq}{\sqrt{\pi}}O(z,q)=:e^{-\frac{1}{2}[z-(a_1-a_2)][z^*-(a_1^\dagger-a_2^\dagger)]}: \tag{6.8}$$

随之，我们有

$$\int_{-\infty}^{\infty}\frac{dq}{\sqrt{\pi}}\int\frac{d^2z}{2\pi}O(z,q)=\int_{-\infty}^{\infty}\frac{dq}{\sqrt{\pi}}:e^{-\left(q-\frac{Q_1+Q_2}{\sqrt{2}}\right)^2}:=1 \tag{6.9}$$

也就说明了 $O(z,q)$ 构成一完备系列。根据式(1.13)，我们能进一步分解算符 $O(z,q)$，必然有

$$O(z,q)=|z,q\rangle\langle z,q| \tag{6.10}$$

将 $Q_j=(a_j+a_j^\dagger)/\sqrt{2}$ 代入式(6.5)，并利用式(1.13)可得

$$|z,q\rangle=e^{-\frac{1}{4}|z|^2-\frac{1}{2}q^2+\left(q+\frac{1}{2}z\right)a_1^\dagger+\left(q-\frac{1}{2}z\right)a_2^\dagger-\frac{1}{4}(a_1^\dagger+a_2^\dagger)^2}|00\rangle \tag{6.11}$$

即

$$\int\frac{d^2z}{2\pi}\int_{-\infty}^{\infty}\frac{dq}{\sqrt{\pi}}|z,q\rangle\langle z,q|=1 \tag{6.12}$$

利用公式(6.13)

$$[a_j,f(a_1^\dagger,a_2^\dagger)]=\frac{\partial}{\partial a_j^\dagger}f(a_1^\dagger,a_2^\dagger) \tag{6.13}$$

可以得到

$$a_1|z,q\rangle=\left[q+\frac{z}{2}-\frac{1}{2}(a_1^\dagger+a_2^\dagger)\right]|z,q\rangle \tag{6.14}$$

$$a_2 \mid z, q\rangle = \left[q - \frac{z}{2} - \frac{1}{2}(a_1^\dagger + a_2^\dagger)\right] \mid z, q\rangle \tag{6.15}$$

综合上面两式，就可得到式(6.4)。为了考察 $\mid z, q\rangle$ 的内积，利用双模相干态完备性以及 δ 函数的极限形式

$$\delta(q) = \lim_{\epsilon \to 0} \frac{1}{\sqrt{\pi\epsilon}} \exp\left(-\frac{q^2}{\epsilon}\right) \tag{6.15a}$$

有

$$\begin{aligned}
\langle z', q' \mid z, q\rangle &= \int \frac{d^2\alpha d^2\beta}{\pi^2} \langle z', q' \mid \alpha, \beta\rangle\langle \alpha, \beta \mid z, q\rangle \\
&= K\int \frac{d^2\alpha d^2\beta}{\pi^2} \exp\Big[-|\alpha|^2 - |\beta|^2 - \frac{1}{4}(\alpha^2 + \alpha^{*2} + \beta^2 + \beta^{*2}) + \\
&\quad \left(q' + \frac{1}{2}z'^* - \frac{1}{2}\beta\right)\alpha + \left(q + \frac{1}{2}z - \frac{1}{2}\beta^*\right)\alpha^* + \\
&\quad \left(q' - \frac{1}{2}z'^*\right)\beta + \left(q - \frac{1}{2}z\right)\beta^*\Big] \\
&= \sqrt{\pi}\, e^{-\frac{1}{4}(|z|^2 + |z'|^2) + \frac{1}{2}zz'^*} \delta(q - q')
\end{aligned} \tag{6.16}$$

式中

$$K = e^{-\frac{1}{4}(|\alpha|^2 + |\alpha'|^2) - \frac{1}{2}(q^2 + q'^2)} \tag{6.17}$$

当 $z' = z$ 时，$\langle z, q \mid z, q'\rangle = \sqrt{\pi}\,\delta(q - q')$，因此态 $\mid z, q\rangle$ 能够组成一个量子力学表象，它能为研究组合变换提供便利。如果我们把式(6.11)改写为

$$\mid z, q\rangle = e^{-\frac{1}{4}|z|^2 + \frac{1}{\sqrt{2}}z\frac{a_1^\dagger - a_2^\dagger}{\sqrt{2}} - \frac{1}{2}q^2 + \sqrt{2}q\frac{a_1^\dagger + a_2^\dagger}{\sqrt{2}} - \frac{1}{2}\left(\frac{a_1^\dagger + a_2^\dagger}{\sqrt{2}}\right)^2} \mid 00\rangle \tag{6.18}$$

则由于 $\frac{a_1^\dagger - a_2^\dagger}{\sqrt{2}}$ 与 $\frac{a_1^\dagger + a_2^\dagger}{\sqrt{2}}$ 独立，可把它们视为独立模，其中

$$\left[\frac{a_1 - a_2}{\sqrt{2}}, \frac{a_1^\dagger + a_2^\dagger}{\sqrt{2}}\right] = 0 \tag{6.19}$$

则很易于理解此结果。从式(6.4)与式(6.16)看出，$\mid z, q\rangle$ 是一个相干-纠缠态表象，兼有相干性和纠缠性。

6.2 相干纠缠态

类似地，可以讨论

$$\frac{1}{\sqrt{2}}(P_1+P_2)|z, p\rangle=p|z, p\rangle, (a_1-a_2)|z, p\rangle=z|z, p\rangle \tag{6.20}$$

这样，在双模福克空间中态 $|z, p\rangle$ 的具体表达式为

$$|z, p\rangle=\exp\left[-\frac{1}{4}|z|^2-\frac{1}{2}p^2+\left(\mathrm{i}p+\frac{1}{2}z\right)a_1^{\dagger}+\left(\mathrm{i}p-\frac{1}{2}z\right)a_2^{\dagger}+\frac{1}{4}(a_1^{\dagger}+a_2^{\dagger})^2\right]|00\rangle \tag{6.21}$$

它满足如下关系

$$a_1|z, p\rangle=\left[\left(\mathrm{i}p+\frac{1}{2}z\right)+\frac{1}{2}(a_1^{\dagger}+a_2^{\dagger})\right]|z, p\rangle \tag{6.22}$$

$$a_2|z, p\rangle=\left[\left(\mathrm{i}p-\frac{1}{2}z\right)+\frac{1}{2}(a_1^{\dagger}+a_2^{\dagger})\right]|z, p\rangle \tag{6.23}$$

这样，我们有

$$(a_1+a_2)|z, p\rangle=[2\mathrm{i}p+(a_1^{\dagger}+a_2^{\dagger})]|z, p\rangle \tag{6.24}$$

注意到

$$P_i=\frac{a_i-a_i^{\dagger}}{\mathrm{i}\sqrt{2}} \tag{6.25}$$

则

$$\frac{(a_1+a_2)-(a_1^{\dagger}+a_2^{\dagger})}{2\mathrm{i}}|z, p\rangle=\frac{1}{\sqrt{2}}(P_1+P_2)|z, p\rangle=p|z, p\rangle \tag{6.26}$$

所以，态 $|z, p\rangle$ 满足如下完备性关系：

$$
\begin{aligned}
&\int \frac{d^2 z}{\pi} \int \frac{dq}{\sqrt{\pi}} \mid z, p\rangle\langle z, p \mid \\
&= \int \frac{dq}{\sqrt{\pi}} \int \frac{d^2 z}{2\pi} : \exp\left[-\frac{1}{2} \mid z \mid^2 - q^2 + \frac{1}{4}(a_1^\dagger + a_2^\dagger)^2 + \right. \\
&\left(ip + \frac{1}{2}z\right)a_1^\dagger + \left(ip - \frac{1}{2}z\right)a_2^\dagger - a_1^\dagger a_1 - a_2^\dagger a_2 + \\
&\left.\frac{1}{4}(a_1 + a_2)^2 + \left(-ip + \frac{1}{2}z^*\right)a_1 + \left(-ip - \frac{1}{2}z^*\right)a_2\right] : \\
&= 1
\end{aligned} \tag{6.27}
$$

同样，两个不同相干态的内积 $\langle z', p' \mid z, p\rangle$ 为

$$
\langle z', p' \mid z, p\rangle = \sqrt{\pi} \exp\left[-\frac{1}{4}(\mid z \mid^2 + \mid z' \mid^2) + \frac{1}{2} z z'^*\right] \delta(p - p') \tag{6.28}
$$

当 $z' = z$，$\langle z, p \mid z, p'\rangle = \sqrt{\pi}\delta(p - p')$，即态 $\mid z, p\rangle$ 也能构成一个新的量子力学表象。

6.3 $\langle z, q \mid$ 与 $\mid z, p\rangle$ 之间的变换

构造 ket-bra 算符积分如下：

$$
\begin{aligned}
U &\equiv \int \frac{d^2 z}{2\pi} \int_{-\infty}^{\infty} \frac{dq}{\sqrt{\pi}} \mid z, p\rangle \mid_{p=q} \langle z, q \mid \\
&= \int \frac{d^2 z}{2\pi} \int_{-\infty}^{\infty} \frac{dq}{\sqrt{\pi}} \exp\left[-\frac{1}{4} \mid z \mid^2 - \frac{1}{2}q^2 + \left(iq + \frac{1}{2}z\right)a_1^\dagger + \right. \\
&\left.\left(iq - \frac{1}{2}z\right)a_2^\dagger + \frac{1}{4}(a_1^\dagger + a_2^\dagger)^2\right] \mid 00\rangle\langle 00 \mid \exp\left[-\frac{1}{4} \mid z \mid^2 - \frac{1}{2}q^2 - \right. \\
&\left.\frac{1}{4}(a_1 + a_2)^2 + \left(q + \frac{1}{2}z^*\right)a_1 + \left(q - \frac{1}{2}z^*\right)a_2\right] \\
&= \int \frac{d^2 z}{2\pi} \int_{-\infty}^{\infty} \frac{dq}{\sqrt{\pi}} : \exp\left[-\frac{1}{2} \mid z \mid^2 - q^2 + \left(iq + \frac{1}{2}z\right)a_1^\dagger + \right. \\
&\left(iq - \frac{1}{2}z\right)a_2^\dagger + \frac{1}{4}(a_1^\dagger + a_2^\dagger)^2 - \frac{1}{4}(a_1 + a_2)^2 +
\end{aligned}
$$

$$\left(q+\frac{1}{2}z^*\right)a_1+\left(q-\frac{1}{2}z^*\right)a_2-a_1^\dagger a_1-a_2^\dagger a_2\Big]:$$

$$=\int_{-\infty}^{\infty}\frac{\mathrm{d}q}{\sqrt{\pi}}:\exp[-q^2+\mathrm{i}q(a_1^\dagger+a_2^\dagger)+q(a_1+a_2)+\frac{1}{2}(a_1^\dagger-a_2^\dagger)(a_1-a_2)+$$

$$\frac{1}{4}(a_1^\dagger+a_2^\dagger)^2-\frac{1}{4}(a_1+a_2)^2-a_1^\dagger a_1-a_2^\dagger a_2]:$$

$$=:\exp\left\{\frac{1}{2}[\mathrm{i}(a_1^\dagger+a_2^\dagger)(a_1+a_2)]+\frac{1}{2}(a_1^\dagger-a_2^\dagger)(a_1-a_2)-a_1^\dagger a_1-a_2^\dagger a_2\right\}:$$

$$=:\exp\left\{\frac{1}{2}[\mathrm{i}(a_1^\dagger+a_2^\dagger)(a_1+a_2)]+\frac{1}{2}(-a_2^\dagger a_1-a_1^\dagger a_2)-\frac{1}{2}a_1^\dagger a_1-\frac{1}{2}a_2^\dagger a_2\right\}:$$

$$=:\exp\left[\frac{1}{2}(\mathrm{i}-1)(a_2^\dagger a_1+a_1^\dagger a_2+a_1^\dagger a_1+a_2^\dagger a_2)\right]:$$

$$=:\exp\left\{(a_1^\dagger a_2^\dagger)\left[\begin{pmatrix}\frac{1}{2}(\mathrm{i}+1) & \frac{1}{2}(\mathrm{i}-1)\\ \frac{1}{2}(\mathrm{i}-1) & \frac{1}{2}(\mathrm{i}+1)\end{pmatrix}-\begin{pmatrix}1 & 0\\ 0 & 1\end{pmatrix}\right]\begin{pmatrix}a_1\\ a_2\end{pmatrix}\right\}:$$

$$=:\exp\left\{(a_1^\dagger a_2^\dagger)\ln\begin{pmatrix}\frac{1}{2}(\mathrm{i}+1) & \frac{1}{2}(\mathrm{i}-1)\\ \frac{1}{2}(\mathrm{i}-1) & \frac{1}{2}(\mathrm{i}+1)\end{pmatrix}\begin{pmatrix}a_1\\ a_2\end{pmatrix}\right\}: \tag{6.29}$$

根据如下算符恒等式(6.30)和(6.31)

$$\mathrm{e}^{a_i^\dagger\Lambda_{ij}a_j}a_l^\dagger\mathrm{e}^{-a_i^\dagger\Lambda_{ij}a_j}=a_i^\dagger(\mathrm{e}^{\Lambda})_{il} \tag{6.30}$$

$$\mathrm{e}^{a_j^\dagger\Lambda_{ij}a_j}a_l\mathrm{e}^{-a_i^\dagger\Lambda_{ij}a_j}=(\mathrm{e}^{-\Lambda})_{li}a_i \tag{6.31}$$

可有

$$Ua_l^\dagger U^{-1}=a_i^\dagger\begin{pmatrix}\frac{1}{2}(\mathrm{i}+1) & \frac{1}{2}(\mathrm{i}-1)\\ \frac{1}{2}(\mathrm{i}-1) & \frac{1}{2}(\mathrm{i}+1)\end{pmatrix}_{il} \tag{6.32}$$

即

$$Ua_1^\dagger U^{-1}=a_1^\dagger\,\frac{1}{2}(\mathrm{i}+1)+a_2^\dagger\,\frac{1}{2}(\mathrm{i}-1)$$

$$Ua_1U^{-1}=a_1\,\frac{1}{2}(-\mathrm{i}+1)+a_2\,\frac{1}{2}(-\mathrm{i}-1) \tag{6.33}$$

和

$$Ua_2^\dagger U^{-1} = a_1^\dagger \frac{1}{2}(\mathrm{i}-1) + a_2^\dagger \frac{1}{2}(\mathrm{i}+1)$$

$$Ua_2 U^{-1} = a_1 \frac{1}{2}(-\mathrm{i}-1) + a_2 \frac{1}{2}(-\mathrm{i}+1) \tag{6.34}$$

这样,可得到

$$U(a_1 - a_2)U^{-1} = a_1 - a_2 \tag{6.35}$$

$$U(a_1 + a_2)U^{-1} = -\mathrm{i}(a_1 + a_2) \tag{6.36}$$

$$U(Q_1 + Q_2)U^{-1} = P_1 + P_2 \tag{6.37}$$

$$U(P_1 + P_2)U^{-1} = -(Q_1 + Q_2) \tag{6.38}$$

作为练习,请计算

$$\int \frac{\mathrm{d}^2 z}{2\pi} \int_{-\infty}^{\infty} \frac{\mathrm{d}q}{\sqrt{\pi}} \left| -z,\ p \right\rangle \Big|_{p=q} \left\langle z,\ q \right| = ? \tag{6.39}$$

$$\int \frac{\mathrm{d}^2 z}{2\pi} \int_{-\infty}^{\infty} \frac{\mathrm{d}q}{\sqrt{\pi}} \left| z,\ p \right\rangle \Big|_{p=q} \left\langle z,\ -q \right| = ? \tag{6.40}$$

6.4 置换-宇称组合变换

宇称是物理学中的一个重要概念。布林(Bollinger)等人于 1996 年首次提出宇称检测并用囚禁离子的最大纠缠态去研究光谱学。而且,维格纳函数也与宇称算符有关。另一方面,置换对量子理论中基本粒子的分类非常有用。因此,进一步研究量子力学中的组合幺正算符具有重要意义。下面利用态 $|z,\ q\rangle$ 表象导出一系列新的置换-宇称组合变换[4]。

6.4.1 在 $|z,\ q\rangle$ 表象导出双模宇称算符

利用式(6.11),我们可构造

$$F \equiv \int_{-\infty}^{\infty} \frac{\mathrm{d}q}{\sqrt{\pi}} \int \frac{\mathrm{d}^2 z}{2\pi} \left| -z,\ -q \right\rangle \left\langle z,\ q \right|$$

$$= \int_{-\infty}^{\infty} \frac{\mathrm{d}q}{\sqrt{\pi}} \int \frac{\mathrm{d}^2 z}{2\pi} \colon \exp\left[-\frac{|z|^2}{2} - q^2 - \frac{(a_1^\dagger + a_2^\dagger)^2}{4} - \right.$$

$$\left(q-\frac{z}{2}\right)a_1^\dagger-\left(q+\frac{z}{2}\right)a_2^\dagger-\frac{(a_1+a_2)^2}{4}+$$
$$\left.\left(q+\frac{z^*}{2}\right)a_1+\left(q-\frac{z^*}{2}\right)a_2-a_1^\dagger a_1-a_2^\dagger a_2\right]:$$
$$=:\exp(-2a_1^\dagger a_1-2a_2^\dagger a_2):=(-)^{N_1+N_2} \tag{6.41}$$

式中 $N_i=a_i^\dagger a_i$，$i=1,\ 2$，在最后一步中，我们使用了算符恒等式(6.42)，这里 $(-)^{N_1+N_2}$ 为双模的宇称算符。

$$e^{\lambda a^\dagger a}=:\exp[(e^\lambda-1)a^\dagger a]: \tag{6.42}$$

$$(-)^{N_1}a_1(-)^{N_1}=-a_1,(-)^{N_1}a_2(-)^{N_1}=-a_2 \tag{6.43}$$

6.4.2 $|z,\ q\rangle$表象的置换算符

接下来，考虑如下 ket-bra 积分

$$P_{12}\equiv\int\frac{d^2z}{\pi}\int_{-\infty}^{\infty}\frac{dq}{\sqrt{\pi}}\ |-z,\ q\rangle\langle z,\ q\ |$$
$$=\int_{-\infty}^{\infty}\frac{dq}{\sqrt{\pi}}\int\frac{d^2z}{2\pi}:\exp\left[-\frac{1}{2}\ |\ z\ |^2-q^2-\frac{1}{4}(a_1^\dagger+a_2^\dagger)^2+\right.$$
$$\left(q-\frac{1}{2}z\right)a_1^\dagger+\left(q+\frac{1}{2}z\right)a_2^\dagger-\frac{1}{4}(a_1+a_2)^2+$$
$$\left.\left(q+\frac{1}{2}z^*\right)a_1+\left(q-\frac{1}{2}z^*\right)a_2-a_1^\dagger a_1-a_2^\dagger a_2\right]:$$
$$=:\exp\left[(a_1^\dagger\quad a_2^\dagger)\begin{pmatrix}-1 & 1\\ 1 & -1\end{pmatrix}\begin{pmatrix}a_1\\ a_2\end{pmatrix}\right]:$$
$$=:\exp(a_1^\dagger a_2+a_2^\dagger a_1-a_1^\dagger a_1-a_2^\dagger a_2):$$
$$=:\exp\left\{(a_1^\dagger\quad a_2^\dagger)\left[\begin{pmatrix}0 & 1\\ 1 & 0\end{pmatrix}-I\right]\begin{pmatrix}a_1\\ a_2\end{pmatrix}\right\}: \tag{6.44}$$

$$e^{a_i^\dagger\Lambda_{ij}a_j}=:\exp[a_i^\dagger(e^\Lambda-I)a_j]: \tag{6.45}$$

利用式(6.45)，可看到式(6.44)变成了，

$$P_{12}=\exp\left[(a_1^\dagger\quad a_2^\dagger)\ln\begin{pmatrix}0 & 1\\ 1 & 0\end{pmatrix}\begin{pmatrix}a_1\\ a_2\end{pmatrix}\right] \tag{6.46}$$

通过计算

$$\ln\begin{pmatrix}0 & 1\\ 1 & 0\end{pmatrix}=\frac{\mathrm{i}\pi}{2}\begin{pmatrix}1 & -1\\ -1 & 1\end{pmatrix} \tag{6.47}$$

可得到

$$\begin{aligned}P_{12}&=\exp\left[(a_1^\dagger \quad a_2^\dagger)\frac{\mathrm{i}\pi}{2}\begin{pmatrix}1 & -1\\ -1 & 1\end{pmatrix}\begin{pmatrix}a_1\\ a_2\end{pmatrix}\right]\\ &=\exp\left[\frac{\mathrm{i}\pi}{2}(a_2^\dagger-a_1^\dagger)(a_2-a_1)\right]\end{aligned} \tag{6.48}$$

它恰好为一个两体的置换算符

$$P_{12}a_1P_{12}^{-1}=a_2,\ P_{12}a_2P_{12}^{-1}=a_1 \tag{6.49}$$

因此,在 $|z,q\rangle$ 表象中,$z\to -z$ 映射出了量子置换算符。

6.4.3 两体置换-宇称算符

进一步,考虑在态 $|z,q\rangle$ 中作如下 $q\to -q$ 变换,并完成积分。

$$\begin{aligned}F&\equiv\int\frac{\mathrm{d}^2 z}{\pi}\int_{-\infty}^{\infty}\frac{\mathrm{d}q}{\sqrt{\pi}}\,|z,-q\rangle\langle z,q|\\ &=\int_{-\infty}^{\infty}\frac{\mathrm{d}q}{\sqrt{\pi}}\int\frac{\mathrm{d}^2 z}{2\pi}:\exp\Big[-\frac{1}{2}|z|^2-q^2-\frac{1}{4}(a_1^\dagger+a_2^\dagger)^2-\left(q-\frac{1}{2}z\right)a_1^\dagger-\\ &\quad\left(q+\frac{1}{2}z\right)a_2^\dagger-\frac{1}{4}(a_1+a_2)^2+\left(q+\frac{1}{2}z^*\right)a_1+\\ &\quad\left(q-\frac{1}{2}z^*\right)a_2-a_1^\dagger a_1-a_2^\dagger a_2\Big]:\\ &=:\exp\left[(a_1^\dagger \quad a_2^\dagger)\begin{pmatrix}-1 & -1\\ -1 & -1\end{pmatrix}\begin{pmatrix}a_1\\ a_2\end{pmatrix}\right]:\\ &=:\exp\left\{(a_1^\dagger \quad a_2^\dagger)\left[\begin{pmatrix}0 & -1\\ -1 & 0\end{pmatrix}-I\right]\begin{pmatrix}a_1\\ a_2\end{pmatrix}\right\}:\end{aligned} \tag{6.50}$$

再利用式(6.44),可有

$$F = \exp\left[\begin{pmatrix} a_1^\dagger & a_2^\dagger \end{pmatrix} \ln\begin{pmatrix} 0 & -1 \\ -1 & 0 \end{pmatrix}\begin{pmatrix} a_1 \\ a_2 \end{pmatrix}\right] \tag{6.51}$$

通过对角化$\begin{pmatrix} 0 & -1 \\ -1 & 0 \end{pmatrix}$，我们可以计算

$$\ln\begin{pmatrix} 0 & -1 \\ -1 & 0 \end{pmatrix} = \frac{\mathrm{i}\pi}{2}\begin{pmatrix} 1 & 1 \\ 1 & 1 \end{pmatrix} \tag{6.52}$$

这样，F 变为

$$\begin{aligned} F &\equiv \int \frac{\mathrm{d}^2 z}{\pi}\int \frac{\mathrm{d}q}{\sqrt{\pi}} \mid z, -q\rangle\langle z, q \mid \\ &= \exp\left[\begin{pmatrix} a_1^\dagger & a_2^\dagger \end{pmatrix} \frac{\mathrm{i}\pi}{2}\begin{pmatrix} 1 & 1 \\ 1 & 1 \end{pmatrix}\begin{pmatrix} a_1 \\ a_2 \end{pmatrix}\right] \\ &= \exp\left[\frac{\mathrm{i}\pi}{2}(a_1^\dagger a_1 + a_2^\dagger a_2 + a_1^\dagger a_2 + a_2^\dagger a_1)\right] \end{aligned} \tag{6.53}$$

显然，F 满足如下等式

$$F^\dagger = F^{-1} \tag{6.54}$$

根据

$$\mathrm{e}^{a_i^\dagger \Lambda_{ij} a_j} a_l^\dagger \mathrm{e}^{-a_i^\dagger \Lambda_{ij} a_j} = a_i^\dagger (\mathrm{e}^{\Lambda})_{il} \tag{6.55}$$

$$\mathrm{e}^{a_j^\dagger \Lambda_{ij} a_j} a_l \mathrm{e}^{-a_i^\dagger \Lambda_{ij} a_j} = (\mathrm{e}^{-\Lambda})_{li} a_i \tag{6.56}$$

则有

$$F a_1^\dagger F^{-1} = a_i^\dagger (\mathrm{e}^{\Lambda})_{i1} = a_i^\dagger \begin{pmatrix} 0 & -1 \\ -1 & 0 \end{pmatrix}_{i1} = -a_2^\dagger \tag{6.57}$$

$$F a_2^\dagger F^{-1} = a_i^\dagger (\mathrm{e}^{\Lambda})_{i2} = a_i^\dagger \begin{pmatrix} 0 & -1 \\ -1 & 0 \end{pmatrix}_{i2} = -a_1^\dagger \tag{6.58}$$

因此，算符 F 能被称为两体置换-宇称算符。于是有

$$F a_1 F^{-1} = -a_2,\ F a_2 F^{-1} = -a_1 \tag{6.59}$$

和

$$F Q_1 F^{-1} = -Q_2,\ F Q_2 F^{-1} = -Q,\ F(Q_1 + Q_2)F^{-1} = -(Q_1 + Q_2) \tag{6.60}$$

算符 F 能让两体的质心坐标 $\frac{1}{2}(Q_1+Q_2)$ 发生空间反演。而在置换-宇称组合变换的作用下，相对坐标 Q_1-Q_2 保持不变，即

$$F(Q_1-Q_2)F^{-1}=Q_1-Q_2 \tag{6.61}$$

6.4.4 两体置换-宇称一压缩算符

现在考虑在态 $|z, q\rangle$ 中作变换 $q\to-\mu q$，这里 $\mu>0$ 为压缩参数，这样完成如下积分

$$\begin{aligned}
S &\equiv\sqrt{\frac{\mu}{\pi}}\int\frac{\mathrm{d}^2z}{\pi}\int_{-\infty}^{\infty}\mathrm{d}q\,|z, -q\mu\rangle\langle z, q| \\
&=\sqrt{\frac{\mu}{\pi}}\int_{-\infty}^{\infty}\mathrm{d}q\int\frac{\mathrm{d}^2z}{2\pi}:\exp\Big[-\frac{1}{2}|z|^2-q^2\frac{1+\mu^2}{2}- \\
&\quad\frac{1}{4}(a_1^\dagger+a_2^\dagger)^2-\Big(\mu q-\frac{1}{2}z\Big)a_1^\dagger-\Big(\mu q+\frac{1}{2}z\Big)a_2^\dagger- \\
&\quad\frac{1}{4}(a_1+a_2)^2+\Big(q+\frac{1}{2}z^*\Big)a_1+\Big(q-\frac{1}{2}z^*\Big)a_2-a_1^\dagger a_1-a_2^\dagger a_2\Big]: \\
&=\sqrt{\frac{2\mu}{1+\mu^2}}\exp\Big[\frac{\mu^2-1}{2(\mu^2+1)}\frac{(a_1^\dagger+a_2^\dagger)^2}{2}\Big]\times \\
&\quad:\exp\Big[\Big(\frac{2\mu}{\mu^2+1}-1\Big)(a_1^\dagger-a_2^\dagger)(a_1-a_2)\Big]:\times \\
&\quad\exp\Big[\frac{1-\mu^2}{2(\mu^2+1)}\frac{(a_1+a_2)^2}{2}\Big]
\end{aligned} \tag{6.62}$$

令 $\mu=\mathrm{e}^\lambda$，可把式(6.62)表示为

$$\begin{aligned}
S &=\operatorname{sech}^{\frac{1}{2}}\lambda\exp\Big[\frac{\tanh\lambda}{4}(a_1^\dagger+a_2^\dagger)^2\Big]\times \\
&\quad:\exp\Big[\frac{1}{2}(\operatorname{sech}\lambda-1)(a_1^\dagger-a_2^\dagger)(a_1-a_2)\Big]:\exp\Big[-\frac{\tanh\lambda}{4}(a_1+a_2)^2\Big]
\end{aligned} \tag{6.63}$$

它具有压缩特征。当 $\mu=1$ 时，S 退化为两体置换-宇称算符。因此，算符 S 被称为两体置换-宇称-压缩算符。

6.5 广义相干-纠缠态

我们知道,具有两体纠缠的 EPR 光场可以由两个单模压缩真空态输入到 50∶50 光学分束器来实现,即把在正交分量 X_i 和 P_i 实现最大压缩的两个光场分别输入 50∶50 光学分束器的两个输入端口,则在分束器的输出端产生一对纠缠光束。人们自然会问,如果光学分数器不是 50∶50 的,那么会发生什么?对于本身没有吸收的不对称光学分数器,我们可以理论上构建广义双模纠缠态[5-7]

$$
\begin{aligned}
|\eta,\theta\rangle = \exp\Big[-\frac{1}{2}|\eta|^2 + \eta a_1^\dagger - \eta^*(a_2^\dagger \sin 2\theta + a_1^\dagger \cos 2\theta) + \\
\frac{1}{2}\eta^{*2}\cos 2\theta + a_1^\dagger a_2^\dagger \sin 2\theta + \frac{1}{2}(a_1^{\dagger 2} - a_2^{\dagger 2})\cos 2\theta\Big]|00\rangle
\end{aligned}
\tag{6.64}
$$

实验上,当把 X_i 和 P_i 方向分别出现最大压缩的两个光场输入到非对称光学分束器的两个输入端并进行叠加,其输出态为态 $|\eta,\theta\rangle$。显然,当 $\theta=\pi/4$ 时,对应于 50∶50 的光学分束器,态 $|\eta,\pi/4\rangle$ 退化为态 $|\eta\rangle$。而且,可证明态 $|\eta,\theta\rangle$ 拥有正交归一完备性,并能帮助推导出新的压缩算符和推广的压缩态。

6.5.1 理论构建

对于一种物理上的量子态,人们希望它能构成一个完整的量子力学空间,如福克态和相干态都是完备的。研究表明,在正规乘积内构造积分结果为 1 的高斯型算符积分,并对积分算符函数进行拆解,可得到具有完备性关系的新的量子态。例如,根据正规乘积内积分结果为 1 的高斯型算符积分

$$
\int \frac{d^2 z}{\pi} :\exp[-(z^* - a^\dagger)(z - a)]: = 1 \tag{6.65}
$$

并利用真空态投影算符的正规乘积表示 $|0\rangle\langle 0| = :\exp(-a^\dagger a):$,可有如下拆解

$$
:\exp[-(z^* - a^\dagger)(z - a)]: = |z\rangle\langle z| \tag{6.66}
$$

这样可得到相干态的表达式 $|z\rangle = \exp\left(-\frac{|z|^2}{2} + z a^\dagger\right)|0\rangle$。类似地,通

过探查

$$\int \frac{\mathrm{d}^2\eta}{\pi} :\exp[-(\eta^* - a_1^\dagger + a_2)(\eta - a_1 + a_2^\dagger)]: = 1 \tag{6.67}$$

也能通过分解式(6.67)中的积分核，得到式(3.51)中的纠缠态$|\eta\rangle$。现在在正规乘积内构造如下积分结果为1的高斯型算符积分，

$$\int_{-\infty}^{\infty} \frac{\mathrm{d}x}{\sqrt{\pi}} \int \frac{\mathrm{d}^2\alpha}{2\pi} :\exp\left[-\left(x - \frac{\mu X_1 + \nu X_2}{\lambda}\right)^2\right] \times \exp\left\{-\frac{1}{2}\left[\alpha^* - \frac{\sqrt{2}}{\lambda}(\nu a_1^\dagger - \mu a_2^\dagger)\right]\left[\alpha - \left(\frac{\sqrt{2}}{\lambda}(\nu a_1 - \mu a_2)\right)\right]\right\}: = 1 \tag{6.68}$$

式中μ，ν为两个独立的参数，且令$\lambda = \sqrt{\mu^2 + \nu^2}$，$x$为实参数，$\alpha = \alpha_1 + \mathrm{i}\alpha_2$为复参数，并利用双模真空态投影算符的正规乘积表示，

$$|00\rangle\langle 00| = :\exp(-a_1^\dagger a_1 - a_2^\dagger a_2): \tag{6.69}$$

可把式(6.68)改写为

$$\int_{-\infty}^{\infty} \frac{\mathrm{d}x}{\sqrt{\pi}} \int \frac{\mathrm{d}^2\alpha}{2\pi} |x, \alpha\rangle_{\mu,\nu\mu,\nu}\langle x, \alpha| = 1 \tag{6.70}$$

式中$|x, \alpha\rangle_{\mu,\nu}$为一个新的量子态，其表达式为

$$|x, \alpha\rangle_{\mu,\nu} \equiv \exp\left\{-\frac{x^2}{2} - \frac{1}{4}|\alpha|^2 + \frac{\sqrt{2}}{\lambda}\left(x\mu + \frac{\alpha\nu}{2}\right)a_1^\dagger + \frac{\sqrt{2}}{\lambda}\left(x\nu - \frac{\alpha\mu}{2}\right)a_2^\dagger - \frac{1}{2\lambda^2}(\mu a_1^\dagger + \nu a_2^\dagger)^2\right\}|00\rangle \tag{6.71}$$

故式(6.70)为态的$|x, \alpha\rangle_{\mu,\nu}$的完备性关系。特殊情况下，当$\mu = \nu$时，式(6.71)退化为

$$|x, \alpha\rangle \equiv \exp\left[-\frac{x^2}{2} - \frac{1}{4}|\alpha|^2 + \left(x + \frac{\alpha}{2}\right)a_1^\dagger + \left(x - \frac{\alpha}{2}\right)a_2^\dagger - \frac{1}{4}(a_1^\dagger + a_2^\dagger)^2\right]|00\rangle \tag{6.72}$$

利用玻色算符对易关系$[a_i, a_j^\dagger] = \delta_{ij}$，可有

$$a_1 | x, \alpha\rangle_{\mu,\nu} = \left[\frac{\sqrt{2}}{\lambda}\left(x\mu + \frac{\alpha\nu}{2}\right) - \frac{\mu}{\lambda^2}(\mu a_1^\dagger + \nu a_2^\dagger)\right] | x, \alpha\rangle_{\mu,\nu} \quad (6.73)$$

$$a_2 | x, \alpha\rangle_{\mu,\nu} = \left[\frac{\sqrt{2}}{\lambda}\left(x\nu - \frac{\alpha\mu}{2}\right) - \frac{\nu}{\lambda^2}(\mu a_1^\dagger + \nu a_2^\dagger)\right] | x, \alpha\rangle_{\mu,\nu} \quad (6.74)$$

结合式(6.73)和(6.74),可得到本征方程

$$\mu X_1 + \nu X_2 | x, \alpha\rangle_{\mu,\nu} = \lambda x | x, \alpha\rangle_{\mu,\nu} \quad (6.75)$$

$$\nu a_1 - \mu a_2 | x, \alpha\rangle_{\mu,\nu} = \frac{\lambda\alpha}{\sqrt{2}} | x, \alpha\rangle_{\mu,\nu} \quad (6.76)$$

可见,态 $| x, \alpha\rangle_{\mu\nu}$ 确实是算符 $\mu X_1 + \nu X_2$ 和 $\nu a_1 - \mu a_2$ 的共同本征态,这是因为 $[\mu X_1 + \nu X_2, (\nu a_1 - \mu a_2)] = 0$。

6.5.2 态 $|x, \alpha\rangle_{\mu,\nu}$ 的主要性质

态 $| x, \alpha\rangle_{\mu,\nu}$ 具有特殊的物理意义,因为它兼具相干态和纠缠态的部分特征。为了看清这些性质,利用式(6.75),可得到如下矩阵元,

$$\begin{aligned} {}_{\mu,\nu}\langle x', \alpha' | \mu X_1 + \nu X_2 | x, \alpha\rangle_{\mu,\nu} &= {}_{\mu,\nu}\langle x', \alpha' | x, \alpha\rangle_{\mu,\nu}\lambda x' \\ &= {}_{\mu,\nu}\langle x', \alpha' | x, \alpha\rangle_{\mu,\nu}\lambda x \end{aligned} \quad (6.77)$$

这导致

$${}_{\mu,\nu}\langle x', \alpha' | x, \alpha\rangle_{\mu,\nu}(x' - x) = 0 \quad (6.78)$$

为了推导出内积 ${}_{\mu,\nu}\langle x', \alpha' | x, \alpha\rangle_{\mu,\nu}$ 的具体表达式,利用双模相干态的完备性关系,

$$\int \frac{\mathrm{d}^2 z_1 \mathrm{d}^2 z_2}{\pi^2} | z_1, z_2\rangle\langle z_1, z_2 | = 1 \quad (6.79)$$

式中,

$$| z_1, z_2\rangle = \exp\left[-\frac{1}{2}(| z_1 |^2 + | z_2 |^2) + z_1 a_1^\dagger + z_2 a_2^\dagger\right] | 00\rangle \quad (6.80)$$

这样,内积 $\langle z_1, z_2 | x, \alpha\rangle_{\mu,\nu}$ 为

$$\langle z_1, z_2 | x, \alpha \rangle_{\mu,\nu} = \exp\left[-\frac{1}{2}(|z_1|^2 + |z_2|^2) - \frac{x^2}{2} - \frac{1}{4}|\alpha|^2 + \frac{\sqrt{2}}{\lambda}\left(x\mu + \frac{\alpha\nu}{2}\right)z_1^*\right] \times$$
$$\exp\left[\frac{\sqrt{2}}{\lambda}\left(x\nu - \frac{\alpha\mu}{2}\right)z_2^* - \frac{1}{2\lambda^2}(\mu z_1^* + \nu z_2^*)^2\right] \tag{6.81}$$

从而有

$$_{\mu\nu}\langle x', \alpha' | x, \alpha \rangle_{\mu\nu} = \int \frac{d^2 z_1 d^2 z_2}{\pi^2} {}_{\mu\nu}\langle x', \alpha' | z_1, z_2 \rangle \langle z_1, z_2 | x, \alpha \rangle_{\mu\nu}$$
$$= \sqrt{\pi}\exp\left[-\frac{1}{4}(|\alpha|^2 + |\alpha'|^2) + \frac{1}{2}\alpha\alpha'^*\right]\delta(x' - x) \tag{6.82}$$

式中我们利用了数学积分公式，

$$\frac{d^2 z}{\pi}\exp\int(\zeta |z|^2 + \xi z + \eta z^* + f z^2 + g z^{*2})$$
$$= \frac{1}{\sqrt{\zeta^2 - 4fg}}\exp\left(\frac{-\zeta\xi\eta + \xi^2 g + \eta^2 f}{\zeta^2 - 4fg}\right) \tag{6.83}$$

上式成立需要满足收敛条件[式(6.84)]和 δ 函数的极限表达式(6.85)。

$$\mathrm{Re}(\xi + f + g) < 0, \ \mathrm{Re}\left(\frac{\zeta^2 - 4fg}{\xi + f + g}\right) < 0$$
$$\text{或 } \mathrm{Re}(\xi - f - g) < 0, \ \mathrm{Re}\left(\frac{\zeta^2 - 4fg}{\xi - f - g}\right) < 0 \tag{6.84}$$

$$\delta(x) = \lim_{\epsilon \to 0}\frac{1}{\sqrt{\pi\epsilon}}\exp\left(-\frac{x^2}{\epsilon}\right) \tag{6.85}$$

这样，态 $|x, \alpha\rangle_{\mu,\nu}$ 在 α 变量上具有相干态的部分非正交性和在 x 变量具有纠缠态 $|\eta\rangle$ 的正交性。特殊情况下，当 $\alpha = \alpha'$ 时，有

$$_{\mu,\nu}\langle x', \alpha | x, \alpha \rangle_{\mu,\nu} = \sqrt{\pi}\delta(x' - x) \tag{6.86}$$

因此，态 $|x, \alpha\rangle_{\mu,\nu}$ 被称为相干纠缠态。而且，态 $|x, \alpha\rangle_{\mu\nu}$ 的集合能够构成一个新的量子力学表象。

6.5.3 用不对称光分束器生成相干纠缠态 $|x, \alpha\rangle_{\mu,\nu}$

考虑利用非对称光学分束器去产生态 $|x, \alpha\rangle_{\mu,\nu}$。其中，带有自由相位的

非对称光学分束器算符表示为

$$B_{12}(\theta)=\exp[-\theta(a_1^\dagger a_2-a_1a_2^\dagger)] \tag{6.87}$$

把单模最大压缩态 $\exp\left(-\frac{1}{2}a_1^{\dagger 2}\right)|0\rangle_1$ 和真空态 $|0\rangle_2$ 分别输入非对称光学分束器的两个输入端进行叠加，并取 $\theta=\cos^{-1}\frac{\mu}{\lambda}$，那么输出态为

$$B_{12}(\theta)|x=0\rangle_1\otimes|0\rangle_2=\exp\left[-\frac{1}{2\lambda^2}(\mu a_1^\dagger+\nu a_2^\dagger)^2\right]|00\rangle_{12} \tag{6.88}$$

它是双模的压缩态。当把两个平移算符(6.89)作用到式(6.88)中的输出态时，

$$D_1\left(\epsilon_1=\frac{\mu x+\nu\alpha}{\sqrt{2}\lambda}\right)=\exp(\epsilon_1a_1^\dagger-\epsilon_1^*a_1)$$

$$D_2\left(\epsilon_2=\frac{\nu x-\mu\alpha}{\sqrt{2}\lambda}\right)=\exp(\epsilon_2a_2^\dagger-\epsilon_2^*a_2) \tag{6.89}$$

其最终输出态恰好为相干纠缠态 $|x,\alpha\rangle_{\mu,\nu}$，即

$$\begin{aligned}
&D_1D_2\exp\left[-\frac{1}{2\lambda^2}(\mu a_1^\dagger+\nu a_2^\dagger)^2\right]|00\rangle_{12}\\
&=\exp\left\{-\frac{|\epsilon_1|^2+|\epsilon_2|^2}{2}-\frac{(\mu\epsilon_1^*+\nu\epsilon_2^*)^2}{2\lambda^2}-\frac{(\mu a_1^\dagger+\nu a_2^\dagger)^2}{2\lambda^2}+\right.\\
&\left.\left[\frac{1}{\lambda^2}(\mu^2\epsilon_1^*+\mu\nu\epsilon_2^*)+\epsilon_1\right]a_1^\dagger+\left[\frac{1}{\lambda^2}(\mu\nu\epsilon_1^*+\nu^2\epsilon_2^*)+\epsilon_2\right]a_2^\dagger\right\}|00\rangle_{12}\\
&=|x,\alpha\rangle_{\mu,\nu}
\end{aligned} \tag{6.90}$$

实验上，可用由 μ，ν，x 和 α 调制的激光场穿过一个具有部分反射和部分透射功能的光学分束器(99%的反射率和1%的透射率)来实现态 $|x,\alpha\rangle_{\mu,\nu}$。

6.5.4 由态 $|\alpha,x\rangle_{\mu,\nu}$ 诱导出新的纠缠态

利用式(6.71)中态 $|\alpha,x\rangle_{\mu,\nu}$ 的具体表达式，并对变量 α_1 进行积分，可得到

$$\frac{1}{2\sqrt{\pi}}\int_{-\infty}^{\infty}\mathrm{d}\alpha_1 \mid \alpha=\alpha_1+i\alpha_2,\ x\rangle_{\mu,\nu}$$

$$=\exp\left\{-\frac{x^2}{2}-\frac{1}{4}\alpha_2^2+\frac{1}{\sqrt{2}\lambda}[(2x\mu+i\nu\alpha_2)a_1^\dagger+(2x\nu-i\mu\alpha_2)a_2^\dagger]+\right.$$

$$\left.\frac{1}{2\lambda^2}[(\nu^2-\mu^2)(a_1^{\dagger 2}-a_2^{\dagger 2})-4\mu\nu a_2^\dagger a_1^\dagger]\right\}\mid 00\rangle \tag{6.91}$$

并与 EPR 纠缠态 $\mid\xi\rangle$ 的标准表达式(6.92)进行比较，

$$\mid\xi\rangle=\exp\left\{-\frac{1}{2}\mid\xi\mid^2+\frac{1}{\sqrt{2}\lambda}[(\mu+\nu)\xi+(\mu-\nu)\xi^*]a_1^\dagger+\right.$$

$$\frac{1}{\sqrt{2}\lambda}[(\mu+\nu)\xi^*-(\mu-\nu)\xi]a_2^\dagger+$$

$$\left.\frac{1}{2\lambda^2}[(\nu^2-\mu^2)(a_1^{\dagger 2}-a_2^{\dagger 2})-4\mu\nu a_2^\dagger a_1^\dagger]\right\},$$

$$\xi=\xi_1+i\xi_2 \tag{6.92}$$

可发现

$$\frac{1}{2\sqrt{\pi}}\int_{-\infty}^{\infty}\mathrm{d}\alpha_1 \mid \alpha=\alpha_1+i\alpha_2,\ x\rangle_{\mu,\nu}$$

$$=\exp\left(-\frac{1}{8}\alpha_2^2\right)\mid\xi=x+i\ \frac{\alpha_2}{2}\rangle \tag{6.93}$$

实际上，态 $\mid\xi\rangle$ 为对易算符 $X_{c.m}=\mu X_1+\nu X_2$ 和 $P_r=\nu P_1-\mu P_2$（$[X_{c.m},P_r]=1$）的共同本征态，即

$$X_{c.m}\mid\xi\rangle=\lambda\xi_1\mid\xi\rangle, P_r\mid\xi\rangle=\lambda\xi_2\mid\xi\rangle \tag{6.94}$$

可见，相干纠缠态 $\mid\alpha,\ x\rangle_{\mu,\nu}$ 沿着 α_1 方向进行叠加可导致产生 EPR 纠缠态 $\mid\xi\rangle$，从而在相干纠缠态 $\mid\alpha,\ x\rangle_{\mu,\nu}$ 和 EPR 纠缠态 $\mid\xi\rangle$ 之间建立联系。

通过对态 $\mid\alpha,\ x\rangle_{\mu,\nu}$ 做傅里叶变换，可知

$$\mid\sigma,\ p\rangle_{\mu,\nu}\equiv\int_{-\infty}^{\infty}\frac{\mathrm{d}x}{\sqrt{2\pi}}\mathrm{e}^{ipx}\int_{-\infty}^{\infty}\frac{\mathrm{d}^2\alpha}{4\pi}\mid\alpha,\ x\rangle_{\mu\nu}\mathrm{e}^{\frac{\alpha^*\sigma-\alpha\sigma^*}{4}}$$

$$=\exp\left\{-\frac{1}{2}p^2-\frac{1}{4}\mid\sigma\mid^2+\frac{1}{2\lambda^2}(\mu a_1^\dagger+\nu a_2^\dagger)^2+\right.$$

$$\left.\frac{1}{\sqrt{2}\lambda}[(\sigma\nu+i2p\mu)a_1^\dagger+(i2p\nu-\sigma\mu)a_2^\dagger]\right\}\mid 00\rangle \tag{6.95}$$

它恰好是算符 $\mu P_1+\nu P_2$ 和 $\nu a_1-\mu a_2$ 的共同本征态,即

$$(\mu P_1+\nu P_2)\mid\sigma,\ p\rangle_{\mu,\nu}=\lambda p\mid\sigma,\ p\rangle_{\mu,\nu} \tag{6.96}$$

$$(\nu a_1-\mu a_2)\mid\sigma,\ p\rangle_{\mu,\nu}=\frac{\lambda\sigma}{\sqrt{2}}\mid\sigma,\ p\rangle_{\mu,\nu} \tag{6.97}$$

利用 IWOP 技术,可知

$$\int\frac{\mathrm{d}^2\sigma}{2\pi}\mid\sigma,\ p\rangle_{\mu,\nu\mu,\nu}\langle\sigma,\ p\mid=:\exp\left[-\left(p-\frac{\mu P_1+\nu P_2}{\lambda}\right)^2\right]: \tag{6.98}$$

因此,态 $\mid\sigma,\ p\rangle_{\mu,\nu}$ 的集合满足如下完备性关系

$$\int_{-\infty}^{\infty}\frac{\mathrm{d}p}{\sqrt{\pi}}\int_{-\infty}^{\infty}\frac{\mathrm{d}^2\sigma}{2\pi}\mid\sigma,\ p\rangle_{\mu,\nu\mu,\nu}\langle\sigma,\ p\mid=1 \tag{6.99}$$

实际上,态 $\mid\sigma,\ p\rangle_{\mu,\nu}$ 和 $\mid\alpha,\ x\rangle_{\mu\nu}$ 存在共轭关系。

6.5.5 由 $|\alpha,\ x\rangle_{\mu,\nu}$ 表象导出广义压缩算符

借助态 $\mid\alpha,\ x\rangle_{\mu,\nu}$,也可导出一些新的压缩算符和压缩态。通过构造如下 ket-bra 积分

$$S\equiv\int_{-\infty}^{\infty}\frac{\mathrm{d}x}{\sqrt{\pi}}\int\frac{\mathrm{d}^2\alpha}{2\pi}\frac{1}{\sqrt{k}}\mid\alpha,\ \frac{x}{k}\rangle_{\mu,\nu\mu,\nu}\langle\alpha,\ x\mid \tag{6.100}$$

利用 IWOP 技术以及恒等式:$\exp[(\mathrm{e}^{\varsigma}-1)a^{\dagger}a]:=\mathrm{e}^{\varsigma a^{\dagger}a}$,可完成积分(6.100)并得到

$$S=\operatorname{sech}^{1/2}\gamma\exp\left(-\frac{\tanh\gamma}{2}R^{\dagger2}\right)\exp(R^{\dagger}R\ln\operatorname{sech}\gamma)\exp\left(\frac{\tanh\gamma}{2}R^2\right) \tag{6.101}$$

式中 $k=\mathrm{e}^{\gamma}$, $R^{\dagger}=\dfrac{\mu a_1^{\dagger}+\nu a_2^{\dagger}}{\lambda}$。注意到

$$[R,\ R^{\dagger}]=1,\ \left[\frac{1}{2}R^2,\ \frac{1}{2}R^{\dagger2}\right]=R^{\dagger}R+\frac{1}{2} \tag{6.102}$$

即它们组成 SU(1, 1)李(Lie)代数,S 是一个带有压缩参数 k 的压缩算符。由式(6.86)和式(6.100)可知,算符 S 能很自然地把态 $\mid\alpha,\ x\rangle_{\mu,\nu}$ 压缩为

$$S\mid\alpha,\ x\rangle_{\mu\nu}=\frac{1}{\sqrt{k}}\mid\alpha,\ x/k\rangle_{\mu\nu} \tag{6.103}$$

利用式(6.101)和贝克-豪斯多夫公式，

$$e^{A}Be^{-A}=B+[A,\ B]+\frac{1}{2!}[A,\ [A,\ B]]+\frac{1}{3!}[A,\ [A,\ [A,\ B]]]+\cdots \tag{6.104}$$

可见

$$Sa_1S^{-1}=a_1+\frac{\mu}{\lambda}[R(\cosh\gamma-1)+R^{\dagger}\sinh\gamma] \tag{6.105}$$

$$Sa_2S^{-1}=a_2+\frac{\nu}{\lambda}[R(\cosh\gamma-1)+R^{\dagger}\sinh\gamma] \tag{6.106}$$

随之，可有

$$SX_1S^{-1}=\frac{1}{\lambda^2}[(\nu^2+\mu^2e^{\gamma})X_1+\mu\nu(e^{\gamma}-1)X_2] \tag{6.107}$$

$$SX_2S^{-1}=\frac{1}{\lambda^2}[\mu\nu(e^{\gamma}-1)X_1+(\mu^2+\nu^2e^{\gamma})X_2] \tag{6.108}$$

因此，在算符 S 遵从的压缩变换下，双模光场的两个分量 X_1+X_2 和 P_1+P_2 变成式(6.109)和式(6.110)。

$$S(X_1+X_2)S^{-1}=\frac{1}{\lambda^2}[(\mu-\nu)(\mu X_2-\nu X_1)+(\mu+\nu)e^{\gamma}(\mu X_1+\nu X_2)] \tag{6.109}$$

$$S(P_1+P_2)S^{-1}=\frac{1}{\lambda^2}[(\mu-\nu)(\mu P_2-\nu P_1)+(\mu+\nu)e^{-\gamma}(\mu P_1+\nu P_2)] \tag{6.110}$$

进一步，把 S^{-1} 作用到双模真空态上，可得到压缩真空态

$$S^{-1}\mid 00\rangle=\mathrm{sech}^{1/2}\gamma\exp\left(\frac{\tanh\gamma}{2}R^{\dagger 2}\right)\mid 00\rangle\equiv|\rangle_{\rho} \tag{6.111}$$

因此，在态 $|\rangle_{\rho}$ 下，两个分量的期望值为

$$ {}_{\rho}\langle|(X_1+X_2)|\rangle_{\rho}=0,\ {}_{\rho}\langle|(P_1+P_2)|\rangle_{\rho}=0 \tag{6.112} $$

这样,两个分量的方差为

$$ \begin{aligned} {}_{\rho}\langle|\Delta(X_1+X_2)^2|\rangle_{\rho} &= {}_{\rho}\langle|(X_1+X_2)^2|\rangle_{\rho} \\ &= \frac{1}{2}(e^{2\gamma}+1)+\frac{\mu\nu}{\lambda^2}(e^{2\gamma}-1) \end{aligned} \tag{6.113} $$

$$ \begin{aligned} {}_{\rho}\langle|\Delta(P_1+P_2)^2|\rangle_{\rho} &= {}_{\rho}\langle|(P_1+P_2)^2|\rangle_{\rho} \\ &= \frac{1}{2}(e^{-2\gamma}+1)+\frac{\mu\nu}{\lambda^2}(e^{-2\gamma}-1) \end{aligned} \tag{6.114} $$

最小不确定关系为

$$ \begin{aligned} &\sqrt{\Delta(X_1+X_2)^2\Delta(P_1+P_2)^2} \\ =&\frac{1}{2\lambda^2}\sqrt{2(\mu^4+\nu^4+6\mu^2\nu^2)+(\mu^2-\nu^2)^2(e^{2\gamma}+e^{-2\gamma})} \end{aligned} \tag{6.115} $$

特殊情况下,当 $\mu=\nu$ 时,压缩真空态 $|\rangle_{\rho}$ 退化为普通的双模压缩真空态。这样式(6.113),(6.114)和(6.115)如期分别变成式(6.116)和式(6.117)。

$$ {}_{\rho}\langle|\Delta(X_1+X_2)^2|\rangle_{\rho}=e^{2\gamma},\ {}_{\rho}\langle|\Delta(P_1+P_2)^2|\rangle_{\rho}=e^{-2\gamma} \tag{6.116} $$

$$ \Delta(X_1+X_2)\Delta(P_1+P_2)=1 \tag{6.117} $$

另一方面,由于 $\lambda^2\geqslant 2\mu\nu$,则根据式(6.113)和(6.114),可见

$$ {}_{\rho}\langle|\Delta(X_1+X_2)^2|\rangle_{\rho}=e^{2\gamma}\left[\frac{1}{2}+\frac{\mu\nu}{\lambda^2}+\left(\frac{1}{2}-\frac{\mu\nu}{\lambda^2}\right)e^{-2\gamma}\right]\leqslant e^{2\gamma} \tag{6.118} $$

$$ {}_{\rho}\langle|\Delta(P_1+P_2)^2|\rangle_{\rho}=\left(\frac{1}{2}+\frac{\mu\nu}{\lambda^2}\right)e^{-2\gamma}+\left(\frac{1}{2}-\frac{\mu\nu}{\lambda^2}\right)\geqslant e^{-2\gamma} \tag{6.119} $$

这说明,压缩真空态 $|\rangle_{\rho}$ 在某一分量上呈现出比普通双模压缩态更强的压缩特性。

参考文献

[1] Fan H Y, Wünsche A. Wavefunctions of two-mode states in entangled-state representation [J]. Journal of Optics B: Quantum and Semiclassical Optics, 2005, 7 (6): R88 - R102.

[2] Hu L Y, Fan H Y. Four-mode coherent entangled state as an entanglement of two

bipartite coherent entangled states [J]. Journal of Modern Optics, 2008, 55(7): 1065 - 1075.

[3] Fan H Y, Hu L Y, Wang W Q. Quadrature-amplitude measurement for new tripartite coherent entangled state and its teleportation [J]. Journal of Modern Optics, 2008, 55(10): 1529 - 1539.

[4] Fan H Y. The development of Dirac's symbolic method by virtue the IWOP technique [J]. Communications in Theoretical Physics, 1999, 31(2): 285 - 290.

[5] Hu L Y, Fan H Y. A new bipartite coherent-entangled state generated by an asymmetric beamsplitter and its applications [J]. Journal of Physics B: Atomic, Molecular and Optical Physics, 2007, 40(11): 2009 - 2019.

[6] Fan H Y, Lu H L. New two-mode coherent-entangled state and its application [J]. Journal of Physics A: Mathematical and General, 2004, 37(45): 10993.

[7] Yuan H C, Li H M, Fan H Y. Photon-added Bell-type entangled coherent state and some nonclassical properties [J]. Canadian Journal of Physics, 2009, 87(12): 1233 - 1245.

7

多粒子纠缠态

用有序算符内积分方法可以方便地构建多粒子纠缠态表象[1-10]。

7.1 由高斯型完备性导出 Q_1-Q_2, Q_1-Q_3 和 $P_1+P_2+P_3$ 的共同本征态——三体纠缠态

我们已经体验了如何从高斯型完备性导出两体纠缠态，现在求三体相对坐标 Q_1-Q_2, Q_1-Q_3 和总动量 $P_1+P_2+P_3$ 的共同本征态 $|p, \chi_2, \chi_3\rangle$，假设

$$\begin{aligned}(Q_1-Q_2)|p, \chi_2, \chi_3\rangle &= \chi_2|p, \chi_2, \chi_3\rangle \\ (Q_1-Q_3)|p, \chi_2, \chi_3\rangle &= \chi_3|p, \chi_2, \chi_3\rangle \\ (P_1+P_2+P_3)|p, \chi_2, \chi_3\rangle &= p|p, \chi_2, \chi_3\rangle\end{aligned} \tag{7.1}$$

这意味着

$$(Q_2-Q_3)|p, \chi_2, \chi_3\rangle=(\chi_3-\chi_2)|p, \chi_2, \chi_3\rangle \tag{7.2}$$

受式(6.68)的启发，写下三重高斯积分，其结果是 1，即

$$\begin{aligned}&\iiint_{-\infty}^{\infty}\frac{\mathrm{d}p\,\mathrm{d}\chi_2\,\mathrm{d}\chi_3}{3\pi^{\frac{3}{2}}}:\exp\Big\{-\frac{1}{3}[\chi_2-(Q_1-Q_2)]^2-\frac{1}{3}[\chi_3-(Q_1-Q_3)]^2-\\&\frac{1}{3}[(\chi_3-\chi_2)-(Q_2-Q_3)]^2-\frac{1}{3}[p-(P_1+P_2+P_3)]^2\Big\}:=1\end{aligned} \tag{7.3}$$

然后我们分解被积函数为“产生算符函数 $\times$: $\exp(-\sum_{i=1}^{3}a_i^{\dagger}a_i)$:$\times$ 湮灭算符函数”，即式(7.3)中被积函数

$$= \exp\left[A + \frac{i\sqrt{2}p}{3}\sum_{i=1}^{3} a_i^\dagger + \frac{\sqrt{2}\chi_2}{3}(a_1^\dagger - 2a_2^\dagger + a_3^\dagger) + \right.$$

$$\left.\frac{\sqrt{2}\chi_3}{3}(a_1^\dagger + a_2^\dagger - 2a_3^\dagger) + W^\dagger\right] \times :\exp(-\sum_{i=1}^{3} a_i^\dagger a_i):\times$$

$$\exp\left[A - \frac{i\sqrt{2}p}{3}\sum_{i=1}^{3} a_i + \frac{\sqrt{2}\chi_2}{3}(a_1 - 2a_2 + a_3) + \frac{\sqrt{2}\chi_3}{3}(a_1 + a_2 - 2a_3) + W\right]$$

$$\equiv |p, \chi_2, \chi_3\rangle\langle p, \chi_2, \chi_3| \tag{7.4}$$

式中

$$-\frac{p^2}{6} - \frac{1}{3}(\chi_2^2 + \chi_3^2 - \chi_2\chi_3) \equiv A, \quad \frac{2}{3}\sum_{i<j,\, i=1}^{3} a_i a_j - \frac{1}{6}\sum_{i=1}^{3} a_i^2 \equiv W \tag{7.5}$$

考虑到

$$:\exp(-\sum_{i=1}^{3} a_i^\dagger a_i):=|000\rangle\langle 000| \tag{7.6}$$

于是有

$$\iiint_{-\infty}^{\infty} \mathrm{d}p\,\mathrm{d}\chi_2\,\mathrm{d}\chi_3\, |p, \chi_2, \chi_3\rangle\langle p, \chi_2, \chi_3| = 1 \tag{7.7}$$

可知

$$|p, \chi_2, \chi_3\rangle = \frac{1}{\sqrt{3}\pi^{\frac{3}{4}}}\exp\left[A + \frac{i\sqrt{2}p}{3}\sum_{i=1}^{3} a_i^\dagger + \frac{\sqrt{2}\chi_2}{3}(a_1^\dagger - 2a_2^\dagger + a_3^\dagger) + \right.$$

$$\left.\frac{\sqrt{2}\chi_3}{3}(a_1^\dagger + a_2^\dagger - 2a_3^\dagger) + W^\dagger\right]|000\rangle \tag{7.8}$$

这便是我们得到的三体纠缠态。这里,用 IWOP 积分技术先推测其完备性,再从其完备性的分解导出态的具体形式,是一个非常有效和直接的方法。

不难证明,其正交性为

$$\langle p, \chi_2, \chi_3 | p, \chi_2, \chi_3\rangle = \delta(p - p')\delta(\chi_2 - \chi_2')\delta(\chi_3 - \chi_3') \tag{7.9}$$

故而,$|p, \chi_2, \chi_3\rangle$ 有资格形成一个表象。在坐标基 $|p, \chi_2, \chi_3\rangle$ 中的施密特分解为

$$|p, \chi_2, \chi_3\rangle = \frac{1}{\sqrt{2\pi}} e^{-\frac{ip(\chi_2+\chi_3)}{3}} \int_{-\infty}^{\infty} \mathrm{d}x\, |x\rangle_1 \otimes |x - \chi_2\rangle_2 \otimes |x - \chi_3\rangle_3 e^{ixp} \tag{7.10}$$

可见它是一个纠缠态。进一步,构建 ket-bra 算符

$$S_3 \equiv \iiint_{-\infty}^{\infty} \frac{\mathrm{d}p\,\mathrm{d}\chi_2\,\mathrm{d}\chi_3}{\mu^{\frac{3}{2}}} \mid p/\mu,\ \chi_2/\mu,\ \chi_3/\mu\rangle\langle p,\ \chi_2,\ \chi_3 \mid, \quad \mu = \mathrm{e}^{\lambda} \tag{7.11}$$

用 IWOP 技术实现积分之,得到

$$\begin{aligned} S_3 &= \operatorname{sech}^{\frac{3}{2}}\lambda : \exp\left[-W^{\dagger}\tanh\lambda + (\operatorname{sech}\lambda - 1)\sum_{i=1}^{3} a_i^{\dagger}a_i + W\tanh\lambda\right] : \\ &= \exp(-W^{\dagger}\tanh\lambda)\exp(B\ln\operatorname{sech}\lambda)\exp(W\tanh\lambda) \end{aligned} \tag{7.12}$$

$$W^{\dagger} \equiv \frac{1}{6}\sum_{i=1}^{3} a_i^{\dagger 2} - \frac{2}{3}\sum_{i<j,\ j=1}^{3} a_i^{\dagger}a_j^{\dagger} \tag{7.13}$$

鉴于式(7.14),

$$[W^{\dagger},\ W] = -B,\ B \equiv \sum_{i=1}^{3} a_i^{\dagger}a_i + \frac{3}{2} \tag{7.14}$$

可见它们组成 SU(1, 1)李代数。

$$[W^{\dagger},\ B] = -2W^{\dagger},\ [B,\ W] = -2W \tag{7.15}$$

所以,S_3 是一个三模压缩算符,它将态 $\mid p,\ \chi_2,\ \chi_3\rangle$ 压缩为 $\mu^{-3/2} \mid p/\mu,\ \chi_2/\mu,\ \chi_3/\mu\rangle$。态 $\mid p,\ \chi_2,\ \chi_3\rangle$ 的正则共轭态是 $\mid \chi,\ p_2,\ p_3\rangle$,即

$$\begin{aligned} \mid \chi,\ p_2,\ p_3\rangle = \frac{1}{\sqrt{3}\,\pi^{\frac{3}{4}}}\exp\Bigg[&-\frac{\chi^2}{6} - \frac{1}{3}(p_2^2 + p_3^2 - p_2p_3) + \\ &\frac{\sqrt{2}\chi}{3}\sum_{i=1}^{3} a_i^{\dagger} + \frac{\mathrm{i}\sqrt{2}p_2}{3}(a_1^{\dagger} - 2a_2^{\dagger} + a_3^{\dagger}) + \\ &\frac{\mathrm{i}\sqrt{2}p_3}{3}(a_1^{\dagger} + a_2^{\dagger} - 2a_3^{\dagger}) - \frac{2}{3}\sum_{i<j,\ i=1}^{3} a_i^{\dagger}a_j^{\dagger} + \frac{1}{6}\sum_{i=1}^{3} a_i^{\dagger 2}\Bigg] \mid 000\rangle \end{aligned} \tag{7.16}$$

它是 $P_1 - P_2$,$P_1 - P_3$ 和 $Q_1 + Q_2 + Q_3$ 的共同本征态。

$$\begin{aligned} (Q_1 + Q_2 + Q_3) \mid \chi,\ p_2,\ p_3\rangle &= \chi \mid \chi,\ p_2,\ p_3\rangle \\ (P_1 - P_2) \mid \chi,\ p_2,\ p_3\rangle &= p_2 \mid \chi,\ p_2,\ p_3\rangle \\ (P_1 - P_3) \mid \chi,\ p_2,\ p_3\rangle &= p_3 \mid \chi,\ p_2,\ p_3\rangle \end{aligned} \tag{7.17}$$

7.2 用纠缠算符构造三模纠缠态的途径

我们也可用纠缠算符来构造三模纠缠态。考虑如式(7.18)的三模直积态积分

$$\begin{aligned}
&\int_{-\infty}^{\infty}\mathrm{d}q\mid q\rangle_1\otimes|-2q\rangle_2\otimes|\,q\rangle_3\\
&=\frac{1}{\pi^{\frac{3}{4}}}\int_{-\infty}^{\infty}\mathrm{d}q\exp\left[-3q^2+\sqrt{2}q(a_1^{\dagger}-2a_2^{\dagger}+a_3^{\dagger})-\frac{a_1^{\dagger 2}+a_2^{\dagger 2}+a_3^{\dagger 2}}{2}\right]|\,000\rangle\\
&=\frac{1}{\sqrt{3}\pi^{\frac{1}{4}}}\exp\left[\frac{-1}{6}(2a_1^{\dagger 2}-a_2^{\dagger 2}+2a_3^{\dagger 2})-\frac{1}{3}(2a_1^{\dagger}a_2^{\dagger}-a_1^{\dagger}a_3^{\dagger}+2a_2^{\dagger}a_3^{\dagger})\right]|\,00\rangle
\end{aligned}\tag{7.18}$$

就有式(7.19)～式(7.21)。

$$(Q_1-Q_3)\int_{-\infty}^{\infty}\mathrm{d}q\mid q\rangle_1\otimes|-2q\rangle_2\otimes|\,q\rangle_3=0\tag{7.19}$$

$$(Q_1+Q_2+Q_3)\int_{-\infty}^{\infty}\mathrm{d}q\mid q\rangle_1\otimes|-2q\rangle_2\otimes|\,q\rangle_3=0\tag{7.20}$$

$$\begin{aligned}
&(P_1-2P_2+P_3)\int_{-\infty}^{\infty}\mathrm{d}q\mid q\rangle_1\otimes|-2q\rangle_2\otimes|\,q\rangle_3\\
&=\int_{-\infty}^{\infty}\mathrm{d}q\mathrm{i}\frac{\mathrm{d}}{\mathrm{d}q}\mid q\rangle_1\otimes|-2q\rangle_2\otimes|\,q\rangle_3-|\,q\rangle_1\otimes 2\frac{\mathrm{d}}{\mathrm{d}(-2q)}\,|-2q\rangle_2\otimes|\,q\rangle_3+\\
&\quad|\,q\rangle_1\otimes|-2q\rangle_2\otimes\frac{\mathrm{d}}{\mathrm{d}q}\mid q\rangle_3\\
&=\frac{\mathrm{id}}{\mathrm{d}q}\int_{-\infty}^{\infty}\mathrm{d}q\mid q\rangle_1\otimes|-2q\rangle_2\otimes|\,q\rangle_3=0
\end{aligned}\tag{7.21}$$

注意

$$[(Q_1-Q_3),(P_1-2P_2+P_3)]=0\tag{7.22}$$

$$[(Q_1+Q_2+Q_3),(P_1-2P_2+P_3)]=0\tag{7.23}$$

把平移算符 $\mathrm{e}^{\mathrm{i}Q_1 p}\mathrm{e}^{-\mathrm{i}P_2(\chi_1+\chi_2)}\mathrm{e}^{\mathrm{i}\chi_1 P_3}$ 作用于式(7.18)的左边并用 $P\mid q\rangle=\mathrm{i}\frac{\mathrm{d}}{\mathrm{d}q}\mid q\rangle$，得

$$
\begin{aligned}
& \mathrm{e}^{\mathrm{i}Q_1 p}\mathrm{e}^{-\mathrm{i}P_2(\chi_1+\chi_2)}\mathrm{e}^{\mathrm{i}\chi_1 P_3}\int_{-\infty}^{\infty}\mathrm{d}q\ |\ q\rangle_1\otimes|-2q\rangle_2\otimes|\ q\rangle_3 \\
=& \int_{-\infty}^{\infty}\mathrm{d}q\mathrm{e}^{\mathrm{i}qp}\ |\ q\rangle_1\otimes\mathrm{e}^{(\chi_1+\chi_2)\frac{\mathrm{d}}{\mathrm{d}(-2q)}}\ |-2q\rangle_2\otimes\mathrm{e}^{-\chi_1\frac{\mathrm{d}}{\mathrm{d}q}}\ |\ q\rangle_3 \\
=& \int_{-\infty}^{\infty}\mathrm{d}q\mathrm{e}^{\mathrm{i}qp}\ |\ q\rangle_1\otimes|-2q+\chi_1+\chi_2\rangle_2\otimes|\ q-\chi_1\rangle_3\equiv|\ p,\chi_1,\chi_2\rangle
\end{aligned}
\tag{7.24}
$$

这是一个三模纠缠态。显然,它满足式(7.25)和(7.26)。

$$
(Q_1-Q_3)\ |\ p,\chi_1,\chi_2\rangle=\chi_1\ |\ p,\chi_1,\chi_2\rangle \tag{7.25}
$$

$$
(Q_1+Q_2+Q_3)\ |\ p,\chi_1,\chi_2\rangle=\chi_2\ |\ p,\chi_1,\chi_2\rangle \tag{7.26}
$$

从式(7.24),又可证

$$
\begin{aligned}
& (P_1-2P_2+P_3)\ |\ p,\chi_1,\chi_2\rangle \\
=& [P_1-2P_2+P_3,\ \mathrm{e}^{\mathrm{i}Q_1 p}\mathrm{e}^{-\mathrm{i}P_2(\chi_1+\chi_2)}\mathrm{e}^{\mathrm{i}\chi_1 P_3}]\int_{-\infty}^{\infty}\mathrm{d}q\ |\ q\rangle_1\otimes|-2q\rangle_2\otimes|\ q\rangle_3 \\
=& p\ |\ p,\chi_1,\chi_2\rangle
\end{aligned}
\tag{7.27}
$$

所以 $|\ p,\chi_1,\chi_2\rangle$ 是 (Q_1-Q_3),$(Q_1+Q_2+Q_3)$ 和 $(P_1-2P_2+P_3)$ 的共同本征态,是一个三模纠缠态。可见,IWOP 技术是发现并建立新完备表象的有效方法。

7.3 由高斯型完备性导出 n 体纠缠态

受7.2节启发,我们可求 (Q_1-Q_2), (Q_1-Q_3),…,(Q_1-Q_n) 和 $\sum_{i=1}^{n}P_i$ 的共同本征态。

$$
\begin{aligned}
& (Q_1-Q_2)\ |\ p,\chi_2,\chi_3,\cdots,\chi_n\rangle=\chi_2\ |\ p,\chi_2,\chi_3,\cdots,\chi_n\rangle \\
& (Q_1-Q_3)\ |\ p,\chi_2,\chi_3,\cdots,\chi_n\rangle=\chi_3\ |\ p,\chi_2,\chi_3,\cdots,\chi_n\rangle \\
& \cdots\cdots \\
& (Q_1-Q_n)\ |\ p,\chi_2,\chi_3,\cdots,\chi_n\rangle=\chi_n\ |\ p,\chi_2,\chi_3,\cdots,\chi_n\rangle \\
& \sum_{i=1}^{n}P_i\ |\ p,\chi_2,\chi_3,\cdots,\chi_n\rangle=p\ |\ p,\chi_2,\chi_3,\cdots,\chi_n\rangle
\end{aligned}
\tag{7.28}
$$

由上面求三粒子纠缠态的启发,我们写如下的正规乘积内的 n 重积分,积分遍及所有的本征值方程(不单是 $Q_1 - Q_i \to \chi_i$，还应有 $Q_j - Q_i \to \chi_j - \chi_i$，这里 $j > i$，$i = 2\cdots n$)

$$\int\cdots\int_{-\infty}^{\infty} \frac{\mathrm{d}p}{n\pi^{\frac{n}{2}}} \prod_{i=2}^{n} \mathrm{d}\chi_i : \exp\left\{-\frac{1}{n}\left[\sum_{i=2}^{n}(\chi_i - Q_1 + Q_i)^2 + \sum_{i=2,\ j>i}^{n}(\chi_j - \chi_i - Q_i + Q_j)^2 + \left(p - \sum_{i=1}^{n} P_i\right)^2\right]\right\} := 1 \tag{7.29}$$

其正确性(积分得 1 为正确)可用如下的数学公式验证，

$$\int\cdots\int_{-\infty}^{\infty} \mathrm{d}^n\chi \exp(-\tilde{\chi}\boldsymbol{B}\chi + \tilde{\chi}\upsilon) = \pi^{\frac{n}{2}}(\det \boldsymbol{B})^{-\frac{1}{2}} \exp\left(\frac{1}{4}\tilde{\upsilon}B^{-1}\upsilon\right) \tag{7.30}$$

这里 $\boldsymbol{B}$ 是个 $n \times n$ 矩阵，$\tilde{\chi} = (\chi_1\chi_2\chi_3\cdots\chi_n)$。事实上，先对 $\mathrm{d}p$ 积分的结果是

$$\text{式(7.29) 的左边} = \int\cdots\int_{-\infty}^{\infty} \frac{\prod_{i=2}^{n}\mathrm{d}\chi_i}{\sqrt{n}\,\pi^{\frac{n-1}{2}}} : \exp\left[-(\chi_2\chi_3\cdots\chi_n)B\begin{pmatrix}\chi_2\\ \chi_3\\ \vdots\\ \chi_n\end{pmatrix} + (\chi_2\chi_3\cdots\chi_n)\boldsymbol{C}\begin{pmatrix}Q_1\\ Q_2\\ \vdots\\ Q_n\end{pmatrix} - (Q_1Q_2\cdots Q_n)\boldsymbol{D}\begin{pmatrix}Q_1\\ Q_2\\ \vdots\\ Q_n\end{pmatrix}\right] : \tag{7.31}$$

其中，有

$$\boldsymbol{B} \equiv \begin{pmatrix} \frac{n-1}{n} & \frac{-1}{n} & \frac{-1}{n} & \cdots & \frac{-1}{n} \\ \frac{-1}{n} & \frac{n-1}{n} & \frac{-1}{n} & \cdots & \frac{-1}{n} \\ \frac{-1}{n} & \frac{-1}{n} & \frac{n-1}{n} & \cdots & \frac{-1}{n} \\ \vdots & \vdots & \vdots & \ddots & \vdots \\ \frac{-1}{n} & \frac{-1}{n} & \frac{-1}{n} & \cdots & \frac{n-1}{n} \end{pmatrix}_{(n-1)\times(n-1)} \tag{7.32}$$

$$\boldsymbol{C} \equiv \begin{pmatrix} \frac{2}{n} & \frac{2-2n}{n} & \frac{2}{n} & \cdots & \frac{2}{n} \\ \frac{2}{n} & \frac{2}{n} & \frac{2-2n}{n} & \cdots & \frac{2}{n} \\ \frac{2}{n} & \frac{2}{n} & \frac{2}{n} & \ddots & \frac{2}{n} \\ \vdots & \vdots & \vdots & \vdots & \vdots \\ \frac{2}{n} & \frac{2}{n} & \frac{2}{n} & \cdots & \frac{2-2n}{n} \end{pmatrix}_{(n-1)\times n} \tag{7.33}$$

$$\boldsymbol{D} \equiv \begin{pmatrix} \frac{n-1}{n} & \frac{-1}{n} & \frac{-1}{n} & \cdots & \frac{-1}{n} \\ \frac{-1}{n} & \frac{n-1}{n} & \frac{-1}{n} & \cdots & \frac{-1}{n} \\ \frac{-1}{n} & \frac{-1}{n} & \frac{n-1}{n} & \cdots & \frac{-1}{n} \\ \vdots & \vdots & \vdots & \ddots & \vdots \\ \frac{-1}{n} & \frac{-1}{n} & \frac{-1}{n} & \cdots & \frac{n-1}{n} \end{pmatrix}_{n\times n} \tag{7.34}$$

用式(7.30)和 IWOP 技术再积分式(7.31)，得到

$$\text{式(7.31)} = \colon \exp\left[\frac{1}{4}(Q_1 Q_2 \cdots Q_n)\tilde{\boldsymbol{C}}\boldsymbol{B}^{-1}C\begin{pmatrix} Q_1 \\ Q_2 \\ \vdots \\ Q_n \end{pmatrix} - (Q_1 Q_2 \cdots Q_n)\boldsymbol{D}\begin{pmatrix} Q_1 \\ Q_2 \\ \vdots \\ Q_n \end{pmatrix}\right] \colon \tag{7.35}$$

为了验证等式(7.29)，需要知道 B^{-1} 是什么？

由(7.32)式可以直接验证

$$\boldsymbol{B}^{-1}=\begin{pmatrix}2 & 1 & 1 & \cdots & 1\\ 1 & 2 & 1 & \cdots & 1\\ 1 & 1 & 2 & \cdots & 1\\ \vdots & \vdots & \vdots & \ddots & \vdots\\ 1 & 1 & 1 & \cdots & 2\end{pmatrix},\ \det\boldsymbol{B}=\frac{1}{n},$$

我们再进一步验证

$$\frac{1}{4}\widetilde{\boldsymbol{C}}\boldsymbol{B}^{-1}\boldsymbol{C}=\boldsymbol{D} \tag{7.36}$$

事实上,由式(7.33)和式(7.36)算出

$$\frac{1}{4}\widetilde{\boldsymbol{C}}\boldsymbol{B}^{-1}\boldsymbol{C}=\frac{1}{4}\begin{pmatrix}\frac{2}{n} & \frac{2}{n} & \frac{2}{n} & \cdots & \frac{2}{n}\\ \frac{2-2n}{n} & \frac{2}{n} & \frac{2}{n} & \cdots & \frac{2}{n}\\ \frac{2}{n} & \frac{2-2n}{n} & \frac{2}{n} & \ddots & \frac{2}{n}\\ \vdots & \vdots & \vdots & \vdots & \vdots\\ \frac{2}{n} & \frac{2}{n} & \frac{2}{n} & \cdots & \frac{2-2n}{n}\end{pmatrix}_{n\times(n-1)}\begin{pmatrix}2 & 1 & 1 & \cdots & 1\\ 1 & 2 & 1 & \cdots & 1\\ 1 & 1 & 2 & \cdots & 1\\ \vdots & \vdots & \vdots & \ddots & \vdots\\ 1 & 1 & 1 & \cdots & 2\end{pmatrix}_{(n-1)\times(n-1)}\times$$

$$\begin{pmatrix}\frac{2}{n} & \frac{2-2n}{n} & \frac{2}{n} & \cdots & \frac{2}{n}\\ \frac{2}{n} & \frac{2}{n} & \frac{2-2n}{n} & \cdots & \frac{2}{n}\\ \frac{2}{n} & \frac{2}{n} & \frac{2}{n} & \ddots & \frac{2}{n}\\ \vdots & \vdots & \vdots & \vdots & \vdots\\ \frac{2}{n} & \frac{2}{n} & \frac{2}{n} & \cdots & \frac{2-2n}{n}\end{pmatrix}_{(n-1)\times n}$$

$$=\begin{pmatrix}\frac{n-1}{n} & \frac{-1}{n} & \frac{-1}{n} & \cdots & \frac{-1}{n}\\ \frac{-1}{n} & \frac{n-1}{n} & \frac{-1}{n} & \cdots & \frac{-1}{n}\\ \frac{-1}{n} & \frac{-1}{n} & \frac{n-1}{n} & \cdots & \frac{-1}{n}\\ \vdots & \vdots & \vdots & \ddots & \vdots\\ \frac{-1}{n} & \frac{-1}{n} & \frac{-1}{n} & \cdots & \frac{n-1}{n}\end{pmatrix}_{n\times n}=\boldsymbol{D} \tag{7.37}$$

所以有式(7.31)=1，这就证实了式(7.29)。

接着用：$\exp(-\sum_{i=1}^{n}a_i^{\dagger}a_i):=|00\cdots0\rangle\langle00\cdots0|$，我们分解式(7.29)中的被积分算符函数为“产生算符函数×$:\exp(-\sum_{i=1}^{n}a_i^{\dagger}a_i):$×湮灭算符函数”，得到

$$
\begin{aligned}
&:\exp\left\{-\frac{1}{n}\left[\sum_{i=2}^{n}(\chi_i-Q_1+Q_i)^2+\sum_{i=2,\,j>i}^{n}(\chi_j-\chi_i-Q_i+Q_j)^2+(p-\sum_{i=1}^{n}P_i)^2\right]\right\}:\\
=&:\exp\left[\left[-\frac{1}{n}p^2-\frac{n-1}{n}\sum_{i=2}^{n}\chi_i^2+\frac{2}{n}\sum_{i<j=2}^{n}\chi_i\chi_j+\frac{\sqrt{2}\mathrm{i}p}{n}\sum_{i=1}^{n}(a_i^{\dagger}-a_i)+\right.\right.\\
&\frac{2-n}{2n}\sum_{i=1}^{n}(a_i^{\dagger2}+a_i^2)-\sum_{i=1}^{n}a_i^{\dagger}a_i+\frac{2}{n}\sum_{i<j,\,j=1}^{n}(a_i^{\dagger}a_j^{\dagger}+a_ia_j)+\\
&\left.\frac{\sqrt{2}}{n}\sum_{i=2}^{n}\chi_i(a_1^{\dagger}+a_1)+\frac{\sqrt{2}}{n}\sum_{j=2}^{n}(\sum_{i=2}^{n}\chi_i-n\chi_j)(a_j^{\dagger}+a_j)\right]:\\
=&\exp\left[M+\frac{\sqrt{2}}{n}\sum_{j=2}^{n}(\sum_{i=2}^{n}\chi_i-n\chi_j+\mathrm{i}p)a_j^{\dagger}+\frac{\sqrt{2}}{n}(\sum_{i=2}^{n}\chi_i+\mathrm{i}p)a_1^{\dagger}+N^{\dagger}\right]\times\\
&:\exp\left[-\sum_{i=1}^{n}(a_i^{\dagger}a_i)\right]:\times\\
&\exp\left[M+\frac{\sqrt{2}}{n}\sum_{j=2}^{n}(\sum_{i=2}^{n}\chi_i-n\chi_j-\mathrm{i}p)a_j+\frac{\sqrt{2}}{n}(\sum_{i=2}^{n}\chi_i-\mathrm{i}p)a_1+N\right]\\
\equiv&|p,\chi_2,\chi_3,\cdots,\chi_n\rangle\langle p,\chi_2,\chi_3,\cdots,\chi_n| \qquad (7.38)
\end{aligned}
$$

其中

$$
\begin{aligned}
&-\frac{1}{2n}p^2-\frac{n-1}{2n}\sum_{i=2}^{n}\chi_i^2+\frac{1}{n}\sum_{i<j=2}^{n}\chi_i\chi_j\equiv M,\\
&\frac{2}{n}\sum_{i<j,\,j=1}^{n}a_ia_j+\frac{2-n}{2n}\sum_{i=1}^{n}a_i^2\equiv N \qquad (7.39)
\end{aligned}
$$

而

$$
\begin{aligned}
|p,\chi_2,\chi_3,\cdots,\chi_n\rangle=&\frac{1}{\sqrt{n}\pi^{\frac{n}{4}}}\exp\left[M+\frac{\sqrt{2}}{n}\sum_{j=2}^{n}(\sum_{i=2}^{n}\chi_i-n\chi_j+\mathrm{i}p)a_j^{\dagger}\right.\\
&\left.+\frac{\sqrt{2}}{n}(\sum_{i=2}^{n}\chi_i+\mathrm{i}p)a_1^{\dagger}+\frac{2}{n}\sum_{i<j,\,j=1}^{n}a_i^{\dagger}a_j^{\dagger}+\frac{2-n}{2n}\sum_{i=1}^{n}a_i^{\dagger2}\right]|00\cdots0\rangle
\end{aligned}
\qquad (7.40)
$$

凭借此方法，我们导出了 n 体纠缠态及其完备性。

$$\int\cdots\int_{-\infty}^{\infty}\mathrm{d}p\prod_{i=2}^{n}\mathrm{d}\chi_i\,|\,p,\chi_2,\chi_3,\cdots,\chi_n\rangle\langle p,\chi_2,\chi_3,\cdots,\chi_n\,|=1 \quad (7.41)$$

7.4 态 $|\,p,\chi_2,\chi_3,\cdots,\chi_n\rangle$ 的正则共轭态

观察到算符 (P_1-P_2)，(P_1-P_3)，…，(P_1-P_n) 与 $\sum_{i=1}^{n}Q_i$ 相互之间可以交换，它们有共同的本征态，构造如下本征方程

$$\begin{aligned}
&(P_1-P_2)\,|\,\chi,p_2,p_3,\cdots,p_n\rangle=p_2\,|\,\chi,p_2,p_3,\cdots,p_n\rangle\\
&(P_1-P_3)\,|\,p,\chi_2,\chi_3,\cdots,\chi_n\rangle=p_3\,|\,p,\chi_2,\chi_3,\cdots,\chi_n\rangle\\
&\cdots\cdots\\
&(P_1-P_n)\,|\,\chi,p_2,p_3,\cdots,p_n\rangle=p_n\,|\,\chi,p_2,p_3,\cdots,p_n\rangle\\
&\sum_{i=1}^{n}Q_i\,|\,\chi,p_2,p_3,\cdots,p_n\rangle=\chi\,|\,\chi,p_2,p_3,\cdots,p_n\rangle
\end{aligned} \quad (7.42)$$

类似于式(7.29)，可见有完备性。

$$\int\cdots\int_{-\infty}^{\infty}\frac{\mathrm{d}\chi}{n\pi^{\frac{n}{2}}}\prod_{i=2}^{n}\mathrm{d}p_i:\exp\left\{-\frac{1}{n}\left[\sum_{i=2}^{n}(p_i-P_1+P_i)^2+\sum_{j>i,\,i=2}^{n}(p_j-p_i-P_i+P_j)^2+(\chi-\sum_{i=1}^{n}Q_i)^2\right]\right\}:=1 \quad (7.43)$$

由此可分解出 n 体纠缠态如式(7.43)，它共轭于态 $|\,p,\chi_2,\chi_3,\cdots,\chi_n\rangle$。

$$\begin{aligned}
&|\,\chi,p_2,p_3,\cdots,p_n\rangle\\
=&\frac{1}{\sqrt{n}\,\pi^{\frac{n}{4}}}\exp\left[-\frac{1}{2n}\chi^2-\frac{n-1}{2n}\sum_{i=2}^{n}p_i^2+\frac{1}{n}\sum_{i<j,\,j=1}^{n}p_ip_j+\right.\\
&\frac{\sqrt{2}}{n}\sum_{j=2}^{n}(\sum_{i=2}^{n}\mathrm{i}p_i-\mathrm{i}np_j+\chi)a_j^{\dagger}+\frac{\sqrt{2}}{n}(\sum_{i=2}^{n}\mathrm{i}p_i+\chi)a_1^{\dagger}-\\
&\left.\frac{2}{n}\sum_{i<j,\,j=1}^{n}a_i^{\dagger}a_j^{\dagger}-\frac{2-n}{2n}\sum_{i=1}^{n}a_i^{\dagger 2}\right]|\,00\cdots0\rangle
\end{aligned} \quad (7.44)$$

7.5 由 $\exp[ir(Q_1P_2+Q_2P_3+Q_3P_1)]$ 生成的三体纠缠态及标准压缩

令

$$U=\exp[ir(Q_1P_2+Q_2P_3+Q_3P_1)] \tag{7.45}$$

U 是一个标准压缩算符吗？如果是，它相应的压缩真空态 $U|000\rangle$ 是什么，也是一个纠缠态吗？鉴于三个项 Q_1P_3，Q_3P_2，Q_2P_1 并不形成一个封闭的李代数，所以我们很难用李代数去分析 U。为了求解，我们必须求出 U 的正规乘积形式，才能分析是否生成压缩效应。犹如双模情形，我们将指出算符 U 恰恰能给出三模场正交分量的标准的方差值，并且可以设计一个光网络来实现三模压缩真空态。

7.5.1 U 的正规乘积展开

鉴于 Q_1P_2，Q_2P_3 与 Q_3P_1 两两不对易，也不形成一个封闭的李代数，故而分解 U 是困难的。于是，求助于 IWOP 技术，重写 U 为

$$U=\exp\left[ir(Q_1,\ Q_2,\ Q_3)A\begin{pmatrix}P_1\\P_2\\P_3\end{pmatrix}\right]=\exp[irQ_iA_{ij}P_j],$$

$$A=\begin{pmatrix}0&1&0\\0&0&1\\1&0&0\end{pmatrix},\quad (i,\ j)=1,\ 2,\ 3 \tag{7.46}$$

这里采用爱因斯坦的习惯，即重复指标表示求和。用贝克-豪斯多夫公式，可得

$$\begin{aligned}U^{-1}Q_kU&=Q_k-rQ_iA_{ik}+\frac{1}{2!}\mathrm{i}r^2[Q_iA_{ij}P_j,\ Q_lA_{lk}]+\cdots\\&=Q_i(\mathrm{e}^{-rA})_{ik}=(\mathrm{e}^{-r\widetilde{A}})_{ki}Q_i\\U^{-1}P_kU&=P_k+rA_{kj}P_j+\frac{1}{2!}\mathrm{i}r^2[A_{kj}P_j,\ Q_lA_{lm}P_m]+\cdots\\&=(\mathrm{e}^{rA})_{ki}P_i\end{aligned} \tag{7.47}$$

这意味着 U 作用于三模坐标本征态 $|\vec{q}\rangle$ 的结果是

$$U|\vec{q}\rangle=|\Lambda|^{1/2}|\Lambda\vec{q}\rangle,\ \Lambda=\mathrm{e}^{-r\tilde{A}},\ |\Lambda|\equiv\det\Lambda \tag{7.48}$$

于是 U 在坐标表象中表示为

$$U=\int\mathrm{d}^3qU|\vec{q}\rangle\langle\vec{q}|=|\Lambda|^{1/2}\int\mathrm{d}^3q|\Lambda\vec{q}\rangle\langle\vec{q}|,\ U^{\dagger}=U^{-1} \tag{7.49}$$

事实上，

$$U^{-1}Q_kU=|\Lambda|\int\mathrm{d}^3q|\vec{q}\rangle\langle\Lambda\vec{q}|Q_k\int\mathrm{d}^3q'|\Lambda\vec{q}'\rangle\langle\vec{q}'|=(\Lambda Q)_k \tag{7.50}$$

式(7.50)与(7.48)自洽。于是，

$$U=\exp(\mathrm{i}rQ_iA_{ij}P_j)=\sqrt{\det\mathrm{e}^{-r\tilde{A}}}\int\mathrm{d}^3q|\mathrm{e}^{-r\tilde{A}}\vec{q}\rangle\langle\vec{q}| \tag{7.51}$$

用

$$|\vec{q}\rangle=\pi^{-3/4}:\exp\left(-\frac{1}{2}\tilde{\vec{q}}\vec{q}+\sqrt{2}\tilde{\vec{q}}a^{\dagger}-\frac{1}{2}\tilde{a}^{\dagger}a^{\dagger}\right)|0\rangle \tag{7.52}$$

这里 $\tilde{a}^{\dagger}=(a_1^{\dagger},a_2^{\dagger},a_3^{\dagger})$，$\tilde{\vec{q}}=(q_1,q_2,q_3)$，

$$|0\rangle\langle 0|=:\exp(-\tilde{a}^{\dagger}a): \tag{7.53}$$

式(7.51)变为

$$U=\pi^{-\frac{3}{2}}|\Lambda|^{\frac{1}{2}}\int_{-\infty}^{\infty}\mathrm{d}^3q:\exp\begin{bmatrix}-\frac{1}{2}\tilde{\vec{q}}(1+\tilde{\Lambda}\Lambda)\vec{q}+\sqrt{2}\tilde{\vec{q}}(\tilde{\Lambda}a^{\dagger}+a)\\-\frac{1}{2}(\tilde{a}a+\tilde{a}^{\dagger}a^{\dagger})-\tilde{a}^{\dagger}a\end{bmatrix}: \tag{7.54}$$

利用数学公式

$$\int_{-\infty}^{\infty}\mathrm{d}^nx\exp(-\tilde{x}Fx+\tilde{x}v)=\pi^{\frac{n}{2}}(\det F)^{\frac{1}{2}}\exp\left(\frac{1}{4}\tilde{v}F^{-1}v\right) \tag{7.55}$$

以及 IWOP 技术导出 U 的正规乘积形式

$$U=\left[\det\Lambda/\det\left(\frac{1+\tilde{\Lambda}\Lambda}{2}\right)\right]^{1/2}:\exp[(\tilde{\Lambda}a^{\dagger}+a)(1+\tilde{\Lambda}\Lambda)^{-1}(\tilde{\Lambda}a^{\dagger}+a)-\frac{1}{2}(\tilde{a}^{\dagger}a^{\dagger}+\tilde{a}a)-\tilde{a}^{\dagger}a]: \tag{7.56}$$

令 $N=\frac{1}{2}(\tilde{\Lambda}\Lambda+I)$，$U$ 可简写为

$$U=|\Lambda|^{1/2}|N|^{-1/2}\exp\left[\frac{1}{2}\widetilde{a^{\dagger}}(\Lambda N^{-1}\tilde{\Lambda}-I)a^{\dagger}\right]:\exp[\widetilde{a^{\dagger}}(\Lambda N^{-1}-I)a]:\exp\left[\frac{1}{2}\tilde{a}(N^{-1}-I)a\right] \tag{7.57}$$

7.5.2 新三模压缩真空态

注意到 $A^3=\boldsymbol{I}$，$\boldsymbol{I}$ 是 3×3 单位矩阵，用凯莱-哈密顿(Cayley-Hamilton)定理，可给出 $\exp(-rA)$ 的展开式

$$\tilde{\Lambda}=\exp(-rA)=a(r)I+b(r)A+c(r)A^2 \tag{7.58}$$

其中 $a(r)$ 是

$$a(r)=\sum_{n=0}^{\infty}\frac{(-r)^{3n}}{(3n)!},\ b(r)=\sum_{n=0}^{\infty}\frac{(-r)^{3n+1}}{(3n+1)!},\ c(r)=\sum_{n=0}^{\infty}\frac{(-r)^{3n+2}}{(3n+2)!} \tag{7.59}$$

为了定出 $a(r)$，$b(r)$ 和 $c(r)$，分别取 A 为 1，$e^{i\frac{2}{3}\pi}$ 和 $e^{i\frac{4}{3}\pi}$，故而 $\exp(-rA)$ 分别为

$$\begin{aligned}
&\exp(-r)=a(r)+b(r)+c(r)\\
&\exp(-re^{i\frac{2}{3}\pi})=a(r)+b(r)e^{i\frac{2}{3}\pi}+c(r)e^{i\frac{4}{3}\pi}\\
&\exp(-re^{i\frac{4}{3}\pi})=a(r)+b(r)e^{i\frac{4}{3}\pi}+c(r)e^{i\frac{2}{3}\pi}
\end{aligned} \tag{7.60}$$

由此解出

$$\begin{aligned}
a(r)&=\frac{1}{3}(e^{-r}+e^{-re^{i\frac{2}{3}\pi}}+e^{-re^{i\frac{4}{3}\pi}})=\frac{1}{3}\left[e^{-r}+2e^{r/2}\cos\left(\frac{\sqrt{3}}{2}r\right)\right]\\
b(r)&=\frac{1}{3}(e^{-r}+e^{i\frac{4}{3}\pi}e^{-re^{i\frac{2}{3}\pi}}+e^{i\frac{2}{3}\pi}e^{-re^{i\frac{4}{3}\pi}})=\frac{1}{3}\left[e^{-r}+2e^{r/2}\cos\left(\frac{\sqrt{3}}{2}r+\frac{2}{3}\pi\right)\right]\\
c(r)&=\frac{1}{3}(e^{-r}+e^{i\frac{2}{3}\pi}e^{-re^{i\frac{2}{3}\pi}}+e^{i\frac{4}{3}\pi}e^{-re^{i\frac{4}{3}\pi}})=\frac{1}{3}\left[e^{-r}+2e^{r/2}\cos\left(\frac{\sqrt{3}}{2}r+\frac{4}{3}\pi\right)\right]
\end{aligned} \tag{7.61}$$

故而

$$N=\frac{1}{2}(\tilde{\Lambda}\Lambda+I)=\frac{1}{6}\begin{pmatrix} f & g & g \\ g & f & g \\ g & g & f \end{pmatrix},\ f=3+\mathrm{e}^{-2r}+2\mathrm{e}^{r},\ g=\mathrm{e}^{-2r}-\mathrm{e}^{r} \tag{7.62}$$

将式(7.61)和式(7.62)代入式(7.57),可有

$$\begin{aligned} U=&C\exp\left\{\frac{1}{6(1+\mathrm{e}^{r})(1+\mathrm{e}^{2r})}\left[(\mathrm{e}^{r}-1)^{3}\sum_{i=1}^{3}a_{i}^{\dagger 2}+4(1-\mathrm{e}^{3r})\sum_{i<j}^{3}a_{i}^{\dagger}a_{j}^{\dagger}\right]\right\}\times \\ &:\exp\frac{1}{3(1+\mathrm{e}^{r})(1+\mathrm{e}^{2r})}\left\{-\left[3+\mathrm{e}^{r}+\mathrm{e}^{2r}+3\mathrm{e}^{3r}-\right.\right. \\ &\left.\left.4\mathrm{e}^{\frac{r}{2}}(1+\mathrm{e}^{2r})\cos\left(\frac{\sqrt{3}r}{2}\right)\right]\sum_{i=1}^{3}a_{i}^{\dagger}a_{i}\right\}+ \\ &2\mathrm{e}^{\frac{r}{2}}\left[\mathrm{e}^{\frac{r}{2}}(1+\mathrm{e}^{r})+2(1+\mathrm{e}^{2r})\cos\left(\frac{\sqrt{3}r}{2}+\frac{4}{3}\pi\right)\right](a_{1}^{\dagger}a_{2}+a_{2}^{\dagger}a_{3}+a_{3}^{\dagger}a_{1})+ \\ &2\mathrm{e}^{\frac{r}{2}}\left[\mathrm{e}^{\frac{r}{2}}(1+\mathrm{e}^{r})+2(1+\mathrm{e}^{2r})\cos\left(\frac{\sqrt{3}r}{2}+\frac{2}{3}\pi\right)\right](a_{1}^{\dagger}a_{3}+a_{3}^{\dagger}a_{2}+a_{2}^{\dagger}a_{1}):\times \\ &\exp\left\{\frac{-1}{6(1+\mathrm{e}^{r})(1+\mathrm{e}^{2r})}\left[(\mathrm{e}^{r}-1)^{3}\sum_{i=1}^{3}a_{i}^{2}+4(1-\mathrm{e}^{3r})\sum_{i<j}^{3}a_{i}a_{j}\right]\right\} \end{aligned} \tag{7.63}$$

这里

$$C=|\Lambda|^{1/2}|N|^{-1/2}=\frac{2}{(1+\mathrm{e}^{r})\sqrt{\mathrm{e}^{-r}\cosh r}} \tag{7.64}$$

将此 U 作用于三模真空态给出压缩态

$$\begin{aligned} U|000\rangle=&C\exp\left\{\frac{1}{6(1+\mathrm{e}^{r})(1+\mathrm{e}^{2r})}\left[(\mathrm{e}^{r}-1)^{3}\sum_{i=1}^{3}a_{i}^{\dagger 2}+\right.\right. \\ &\left.\left.4(1-\mathrm{e}^{3r})\sum_{i<j}^{3}a_{i}^{\dagger}a_{j}^{\dagger}\right]\right\}|000\rangle \end{aligned} \tag{7.65}$$

特别地,当 $\mathrm{e}^{r}\rightarrow 0$,

$$U|000\rangle|_{r\rightarrow-\infty}\sim\exp\left\{\frac{1}{6}\left(-\sum_{i=1}^{3}a_{i}^{\dagger 2}+4\sum_{i<j}^{3}a_{i}^{\dagger}a_{j}^{\dagger}\right)\right\}|000\rangle\equiv|\rangle_{s} \tag{7.66}$$

为了验证C的正确性,我们让$\lambda_1=\frac{(1-e^r)^3}{(1+e^r)(1+e^{2r})}$,$\lambda_2=\frac{(1-e^{3r})}{(1+e^r)(1+e^{2r})}$以及,

$$M=-\frac{1}{6}\begin{pmatrix}\lambda_1 & -2\lambda_2 & -2\lambda_2\\ -2\lambda_2 & \lambda_1 & -2\lambda_2\\ -2\lambda_2 & -2\lambda_2 & \lambda_1\end{pmatrix} \tag{7.67}$$

于是归一化系数C,可以换一种方式得到,即

$$1=\langle 000\mid U^\dagger U\mid 000\rangle=|C|^2\langle 000\mid \exp(aM\tilde{a})\exp(a^\dagger M\widetilde{a^\dagger})\mid 000\rangle \tag{7.68}$$

用以下算符恒等式,它也是用IWOP技术导出

$$\exp(a\sigma\tilde{a})\exp(a^\dagger\tau\widetilde{a^\dagger})=\left[\det\begin{pmatrix}I & -2\tau\\ -2\sigma & I\end{pmatrix}\right]^{-\frac{1}{2}}:\left[\exp\frac{1}{2}(a^\dagger\quad a)\times\begin{pmatrix}I & -2\tau\\ -2\sigma & I\end{pmatrix}^{-1}\begin{pmatrix}a\\ a^\dagger\end{pmatrix}-a^\dagger a\right]: \tag{7.69}$$

这样,得到

$$\begin{aligned}\langle 000\mid U^\dagger U\mid 000\rangle&=|C|^2\left[\det\begin{pmatrix}I & -2M\\ -2M & I\end{pmatrix}\right]^{-\frac{1}{2}}\\&=|C|^2\left[\frac{64e^{4r}}{(1+e^r)^4(1+e^{2r})^2}\right]^{-\frac{1}{2}}=1\end{aligned} \tag{7.70}$$

这与式(7.68)一致。三模正交场算符定义为

$$X_1=\frac{Q_1+Q_2+Q_3}{\sqrt{6}},\ X_2=\frac{P_1+P_2+P_3}{\sqrt{6}},\ [X_1,X_2]=\frac{i}{2} \tag{7.71}$$

处于态$|\rangle_s$的期望值是$\langle X_1\rangle=\langle X_2\rangle=0$,用式(7.65)和(7.71),可见相应的方差如式(7.72)和式(7.73)所示。

$$\begin{aligned}(\Delta X_1)^2&={}_s\langle\mid X_1^2\mid\rangle_s=\frac{1}{6}\langle 000\mid U^\dagger X_1^2U\mid 000\rangle\\&=\frac{1}{12}\sum_{ji}(\Lambda\tilde{\Lambda})_{ij}=\frac{1}{4}e^{-2r}\end{aligned} \tag{7.72}$$

$$(\Delta X_2)^2 = {}_s\langle | X_2^2 | \rangle_s = \frac{1}{12}\sum_{ji}(\Lambda\widetilde{\Lambda})_{ij}^{-1} = \frac{1}{4}e^{2r} \tag{7.73}$$

这与双模压缩态的标准方差结果类似。所以，U 是标准的三模压缩算符。

7.5.3 生成三模压缩态的光学网路

量子光学的常识告诉我们，使用光学网络器件（光分速器，镜子，光纤和相移器件）可以将一组输入态变换为输出态，理论上说，这是幺正变换。线性网络器件可以用被动光学元件来实现，而在别的情形可以用主动光学元件，如光放大器或参量混合器来实现。我们回忆当一个双模态（一模是零动量本征态 $|p=0\rangle_1$，另一模是零坐标本征态 $|x=0\rangle_2$）输入对称的 50∶50 光分速器时，输出态便是双模纠缠态。于是，我们设计一个光学网络使得三模光束（一模是零坐标本征态 $|x=0\rangle_1$，另外两模是零动量本征态 $|p=0\rangle_2\otimes|p=0\rangle_3$）输入到此网络的三个端口，会改编成三模纠缠态。换言之，我们希望该光学网络起的作用是：将三个单模压缩态（其中两个模在 P 方向是极大压缩，而另一个在 X 方向极大压缩）入射到网络后，出射态是由式(7.66)表示的三模纠缠态 $|\rangle_s$。在福克空间中，$|x=0\rangle_i$ 与 $|p=0\rangle_i$ 表达为

$$|x=0\rangle_i \sim \exp\left(-\frac{1}{2}a_i^{\dagger 2}\right)|0\rangle_i,\ |p=0\rangle_i \sim \pi^{-1/4}\exp\left(\frac{1}{2}a_i^{\dagger 2}\right)|0\rangle_i \tag{7.74}$$

用一个幺正算符 $\boldsymbol{R}$ 表示这个光学网络的功能，如(7.67)所示，它满足如下的要求：

$$\begin{aligned} &R|x=0\rangle_1\otimes|p=0\rangle_2\otimes|p=0\rangle_3 \\ &\rightarrow|\rangle_s = \exp\left\{\frac{1}{6}\left[-\sum_{i=1}^{3}a_i^{\dagger 2} + 4\sum_{i<j}^{3}a_i^\dagger a_j^\dagger\right]\right\}|000\rangle \end{aligned} \tag{7.75}$$

结合式(7.65)，并让

$$E = \begin{pmatrix} 1 & 0 & 0 \\ 0 & -1 & 0 \\ 0 & 0 & -1 \end{pmatrix} \tag{7.76}$$

我们看出 R 应该生成变换

$$\boldsymbol{R}(a_1^{\dagger 2}-a_2^{\dagger 2}-a_3^{\dagger 2})\boldsymbol{R}^{-1}=\boldsymbol{R}\,\widetilde{a^{\dagger}}\boldsymbol{E}a^{\dagger}\boldsymbol{R}^{-1}$$
$$=\frac{1}{3}\left(-\sum_{i=1}^{3}a_i^{\dagger 2}+4\sum_{i<j}^{3}a_i^{\dagger}a_j^{\dagger}\right)$$
$$=\widetilde{a^{\dagger}}\boldsymbol{B}a^{\dagger} \tag{7.77}$$

其中 $\widetilde{a^{\dagger}}=(a_1^{\dagger},\ a_2^{\dagger},\ a_3^{\dagger})$，且

$$\boldsymbol{B}=\frac{1}{3}\begin{pmatrix}-1 & 2 & 2\\ 2 & -1 & 2\\ 2 & 2 & -1\end{pmatrix} \tag{7.78}$$

设

$$\boldsymbol{R}\,\widetilde{a^{\dagger}}\boldsymbol{R}^{-1}=\widetilde{a^{\dagger}}\,\widetilde{\boldsymbol{G}},\ \boldsymbol{R}a_i\boldsymbol{R}^{-1}=\boldsymbol{G}_{ij}a_j=a_i' \tag{7.79}$$

则由式(7.79)，可见 G 必须满足矩阵方程

$$\widetilde{\boldsymbol{G}}\boldsymbol{E}\boldsymbol{G}=\boldsymbol{B} \tag{7.80}$$

其解是

$$G=\begin{pmatrix}1/\sqrt{3} & 1/\sqrt{3} & 1/\sqrt{3}\\ 0 & 1/\sqrt{2} & -1/\sqrt{2}\\ -\sqrt{2/3} & 1/\sqrt{6} & 1/\sqrt{6}\end{pmatrix} \tag{7.81}$$

接着我们要问，实现此网络(由被动元件组成)幺正变换的光模式之间相互作用的哈密顿量是什么？我们要提出一个系统的方案以实现预先计划好的量子态的幺正变换，即用 IWOP 方法将在相干态基中的经典变换映射到福克空间的量子力学算符。即将 a_i (它的本征态是相干态 $|z_i\rangle$) $\rightarrow a_i'\equiv Ra_iR^{-1}=G_{ij}a_j$ (其本征态是 $|G_{ij}z_j\rangle$)，构建 ket-bra 积分型算符

$$R=\int\prod_{i=1}^{3}\frac{\mathrm{d}^2 z_i}{\pi}\,|G_{ij}z_j\rangle\langle z_i| \tag{7.82}$$

用 IWOP 方法积分之，得到

$$R=\int\prod_{i=1}^{3}\frac{\mathrm{d}^2 z_i}{\pi}:\exp\left\{\sum_i\left(-|z_i|^2+\sum_j a_i^{\dagger}G_{ij}z_j\right)+z_i^{*}a_i-a_i^{\dagger}a_i\right\}:$$
$$=:\exp[\widetilde{a^{\dagger}}(G-I)a^{\dagger}]: \tag{7.83}$$

再用恒等式

$$e^{\tilde{a}^{\dagger}\Lambda a^{\dagger}} = :e^{\tilde{a}^{\dagger}(e^{\Lambda}-I)a^{\dagger}}: \tag{7.84}$$

给出

$$R = \exp[\tilde{a}^{\dagger}(\ln G)a^{\dagger}] \tag{7.85}$$

令 $\ln G = \mathrm{i}tK$，$K^{\dagger} = K$，则时间演化算符是 $R(t) = \exp(\mathrm{i}t\,\tilde{a}^{\dagger}RKa^{\dagger})$，相应的哈密顿量是

$$H = -\tilde{a}^{\dagger}Ka^{\dagger} \tag{7.86}$$

实验上，我们设计一个多端口光学网络能把输入模 a_i 转化为 a'_i。鉴于 $\boldsymbol{G}$ 是一个正交矩阵，其一般形式是

$$\boldsymbol{G}(\alpha,\beta,\gamma) = \begin{pmatrix} \cos\alpha\cos\beta\cos\gamma - \sin\alpha\sin\gamma & -\cos\alpha\cos\beta\sin\gamma - \sin\alpha\cos\gamma & \cos\alpha\sin\beta \\ \sin\alpha\cos\beta\cos\gamma + \cos\alpha\sin\gamma & -\sin\alpha\cos\beta\sin\gamma + \cos\alpha\cos\gamma & \sin\alpha\sin\beta \\ -\sin\beta\cos\gamma & \sin\beta\sin\gamma & \cos\beta \end{pmatrix} \tag{7.87}$$

比较式(7.81)和式(7.87)，确认

$$\cos\alpha = \sqrt{\frac{2}{5}},\ \sin\alpha = -\sqrt{\frac{3}{5}},\ \cos\beta = \sqrt{\frac{1}{6}},\ \sin\beta = \sqrt{\frac{5}{6}}$$

$$\cos\gamma = \frac{2}{\sqrt{5},\ \sin\gamma} = \frac{1}{\sqrt{5}} \tag{7.88}$$

从一般形式 $\boldsymbol{G}(\alpha,\beta,\gamma)$，我们计算其对数矩阵

$$\ln G(\alpha,\beta,\gamma) = \frac{\phi}{\sin\frac{\phi}{2}} \begin{pmatrix} 0 & \pm\cos\frac{\beta}{2}\sin\frac{\alpha+\gamma}{2} & \pm\sin\frac{\beta}{2}\cos\frac{\alpha-\gamma}{2} \\ \mp\cos\frac{\beta}{2}\sin\frac{\alpha+\gamma}{2} & 0 & \pm\sin\frac{\beta}{2}\sin\frac{\alpha-\gamma}{2} \\ \mp\sin\frac{\beta}{2}\cos\frac{\alpha-\gamma}{2} & \mp\sin\frac{\beta}{2}\sin\frac{\alpha-\gamma}{2} & 0 \end{pmatrix} \tag{7.89}$$

其中

$$\cos\frac{\phi}{2} = \cos\frac{\beta}{2}\left|\cos\frac{\alpha+\gamma}{2}\right|,\ \sin\frac{\phi}{2} = \left[1 - \cos^2\frac{\beta}{2}\cos^2\frac{\alpha+\gamma}{2}\right]^{1/2} \tag{7.90}$$

其干号取决于 $\cos\dfrac{\alpha+\gamma}{2}$ 大于还是小于 0。于是

$$\sin\frac{\alpha}{2}=\sqrt{\frac{1-\sqrt{\frac{2}{5}}}{2}},\ \cos\frac{\alpha}{2}=-\sqrt{\frac{1+\sqrt{\frac{2}{5}}}{2}},\ \sin\frac{\beta}{2}=\sqrt{\frac{1-\frac{1}{\sqrt{6}}}{2}},$$
$$\cos\frac{\beta}{2}=\sqrt{\frac{1+\frac{1}{\sqrt{6}}}{2}},\ \sin\frac{\gamma}{2}=\sqrt{\frac{1-\frac{2}{\sqrt{5}}}{2}},\ \cos\frac{\gamma}{2}=\sqrt{\frac{1+\frac{2}{\sqrt{5}}}{2}} \tag{7.91}$$

容易知道 $(\ln G)^{\dagger}=-\ln G$，是一个反对称矩阵。

当压缩量 r 是时间有关量，$r\to r(t)$，$U\to U(t)$，我们要求出能将时间演化三模标准压缩变换 $|\vec{q}\rangle|_{t=0}\to|\Lambda(t)|^{1/2}|\Lambda(t)\vec{q}\rangle|_t$ 的相互作用哈密顿量。为此我们将 $U(t)$ 对时间 t 作微商，

$$\frac{\mathrm{d}U(t)}{\mathrm{d}t}=\mathrm{i}Q_iA_{ij}P_jU(t)\frac{\mathrm{d}r}{\mathrm{d}t} \tag{7.92}$$

将它放入相互作用表象中运动方程的标准形式

$$\mathrm{i}\frac{\partial U(t)}{\partial t}=H_{IP}(t)U(t) \tag{7.93}$$

我们得到时间演化哈密顿量

$$\begin{aligned}H_{IP}(t)=-Q_iA_{ij}P_j\frac{\mathrm{d}r}{\mathrm{d}t}=\frac{\mathrm{i}}{2}\frac{\mathrm{d}r}{\mathrm{d}t}[&(a_1a_2-a_1^{\dagger}a_2^{\dagger})+\\&(a_3a_2-a_3^{\dagger}a_2^{\dagger})+(a_3a_1-a_3^{\dagger}a_1^{\dagger})+\\&(a_1^{\dagger}a_2-a_1a_2^{\dagger})+(a_2^{\dagger}a_3-a_2a_3^{\dagger})+(a_3^{\dagger}a_1-a_3a_1^{\dagger})]\end{aligned} \tag{7.94}$$

于是在薛定谔表象中系统受控(压缩)的哈密顿量是

$$\begin{aligned}H=\sum_{i=1}^{3}\omega_ia_i^{\dagger}a_i+\frac{\mathrm{i}}{2}\frac{\mathrm{d}r}{\mathrm{d}t}[&(a_1a_2\mathrm{e}^{\mathrm{i}(\omega_1+\omega_2)t}-H.C.)+(a_3a_2\mathrm{e}^{\mathrm{i}(\omega_3+\omega_2)t}-H.C.)+\\&(a_3a_1\mathrm{e}^{\mathrm{i}(\omega_3+\omega_1)t}-H.C.)]+\frac{\mathrm{i}}{2}\frac{\mathrm{d}r}{\mathrm{d}t}[(a_1^{\dagger}a_2\mathrm{e}^{\mathrm{i}(\omega_2-\omega_1)t}-H.C.)+\\&(a_2^{\dagger}a_3\mathrm{e}^{\mathrm{i}(\omega_3-\omega_2)t}-H.C.)+(a_3^{\dagger}a_1\mathrm{e}^{\mathrm{i}(\omega_1-\omega_3)t}-H.C.)]\end{aligned} \tag{7.95}$$

这里 $H.C.$ 指厄米共轭，ω_i 是未耦合模式的频率，$\frac{\mathrm{d}r}{2\mathrm{d}t}$ 给出耦合常数。此哈密顿量描述与经典泵相互作用的双光子参量过程，同时又伴随不同光模的相互作用 $i \neq j$。此动力学机制可以包含精细化的两阶磁化系数 $\chi^{(2)}$ 材料的组合参量放大器以及非对称的定向耦合器（由光波导组成）。

小结：$U=\exp[-\mathrm{i}r(Q_1P_2+Q_2P_3+Q_3P_1)]$ 是一个标准的三模压缩算符，因为它造就的压缩态（也是一个纠缠态）可给出三模场正交分量的标准压缩量。

7.6 另一类连续变量三模纠缠态

作为两体纠缠态 $|\eta\rangle$ 的推广，我们引入另一类三模福克空间的纠缠态，

$$|\eta,\sigma\rangle_\theta=\exp\left[-\frac{1}{2}(|\eta|^2+|\sigma|^2)+a_3^\dagger(a_1^\dagger-\eta^*)\cos\theta+a_3^\dagger(a_2^\dagger-\sigma^*)\sin\theta+\eta a_1^\dagger+\sigma a_2^\dagger\right]|000\rangle \tag{7.96}$$

这里 η 与 σ 是两个复数，$0<\theta\leqslant 2\pi$。$|\eta,\sigma\rangle_\theta$ 遵守三个本征方程

$$\begin{aligned}(X_3-X_1\cos\theta-X_2\sin\theta)|\eta,\sigma\rangle_\theta&=-\sqrt{2}(\eta_1\cos\theta+\sigma_1\sin\theta)|\eta,\sigma\rangle_\theta\\(P_3+P_1\cos\theta+P_2\sin\theta)|\eta,\sigma\rangle_\theta&=\sqrt{2}(\eta_2\cos\theta+\sigma_2\sin\theta)|\eta,\sigma\rangle_\theta\\(a_2\cos\theta-a_1\sin\theta)|\eta,\sigma\rangle_\theta&=(\sigma\cos\theta-\eta\sin\theta)|\eta,\sigma\rangle_\theta\end{aligned} \tag{7.97}$$

这里 $X_3=\frac{1}{\sqrt{2}}(a_3+a_3^\dagger)$，$P_3=\frac{1}{\sqrt{2}\mathrm{i}}(a_3-a_3^\dagger)$。$|\eta,\sigma\rangle_\theta$ 是值得被研究的，因为用 IWOP 技术容易得到其完备性[式(7.98)]和其部分正交性[式(7.99)]。

$$\int\frac{\mathrm{d}^2\eta\mathrm{d}^2\sigma}{\pi^2}|\eta,\sigma\rangle_{\theta\theta}\langle\eta,\sigma|=:\exp[a_3^\dagger a_3(\cos^2\theta+\sin^2\theta-1)]:=1 \tag{7.98}$$

$$\begin{aligned}&{}_\theta\langle\eta',\sigma'|\eta,\sigma\rangle_\theta\\&=\pi\exp\left[\frac{1}{2}\eta'^*(\eta-\eta')+\frac{1}{2}\eta(\eta'^*-\eta^*)+\frac{1}{2}\sigma'^*(\sigma-\sigma')+\frac{1}{2}\sigma(\sigma'^*-\sigma^*)\right]\times\\&\delta[(\eta-\eta')\cos\theta+(\sigma-\sigma')\sin\theta]\times\\&\delta[(\eta^*-\eta'^*)\cos\theta+(\sigma^*-\sigma'^*)\sin\theta]\end{aligned} \tag{7.99}$$

实验上如何实现纠缠态 $|\eta,\sigma\rangle_\theta$ 呢？我们已经知道，一个理想的光分束器能将 P 方向正交分量的极大压缩真空态（$a_3^\dagger$ 模）和 X 方向正交分量的极大压缩真空态（$b^\dagger$ 模）纠缠起来产生一个双模纠缠态 $|\rangle=\exp(a_3^\dagger b^\dagger)|00\rangle$。在此基础上，做一个数学变换 $b^\dagger=a_1^\dagger\cos\theta+a_2^\dagger\sin\theta$，就得到三模纠缠态

$$|\rangle=\exp(a_3^\dagger b^\dagger)|00\rangle\rightarrow\exp[a_3^\dagger(a_1^\dagger\cos\theta+a_2^\dagger\sin\theta)]|000\rangle=|\eta=0,\sigma=0\rangle_\theta \tag{7.100}$$

这暗示了 $a_3^\dagger$ 模分别纠缠了 $a_1^\dagger$ 模和 $a_2^\dagger$ 模。物理上，这个变换相当于以下情形：如果 b 模光入射到一个起偏振器以后，起偏振器透过的电场分量与水平方向转过了一个角度，它可以分解为两个模，(a_1, a_2) 相当于两个正交的极化分量，(a_1, a_2) 遵守与 b 模相同的对易关系。所以一个理想的光分速器和一个起偏振器是实现纠缠态 $|\eta=0,\sigma=0\rangle_\theta$ 的基本器件。

7.7 另一类 n 模纠缠态表象

光子关联实验通常由一个线性多端口器件实现，最简单的就是一个理想的光分速器。多端口器件以一定概率把入射光分配到输出端。设一个量子系统的初态是单光子态的线性组合，

$$|\psi(0)\rangle_j=\sum_i^{n-1}f_i a_i^\dagger(0)|0,0,\cdots,0\rangle \tag{7.101}$$

这里 f_i 是一组数。通过一个线性多端口器件以后，经历了一个幺正变换 U，输出态的一组数是

$$g_i=\sum_{j=0}^{n-1}u_{ij}f_j \tag{7.102}$$

光子数守恒要求，

$$\sum_{j=0}^{n-1}|g_i|^2=\sum_{j=0}^{n-1}|f_i|^2 \tag{7.103}$$

这暗示了 u_{ij} 必须是幺正群的元素，具有幺模条件。

$$\sum_{j=0}^{n-1}u_{ij}u_{kj}^*=\delta_{ik} \tag{7.104}$$

相应地，光子产生算符经历变换[式(7.105)和式(7.106)]，

$$U(t)a_i^{\dagger}(0)U^{-1}(t)=\sum_j u_{ij}(t)a_j^{\dagger}(0)=a_i^{\dagger}(t) \tag{7.105}$$

$$U(t)\mid\psi(0)\rangle_j=\sum_i f_i a_i^{\dagger}(t)\mid 0,0,\cdots,0\rangle=\mid\psi(t)\rangle_j \tag{7.106}$$

其中真空态是 U 变换下不变的。可见

$$U(t)=\sum_j \mid\psi(t)\rangle_{jj}\langle\psi(0)\mid=\mathrm{e}^{-\mathrm{i}Ht} \tag{7.107}$$

其中 H 是描述光学器件的哈密顿量。如何设计光学器件来实施必要的光模相互作用以达到 $U(t)$ 的功能呢?

以下我们用与幺正群有关的线性多端口器件来实现 n 模纠缠态。

此 n 模纠缠态为

$$\mid\vec{\zeta}\rangle_u=\exp\left\{\sum_{i=1}^{n-1}\left[-\frac{1}{2}\mid\zeta_i\mid^2+a_n^{\dagger}u_{ji}(a_i^{\dagger}-\zeta_i^*)+\zeta_i a_i^{\dagger}\right]\right\}\mid\vec{0}\rangle \tag{7.108}$$

这里 $\vec{\zeta}$ 是一个 $(n-1)$ 维复数，u_{ji} 是群 $U(n-1)$ 的矩阵元，$\mid\vec{\zeta}\rangle_u$ 的下标 u 表示此态是群元有关的，$\mid\vec{0}\rangle$ 是 n 模真空态，从式(7.104)知道，

$$\sum_{i=1}^{n-1}u_{ji}u_{ji}^*=\delta_{jj}=1 \tag{7.109}$$

$\mid\vec{\zeta}\rangle_u$ 的形式看来并不太复杂。用式(7.110)和 IWOP 技术，能证明完备性，如式(7.111)所示。

$$\mid\vec{0}\rangle\langle\vec{0}\mid=:\exp(-\sum_{j=1}^{n}a_j^{\dagger}a_j): \tag{7.110}$$

$$\begin{aligned}
&\int\prod_i^{n-1}\frac{\mathrm{d}^2\zeta}{\pi}\mid\vec{\zeta}\rangle_{uu}\langle\vec{\zeta}\mid\\
=&\int\prod_i^{n-1}\frac{\mathrm{d}^2\zeta}{\pi}:\exp\{\textstyle\sum_{i=1}^{n-1}[-\mid\zeta_i\mid^2+a_n^{\dagger}u_i(a_i^{\dagger}-\zeta_i^*)+\zeta_i a_i^{\dagger}+\\
&(a_i-\zeta_i)u_i^*a_n+\zeta_i^*a_i-a_i^{\dagger}a_i]-a_n^{\dagger}a_n\}:\\
=&:\exp(\textstyle\sum_{i=1}^{n-1}a_n^{\dagger}u_iu_i^*a_n-a_n^{\dagger}a_n):=1
\end{aligned} \tag{7.111}$$

注意虽然 $\mid\vec{\zeta}\rangle_u$ 是一个 n 模态，上式的积分是 $(n-1)$ 重的。再用 n 模相干态的完备性求内积，

$$
{}_{u'}\langle\vec{\zeta}' \mid \vec{\zeta}\rangle_u = {}_{u'}\langle\vec{\zeta}' \mid \int\prod_i^n \frac{d^2 z_i}{\pi} \mid \vec{z}\rangle\langle\vec{z} \mid \vec{\zeta}\rangle_u
$$

$$
f = \int\prod_i^{n-1}\left[\frac{d^2 z_i}{\pi}\right]\exp\left\{-z^*(I-v)\tilde{z} - z^* v\tilde{\zeta}' - \zeta^* v\tilde{z} + \zeta^* v\tilde{\zeta}' + \zeta\tilde{z}^* + \zeta'^*\tilde{z}\right\} \tag{7.112}
$$

这里定义了

$$
f \equiv \exp\left[-\frac{1}{2}\sum_{i=1}^{n-1}(|\zeta_i|^2 + |\zeta_i'|^2)\right] \tag{7.113}
$$

I 是 $(n-1)\times(n-1)$ 单位矩阵，为了简洁起见上式中定义了式(7.114)及式(7.115)。

$$
z^* = (z_1, z_2, \cdots, z_{n-1})^*, \ \zeta^* = (\zeta_1, \zeta_2, \cdots, \zeta_{n-1})^* \tag{7.114}
$$

$$
(v)_{ik} \equiv u_i u_k'^* = \begin{pmatrix} u_1 u_1'^* & u_1 u_2'^* & \cdots & u_1 u_{n-1}'^* \\ u_2 u_1'^* & u_2 u_2'^* & \cdots & \cdots \\ \cdots & \cdots & \cdots & \cdots \\ u_{n-1} u_1'^* & u_{n-1} u_2'^* & \cdots & u_{n-1} u_{n-1}'^* \end{pmatrix} \tag{7.115}
$$

用积分公式(7.116)进行积分，可得式(7.117)，

$$
\int\prod_i^n \frac{d^2 z_i}{\pi}\exp\left\{-\frac{1}{2}(z, z^*)\begin{pmatrix} A & B \\ C & D \end{pmatrix}\begin{pmatrix} \tilde{z} \\ \tilde{z}^* \end{pmatrix} + (\mu\nu^*)\begin{pmatrix} \tilde{z} \\ \tilde{z}^* \end{pmatrix}\right\}
$$

$$
= \left[\det\begin{pmatrix} C & D \\ A & B \end{pmatrix}\right]^{-\frac{1}{2}}\exp\left[\frac{1}{2}(\mu\nu^*)\begin{pmatrix} C & D \\ A & B \end{pmatrix}^{-1}\begin{pmatrix} \tilde{\nu}^* \\ \tilde{\mu} \end{pmatrix}\right] \tag{7.116}
$$

$$
{}_{u'}\langle\vec{\zeta}' \mid \vec{\zeta}\rangle_u = f\int\prod_i^{N-1}\left[\frac{d^2 z_i}{\pi}\right]\exp\left\{-\frac{1}{2}(z, z^*)\begin{pmatrix} 0 & I-\tilde{v} \\ I-v & 0 \end{pmatrix}\begin{pmatrix} \tilde{z} \\ \tilde{z}^* \end{pmatrix} + (\zeta'^* - \zeta^* v, \zeta - \zeta'\tilde{v})\begin{pmatrix} \tilde{z} \\ \tilde{z}^* \end{pmatrix} + \zeta^* v\tilde{\zeta}'\right\}
$$

$$
= f[\det(I-v)]^{-1}\exp\left\{(\zeta'^* - \zeta^* v)\frac{1}{I-v}(\tilde{\zeta} - v\tilde{\zeta}') + \zeta^* v\tilde{\zeta}'\right\} \tag{7.117}
$$

特别地，当 $n=3$，我们取

$$
\vec{\zeta} = (\eta, \sigma), \ \vec{\zeta}' = (\eta', \sigma'),
$$

$$u_1 = \cos\theta,\ u_2 = \sin\theta,\ 0 < \theta \leqslant 2\pi \tag{7.118}$$

其中 η，σ，η' 和 σ' 全是复数，u_1 与 u_2 是幺正群 U_2 的矩阵元，式(7.108)中的 $|\vec{\zeta}\rangle_u$ 便约化为式(7.96)中的三模纠缠态。

下面讨论实验上如何用光学网络实现 n 模纠缠态 $|\vec{\zeta}\rangle_u$。设我们已经用一个理想光分束器应用于一个动量方向压缩态和一个坐标方向压缩态制备了纠缠态 $\exp(a_n^\dagger b^\dagger)|\vec{0}\rangle$，然后将 $b^\dagger$ 模光子射入一个有 n 端口的光学网络，在输出端就按照幺正变换

$$ub^\dagger u^{-1} = \sum_{i=1}^{n-1} u_{ji} a_i^\dagger,\ \sum_{i=1}^{n-1} u_{ji} u_{ji}^* = \delta_{jj} = 1 \tag{7.119}$$

分配光子，故输出态与第 $a_n^\dagger$ 模式的组合就是

$$U\exp[a_n^\dagger b^\dagger]|\vec{0}\rangle = \exp[a_n^\dagger \sum_{i=1}^{n-1} u_{ji} a_i^\dagger]|\vec{0}\rangle \tag{7.120}$$

然后作定域平移，以 $\prod_i^{n-1} D_i(\zeta_i) = \prod_i^{n-1} \exp(\zeta_i a_i^\dagger - \zeta_i^* a_i)$ 表示，去影响输出态，就得到

$$\begin{aligned}&\prod_i^{n-1} D_i(\zeta_i)\exp[a_n^\dagger \textstyle\sum_{i=1}^{n-1} u_{ji} a_i^\dagger]|\vec{0}\rangle \\ &= \exp\left\{\textstyle\sum_{i=1}^{n-1}\left[-\dfrac{1}{2}|\zeta_i|^2 + a_n^\dagger u_{ji}(a_i^\dagger - \zeta_i^*) + \zeta_i a_i^\dagger\right]\right\}|\vec{0}\rangle = |\vec{\zeta}\rangle_u\end{aligned} \tag{7.121}$$

于是就得到了理想 n 模纠缠态 $|\vec{\zeta}\rangle_u$。

理论上 $|\eta, \sigma\rangle_\theta$ 可以被用于隔空传递量子态。假设已经制备好了双模纠缠态 $|\eta\rangle$ 和三模态 $|\eta, \sigma\rangle_\theta$，由其完备性知道任何三模态 $|\rangle_{123}$ 能用之展开为

$$|\rangle_{123} = \int \frac{d^2\eta d^2\sigma}{\pi^2} G(\eta, \sigma, \theta)|\eta, \sigma\rangle_{\theta 123} \tag{7.122}$$

这里 $G(\eta, \sigma, \theta)$ 是展开系数。

$$G(\eta, \sigma, \theta) = {}_\theta\langle\eta, \sigma|\rangle_{123} \tag{7.123}$$

让我们打个比方。如果艾丽斯能够隔空传递量子态 $|\eta, \sigma\rangle_{\theta 123}$ 给鲍勃，那么她就能将 $|\rangle_{123}$ 也传给鲍勃，因为 $|\rangle_{123}$ 可以由 $|\eta, \sigma\rangle_\theta$ 展开。假设艾丽斯和鲍勃分享了一个量子通道，此通道由三个两体纠缠态 $|\eta_\alpha\rangle_{45} \otimes |\eta_\beta\rangle_{67} \otimes |\eta_\gamma\rangle_{89}$ 组

成,即艾丽斯占有粒子 4, 6 和 8,而鲍勃占有 5, 7 和 9。故而,总的态是 $|\eta,\sigma\rangle_{\theta123}\otimes|\eta_\alpha\rangle_{45}\otimes|\eta_\beta\rangle_{67}\otimes|\eta_\gamma\rangle_{89}$。让艾丽斯做一个联合测量,测量算符是 $|\eta'\rangle_{1414}\langle\eta'|\otimes|\eta''\rangle_{2626}\langle\eta''|\otimes|\eta'''\rangle_{3838}\langle\eta'''|$,然后通过经典通道告诉鲍勃她的测量数据 η', η'' 和 η''',鲍勃就能够用一个适当的定域幺正变换重建含(5、7、9)模的 3 模纠缠态 $|\eta,\sigma\rangle_\theta$。

小结:参照两体纠缠态 $|\eta\rangle$ 的构成方法,我们用 IWOP 方法推导出来多体连续变量纠缠态 $|\vec{\xi}\rangle_u$,它构成完备的表象,$|\vec{\xi}\rangle_u$ 可以用多端口光学网络来实现。

参考文献

[1] Chen J H, Fan H Y, Ren G. Multipartite entangled state representation and squeezing of the n-pair entangled state [J]. Journal of Physics A: Mathematical and Theoretical, 2010, 43(25): 255302.

[2] Hu L Y, Fan H Y. New n-mode squeezing operator and squeezed states with standard squeezing [J]. Europhysics Letters, 2009, 85(6): 60001.

[3] Fan H Y, Liu N L. Squeezing for n-mode quadratures studied by integration within an ordered product technique [J]. Chinese physics letters, 1999, 16(7): 472 - 474.

[4] Hu L Y, Fan H Y. New tripartite entangled state generated by an asymmetric beam splitter and a parametric down-conversion amplifier [J]. Journal of Physics A: Mathematical and General, 2006, 39(45): 14133.

[5] Fan H Y, Song T Q. Multipartite entangled state of continuum variables generated by an optical network [J]. Journal of Physics A: Mathematical and General, 2003, 36(28): 7803 - 7811.

[6] Fan H Y, Lou S Y. Dirac multimode ket-bra operators'-ordered and -ordered integration theory and general squeezing operator [J]. Science China Physics, Mechanics & Astronomy, 2013, 56(11): 2042 - 2046.

[7] Xu X X, Hu L Y, Fan H Y. The N-mode squeezed state with enhanced squeezing [J]. Chinese Physics B, 2009, 18(12): 5139 - 5143.

[8] Fan H Y. Operator ordering in quantum optics theory and the development of Dirac's symbolic method [J]. Journal of Optics B: Quantum and Semiclassical Optics, 2003, 5(4): R147 - R163.

[9] Fan H Y, Liu S G. New n-mode Bose operator realization of SU (2) Lie algebra and its application in entangled fractional Fourier transform [J]. Modern Physics Letters A, 2009, 24(8): 615 - 624.

[10] Fan H Y, Jiang N Q, Lu H L. Tripartite entangled state representation and its application in quantum teleportation [J]. Modern Physics Letters B, 2002, 16(30): 1193 - 1200.

8

系统与环境的量子纠缠

以往的量子统计力学教材缺少量子纠缠的内容，实际上量子系统和环境的热交换是值得深刻研究的课题。

8.1 系统与环境的量子纠缠——热真空态

对于密度算符 ρ（或称为混合态）求相应的纯态 $|\psi(\beta)\rangle$，使得求混合态的系综平均值可以转化为对 $|\psi(\beta)\rangle$ 求纯态平均。换言之，$|\psi(\beta)\rangle$ 应该满足什么条件呢？我们需引入虚空间。定义 $\mathrm{Tr}=\mathrm{tr}\tilde{\mathrm{tr}}$ 为对实-虚两个空间都求迹的记号，tr 只对实空间求迹，$\tilde{\mathrm{tr}}$ 只对虚空间求迹，那么

$$\begin{aligned}\langle A\rangle&=\langle\psi(\beta)|A|\psi(\beta)\rangle=\mathrm{Tr}[A|\psi(\beta)\rangle\langle\psi(\beta)|]\\&=\mathrm{tr}\{A[\tilde{\mathrm{tr}}|\psi(\beta)\rangle\langle\psi(\beta)|]\}\end{aligned}\tag{8.1}$$

鉴于 $|\psi(\beta)\rangle$ 涉及实-虚两个空间，

$$\tilde{\mathrm{tr}}|\psi(\beta)\rangle\langle\psi(\beta)|\neq\langle\psi(\beta)|\psi(\beta)\rangle\tag{8.2}$$

对照式(8.1)和 $\langle A\rangle=\mathrm{tr}(\rho A)$ 可见，待求的 $|\psi(\beta)\rangle$ 应该满足如下公式，

$$\tilde{\mathrm{tr}}|\psi(\beta)\rangle\langle\psi(\beta)|=\rho\tag{8.3}$$

例如，对于混沌光场，看出

$$\begin{aligned}\gamma(1-\gamma)^{a^\dagger a}&=\sum_{m=0}\gamma(1-\gamma)^m|m\rangle\langle m|\\&=\sum_{m'=0}\sqrt{\gamma(1-\gamma)^{m'}}\sum_{m=0}\sqrt{\gamma(1-\gamma)^m}|m'\rangle\langle m|\langle\tilde{m}|\tilde{m}'\rangle\\&=\tilde{\mathrm{tr}}\sum_{m'=0}\sqrt{\gamma(1-\gamma)^{m'}}|m'\rangle|\tilde{m}'\rangle\sum_{m=0}\sqrt{\gamma(1-\gamma)^m}\langle m|\langle\tilde{m}|\end{aligned}\tag{8.4}$$

将它与 $\tilde{\mathrm{tr}}\,|0(\beta)\rangle\langle 0(\beta)|$ 比较,可见

$$|0(\beta)\rangle=\sum_{m=0}\sqrt{\gamma(1-\gamma)^m}\;|m,\tilde{m}\rangle \tag{8.5}$$

它为二项式热真空态,即在扩大的福克空间中纯态 $|\psi(\beta)\rangle\langle\psi(\beta)|$ 对应混沌光场。另一种做法是

$$\begin{aligned}\rho_c&=(1-\mathrm{e}^{-\frac{\hbar\omega}{kT}})\,\mathrm{e}^{-\frac{\hbar\omega}{kT}a^\dagger a}\\&\Rightarrow\operatorname{sech}^2\theta\mathrm{e}^{a^\dagger a\ln\tanh^2\theta}\\&=\operatorname{sech}^2\theta:\mathrm{e}^{a^\dagger a(\tanh^2\theta-1)}:,\quad\tanh\theta=\exp\left(-\frac{\hbar\omega}{2kT}\right)\end{aligned} \tag{8.6}$$

利用 IWOP 积分技术,得到

$$\begin{aligned}\rho_c&=\operatorname{sech}^2\theta\int\frac{\mathrm{d}^2z}{\pi}:\mathrm{e}^{-|z|^2+a^\dagger z^*\tanh\theta+az\tanh\theta-a^\dagger a}:\\&=\operatorname{sech}^2\theta\int\frac{\mathrm{d}^2z}{\pi}\mathrm{e}^{a^\dagger z^*\tanh\theta}\,|0\rangle\langle 0|\,\mathrm{e}^{az\tanh\theta}\mathrm{e}^{-|z|^2}\end{aligned} \tag{8.7}$$

引入虚模相干态 $|\tilde{z}\rangle$[式(8.8)]及其完备性[式(8.9)],

$$\mathrm{e}^{-|z|^2/2}=\langle\tilde{0}\,|\,\tilde{z}\rangle \tag{8.8}$$

$$\int\frac{\mathrm{d}^2z}{\pi}\,|\tilde{z}\rangle\langle\tilde{z}|=1,\quad\tilde{a}\,|\tilde{z}\rangle=z\,|\tilde{z}\rangle \tag{8.9}$$

则

$$\begin{aligned}\rho_c&=\operatorname{sech}^2\theta\int\frac{\mathrm{d}^2z}{\pi}\langle\tilde{z}|\,\mathrm{e}^{a^\dagger z^*\tanh\theta}\,|0,\tilde{0}\rangle\langle 0,\tilde{0}|\,\mathrm{e}^{az\tanh\theta}\,|\tilde{z}\rangle\\&=\operatorname{sech}^2\theta\int\frac{\mathrm{d}^2z}{\pi}\langle\tilde{z}|\,\mathrm{e}^{a^\dagger\tilde{a}^\dagger\tanh\theta}\,|0,\tilde{0}\rangle\langle 0,\tilde{0}|\,\mathrm{e}^{a\tilde{a}\tanh\theta}\,|\tilde{z}\rangle\end{aligned} \tag{8.10}$$

令

$$|\psi(\beta)\rangle=\operatorname{sech}\theta\mathrm{e}^{a^\dagger\tilde{a}^\dagger\tanh\theta}\,|0,\tilde{0}\rangle \tag{8.11}$$

上式便化为(8.3)的形式

$$\rho_c = \int \frac{\mathrm{d}^2 z}{\pi} \langle \tilde{z} \mid \psi(\beta) \rangle \langle \psi(\beta) \mid \tilde{z} \rangle$$
$$= \tilde{\mathrm{tr}} \left[\int \frac{\mathrm{d}^2 z}{\pi} \mid \tilde{z} \rangle \langle \tilde{z} \mid \psi(\beta) \rangle \langle \psi(\beta) \mid \right] = \tilde{\mathrm{tr}} \mid \psi(\beta) \rangle \langle \psi(\beta) \mid \tag{8.12}$$

现在有限温度 T 下,任何系统都“浸”在热环境中,有量子纠缠。我们可以引入热真空态,使得其部分求迹恰为系统的量子态[1−5]。

8.2 求热真空态的方法-有序算符内的积分法

举例:光场负二项式态对应的热真空。为了求出光场负二项式态对应的热真空,我们首先要对其密度矩阵变形,由 $\mid 0 \rangle \langle 0 \mid = \colon \exp(-a^\dagger a) \colon$ 和 $a \mid n \rangle = \sqrt{n} \mid n-1 \rangle$, 可得

$$\rho_s = \frac{\gamma^{s+1}}{s!(1-\gamma)^s} a^s \sum_{n=0}^{\infty} (1-\gamma)^n \mid n \rangle \langle n \mid a^{\dagger s}$$
$$= \frac{\gamma}{s! n_c^s} a^s \colon \exp\{[(1-\gamma)-1] a^\dagger a\} \colon a^{\dagger s} = \frac{\gamma}{s! n_c^s} a^s \mathrm{e}^{\lambda a^\dagger a} a^{\dagger s} \tag{8.13}$$

其中,

$$n_c = \frac{1-\gamma}{\gamma}, \quad \lambda = \ln(1-\gamma) \tag{8.14}$$

引入实模相干态,

$$\mid z \rangle = \exp\left(-\frac{1}{2} \mid z \mid^2 + z a^\dagger\right) \mid 0 \rangle$$
$$= \exp\left(-\frac{1}{2} \mid z \mid^2\right) \parallel z \rangle, \parallel z \rangle = \exp(z a^\dagger) \mid 0 \rangle \tag{8.15}$$

其完备性表示为

$$\int \frac{\mathrm{d}^2 z}{\pi} \mid z \rangle \langle z \mid = \int \frac{\mathrm{d}^2 z}{\pi} \colon \exp(-\mid z \mid^2 + z a^\dagger + z^* a - a^\dagger a) \colon = 1 \tag{8.16}$$

于是利用 $\mathrm{e}^{\lambda a^\dagger a} = \colon \exp[(\mathrm{e}^\lambda - 1) a^\dagger a] \colon$ 和 IWOP 积分方法,有

$$a^s e^{\lambda a^\dagger a} a^{\dagger s} = \int \frac{d^2 z}{\pi} a^s : \exp(-|z|^2 + z^* a^\dagger e^{\frac{\lambda}{2}} + z a e^{\frac{\lambda}{2}} - a^\dagger a) : a^{\dagger s}$$

$$= \int \frac{d^2 z}{\pi} e^{-|z|^2} a^s \| z^* e^{\frac{\lambda}{2}} \rangle \langle z^* e^{\frac{\lambda}{2}} \| a^{\dagger s} \tag{8.17}$$

再利用 $\langle \tilde{0} | \tilde{z} \rangle = e^{-|z|^2/2}$，将式(8.17)化为下式

$$a^s e^{\lambda a^\dagger a} a^{\dagger s} = \int \frac{d^2 z}{\pi} z^s z^{*s} e^{\lambda s} e^{z^* a^\dagger e^{\frac{\lambda}{2}}} | 0 \rangle \langle 0 | e^{z a e^{\frac{\lambda}{2}}} \langle \tilde{z} | \tilde{0} \rangle \langle \tilde{0} | \tilde{z} \rangle$$

$$= \int \frac{d^2 z}{\pi} \langle \tilde{z} | z^s z^{*s} e^{\lambda s} e^{z^* a^\dagger e^{\frac{\lambda}{2}}} | 0\tilde{0} \rangle \langle 0\tilde{0} | e^{z a e^{\frac{\lambda}{2}}} | \tilde{z} \rangle$$

$$= \int \frac{d^2 z}{\pi} \langle \tilde{z} | \tilde{a}^{\dagger s} e^{\lambda s} e^{\tilde{a}^\dagger a^\dagger e^{\frac{\lambda}{2}}} | 0\tilde{0} \rangle \langle 0\tilde{0} | e^{\tilde{a} a e^{\frac{\lambda}{2}}} \tilde{a}^s | \tilde{z} \rangle$$

$$= e^{\lambda s} \tilde{\mathrm{tr}} \left[\int \frac{d^2 z}{\pi} \tilde{a}^{\dagger s} e^{\tilde{a}^\dagger a^\dagger e^{\frac{\lambda}{2}}} | 0\tilde{0} \rangle \langle 0\tilde{0} | e^{\tilde{a} a e^{\frac{\lambda}{2}}} \tilde{a}^s | \tilde{z} \rangle \langle \tilde{z} | \right]$$

$$= (1-\gamma)^s \tilde{\mathrm{tr}} [\tilde{a}^{\dagger s} e^{\tilde{a}^\dagger a^\dagger e^{\frac{\lambda}{2}}} | 0\tilde{0} \rangle \langle 0\tilde{0} | e^{\tilde{a} a e^{\frac{\lambda}{2}}} \tilde{a}^s] \tag{8.18}$$

代入式(8.13)得到

$$\rho_s = \frac{\gamma}{s! n_c^s} a^s e^{\lambda a^\dagger a} a^{\dagger s} = \frac{\gamma^{s+1}}{s!} \tilde{\mathrm{tr}} [\tilde{a}^{\dagger s} e^{\tilde{a}^\dagger a^\dagger e^{\lambda/2}} | 0\tilde{0} \rangle \langle 0\tilde{0} | e^{\tilde{a} a e^{\lambda/2}} \tilde{a}^s] \tag{8.19}$$

对照式(8.3)，可知相应于光场负二项式态的热真空态为

$$| \psi(\beta) \rangle_s = \sqrt{\frac{\gamma^{s+1}}{s!}} \tilde{a}^{\dagger s} e^{\tilde{a}^\dagger a^\dagger \sqrt{1-\gamma}} | 0\tilde{0} \rangle \tag{8.20}$$

该热真空态是在混沌光场所对应的热真空态上的虚模激发，这是对负二项式态的新看法。再由 $\mathrm{tr}\rho_s = 1$，可知

$$\mathrm{tr}\tilde{\mathrm{tr}} | \psi(\beta) \rangle_{ss} \langle \psi(\beta) | = \mathrm{Tr} | \psi(\beta) \rangle_{ss} \langle \psi(\beta) | = {}_s\langle \psi(\beta) | \psi(\beta) \rangle_s = 1 \tag{8.21}$$

即纯态 $| \psi(\beta) \rangle_s$ 是归一化的。

8.3 用纯态 $| \psi(\beta) \rangle_s$ 的优点

由负二项式态对应的热真空态式(8.20)，可给出

$$a \mid \psi(\beta)\rangle_s = \sqrt{\frac{\gamma^{s+1}}{s!}} \sqrt{1-\gamma}\, \tilde{a}^{\dagger s+1} e^{\tilde{a}^{\dagger} a^{\dagger} \sqrt{1-\gamma}} \mid \tilde{0}0\rangle$$
$$= \sqrt{1-\gamma} \sqrt{\frac{s+1}{\gamma}} \mid \psi(\beta)\rangle_{s+1} \tag{8.22}$$

所以,可得光子数分布

$${}_s\langle \psi(\beta) \mid a^{\dagger} a \mid \psi(\beta)\rangle_s = (1-\gamma) \frac{s+1}{\gamma} {}_{s+1}\langle \psi(\beta) \mid \psi(\beta)\rangle_{s+1}$$
$$= (1-\gamma) \frac{s+1}{\gamma} = (s+1) n_c \tag{8.23}$$

又由式(8.22)和式(8.23)得到

$$a^2 \mid \psi(\beta)\rangle_s = \sqrt{\frac{\gamma^{s+1}}{s!}} (1-\gamma)\, \tilde{a}^{\dagger s+2} e^{\tilde{a}^{\dagger} a^{\dagger} \sqrt{1-\gamma}} \mid \tilde{0}0\rangle$$
$$= \frac{(1-\gamma)}{\gamma} \sqrt{(s+1)(s+2)} \mid \psi(\beta)\rangle_{s+2} \tag{8.24}$$

$${}_s\langle \psi(\beta) \mid a^{\dagger 2} a^2 \mid \psi(\beta)\rangle_s = \frac{(1-\gamma)^2}{\gamma^2} (s+1)(s+2)$$
$$= (s+1)(s+2) n_c^2 \tag{8.25}$$

所以,光子数涨落如下式所示,体现了用纯态求平均和涨落的便利。

$${}_s\langle \psi(\beta) \mid (a^{\dagger} a)^2 \mid \psi(\beta)\rangle_s - [{}_s\langle \psi(\beta) \mid a^{\dagger} a \mid \psi(\beta)\rangle_s]^2 = (s+1)(n_c+1) n_c \tag{8.26}$$

另一方面,由维格纳算符的相干态表象[式(8.27)]和求纯态平均,

$$\Delta(\alpha, \alpha^*) = \int \frac{d^2 z}{\pi^2} \mid \alpha + z\rangle\langle \alpha - z \mid e^{\alpha z^* - \alpha^* z} \tag{8.27}$$

可立刻得维格纳函数

$${}_s\langle \psi(\beta) \mid \Delta(\alpha) \mid \psi(\beta)\rangle_s$$
$$= \frac{\gamma^{s+1}}{s!} \langle \tilde{0}0 \mid e^{\tilde{a} a \sqrt{1-\gamma}}\, \tilde{a}^s \int \frac{d^2 z}{\pi^2} \mid \alpha + z\rangle\langle \alpha - z \mid e^{\alpha z^* - z\alpha^*} \times$$
$$\int \frac{d^2 z'}{\pi} \mid \tilde{z}'\rangle\langle \tilde{z}' \mid \tilde{a}^{\dagger s} e^{\tilde{a}^{\dagger} a^{\dagger} \sqrt{1-\gamma}} \mid \tilde{0}0\rangle$$

$$=\frac{\gamma^{s+1}}{s!}\int\frac{d^2z}{\pi^2}\int\frac{d^2z'}{\pi}|z'|^{2s}\times$$
$$:e^{-|z'|^2-|\alpha|^2-|z|^2+\alpha z^*-z\alpha^*+[z'(\alpha+z)+z'^*(\alpha^*-z^*)]\sqrt{1-\gamma}}:$$
$$=\frac{\gamma^{s+1}}{s!}\exp\left[\frac{2(e^{\lambda}-1)|\alpha|^2}{e^{\lambda}+1}\right]\sum_{l=0}^{s}\frac{s!s!(4|\alpha|^2e^{\lambda})^{s-l}}{l![(s-l)!]^2(e^{\lambda}+1)^{2s-l+1}} \tag{8.28}$$

其中 $\lambda=\ln(1-\gamma)=-\hbar\omega/\kappa T$，最后一步我们用了积分公式。

$$\frac{d^2z}{\pi}z^nz^{*m}\exp\int(\zeta|z|^2+\xi z+\eta z^*)$$
$$=e^{-\frac{\xi\eta}{\zeta}}\sum_{l=0}^{\min(m,n)}\frac{m!n!\xi^{m-1}\eta^{n-1}}{l!(m-l)!(n-l)!(-\zeta)^{m+n-l+1}} \tag{8.29}$$

小结：本节首次用有序算符内的积分方法对负二项式光场找到了相应的热真空态，发现该热真空态是在混沌光场所对应的热真空态上的虚模激发。由热真空态求纯态平均立刻可得负二项式光场的涨落和维格纳函数。

8.4 压缩热真空态的效应——双模热真空态的双模压缩

考虑双 $L-C$ 回路系统，根据(8.6)式的双模热真空态是[6]

$$|0(\beta)\rangle_1|0(\beta)\rangle_2=\operatorname{sech}^2\theta\exp[(a^\dagger\tilde{a}^\dagger+b^\dagger\tilde{b}^\dagger)\tanh\theta]|0\tilde{0}\rangle_1|0\tilde{0}\rangle_2 \tag{8.30}$$

此式表达了 $a^\dagger$ 与 $\tilde{a}^\dagger$（第一热模）、$b^\dagger$ 与 $\tilde{b}^\dagger$（第二热模）分别存在纠缠。两个单系统的相互作用由双模压缩算符 $\exp[f(a^\dagger b^\dagger-ab)]$ 来表示，是对系统模 $a^\dagger$ 与 $b^\dagger$ 压缩，f 是压缩参数，效果如何呢？我们先要了解双模热态经双模压缩的具体形式，

$$|0\rangle_{f,\theta}\equiv\exp[f(a^\dagger b^\dagger-ab)]|0(\beta)\rangle_1|0(\beta)\rangle_2 \tag{8.31}$$

由于一个双模压缩态本身又是纠缠态，所以双模压缩算符起了使模纠缠的作用，即造成 $a^\dagger$ 与 $b^\dagger$ 模之间的纠缠。事实上，用双模压缩算符的变换性质

$$\exp[(a^\dagger b^\dagger-ab)f]a^\dagger\exp[-(a^\dagger b^\dagger-ab)f]=a^\dagger\cosh f-b\sinh f \tag{8.32}$$

$$\exp[(a^\dagger b^\dagger-ab)f]b^\dagger\exp[-(a^\dagger b^\dagger-ab)f]=b^\dagger\cosh f-a\sinh f \tag{8.33}$$

以及

$$\exp[f(a^\dagger b^\dagger - ab)] = \operatorname{sech} f \exp(a^\dagger b^\dagger \tanh f) \times \exp[(a^\dagger a + b^\dagger b)\ln \operatorname{sech} f]\exp(ab\tanh f) \quad (8.34)$$

$$\exp[(a^\dagger b^\dagger - ab)f] \mid 0\tilde{0}\rangle_1 \mid 0\tilde{0}\rangle_2 = \operatorname{sech} f \exp(a^\dagger b^\dagger \tanh f) \mid 0\tilde{0}\rangle_1 \mid 0\tilde{0}\rangle_2 \quad (8.35)$$

我们得到，

$$\begin{aligned} \mid 0\rangle_{f,\theta} &= \operatorname{sech}^2\theta \exp[(a^\dagger b^\dagger - ab)f]\exp[(a^\dagger \tilde{a}^\dagger + b^\dagger \tilde{b}^\dagger)\tanh\theta] \mid 0\tilde{0}\rangle_1 \mid 0\tilde{0}\rangle_2 \\ &= \operatorname{sech}^2\theta \exp[(a^\dagger b^\dagger - ab)f]\exp[(a^\dagger \tilde{a}^\dagger + b^\dagger \tilde{b}^\dagger)\tanh\theta] \times \\ &\quad \exp[-(a^\dagger b^\dagger - ab)f]\exp[(a^\dagger b^\dagger - ab)f] \mid 0\tilde{0}\rangle_1 \mid 0\tilde{0}\rangle_2 \\ &= \operatorname{sech} f \operatorname{sech}^2\theta \exp[(a^\dagger \cosh f - b\sinh f)\tilde{a}^\dagger \tanh\theta] \times \\ &\quad \exp[(b^\dagger \cosh f - a\sinh f)\tilde{b}^\dagger \tanh\theta]\exp(a^\dagger b^\dagger \tanh f) \mid 0\tilde{0}\rangle_1 \mid 0\tilde{0}\rangle_2 \end{aligned} \quad (8.36)$$

其中，

$$\begin{aligned} &\exp[(a^\dagger \cosh f - b\sinh f)\tilde{a}^\dagger \tanh\theta]\exp[(b^\dagger \cosh f - a\sinh f)\tilde{b}^\dagger \tanh\theta] \\ &= \exp(a^\dagger \tilde{a}^\dagger \cosh f \tanh\theta)\exp(-b\tilde{a}^\dagger \sinh f \tanh\theta) \times \\ &\quad \exp(b^\dagger \tilde{b}^\dagger \cosh f \tanh\theta)\exp(-a\tilde{b}^\dagger \sinh f \tanh\theta) \end{aligned} \quad (8.37)$$

令

$$A = -a\tilde{b}^\dagger \sinh f \tanh\theta, \quad B = a^\dagger b^\dagger \tanh f \quad (8.38)$$

有

$$[A, B] = -b^\dagger \tilde{b}^\dagger \tanh f \sinh f \tanh\theta \quad (8.39)$$

$$[[A, B], A] = [[A, B], B] = 0 \quad (8.40)$$

根据算符恒等式，

$$e^A e^B = e^B e^A e^{[A, B]} = e^B e^{[A, B]} e^A = e^{B+[A, B]} e^A \quad (8.41)$$

这里要求 $[[A, B], A] = [[A, B], B] = 0$，可直接导出

$$\begin{aligned} &\exp(-a\tilde{b}^\dagger \sinh f \tanh\theta)\exp(a^\dagger b^\dagger \tanh f) \\ &= \exp(a^\dagger b^\dagger \tanh f - b^\dagger \tilde{b}^\dagger \tanh f \sinh f \tanh\theta)\exp(-a\tilde{b}^\dagger \sinh f \tanh\theta) \end{aligned} \quad (8.42)$$

再令

$$A' = -b\,\tilde{a}^{\dagger}\sinh f\,\tanh\theta \tag{8.43}$$

$$\begin{aligned} B' &= b^{\dagger}\,\tilde{b}^{\dagger}\cosh f\,\tanh\theta + a^{\dagger}b^{\dagger}\tanh f - b^{\dagger}\,\tilde{b}^{\dagger}\tanh f\,\sinh f\,\tanh\theta \\ &= b^{\dagger}\,\tilde{b}^{\dagger}\operatorname{sech} f\,\tanh\theta + a^{\dagger}b^{\dagger}\tanh f \end{aligned} \tag{8.44}$$

算得

$$[A',\,B'] = -\tilde{a}^{\dagger}\,\tilde{b}^{\dagger}\tanh f\,\tanh^{2}\theta - a^{\dagger}\,\tilde{a}^{\dagger}\sinh f\,\tanh f\,\tanh\theta \tag{8.45}$$

$$[[A',\,B'],\,A'] = [[A',\,B'],\,B'] = 0 \tag{8.46}$$

于是有

$$\begin{aligned} &\exp(-b\,\tilde{a}^{\dagger}\sinh f\,\tanh\theta)\exp(b^{\dagger}\,\tilde{b}^{\dagger}\operatorname{sech} f\,\tanh\theta + a^{\dagger}b^{\dagger}\tanh f) \\ =&\exp(b^{\dagger}\,\tilde{b}^{\dagger}\operatorname{sech} f\,\tanh\theta + a^{\dagger}b^{\dagger}\tanh f - \tilde{a}^{\dagger}\,\tilde{b}^{\dagger}\tanh f\,\tanh^{2}\theta - \\ &a^{\dagger}\,\tilde{a}^{\dagger}\sinh f\,\tanh f\,\tanh\theta)\exp(-b\,\tilde{a}^{\dagger}\sinh f\,\tanh\theta) \end{aligned} \tag{8.47}$$

最终得

$$\begin{aligned} &\exp[(a^{\dagger}\cosh f - b\sinh f)\,\tilde{a}^{\dagger}\tanh\theta]\times \\ &\exp[(b^{\dagger}\cosh f - a\sinh f)\,\tilde{b}^{\dagger}\tanh\theta]\exp(a^{\dagger}b^{\dagger}\tanh f) \\ =&\exp[(a^{\dagger}\,\tilde{a}^{\dagger} + b^{\dagger}\,\tilde{b}^{\dagger})\operatorname{sech} f\,\tanh\theta + a^{\dagger}b^{\dagger}\tanh f - \tilde{a}^{\dagger}\,\tilde{b}^{\dagger}\tanh f\,\tanh^{2}\theta]\times \\ &\exp(-b\,\tilde{a}^{\dagger}\sinh f\,\tanh\theta)\exp(-a\,\tilde{b}^{\dagger}\sinh f\,\tanh\theta) \end{aligned} \tag{8.48}$$

故而

$$\begin{aligned} |\,0\rangle_{f,\,\theta} =& \operatorname{sech} f\,\operatorname{sech}^{2}\theta\exp[a^{\dagger}b^{\dagger}\tanh f + (a^{\dagger}\,\tilde{a}^{\dagger} + b^{\dagger}\,\tilde{b}^{\dagger})\tanh\theta\,\operatorname{sech} f - \\ &\tilde{a}^{\dagger}\,\tilde{b}^{\dagger}\tanh^{2}\theta\tanh f]\,|\,0\tilde{0}\rangle_{1}\,|\,0\tilde{0}\rangle_{2} \end{aligned} \tag{8.49}$$

由此可见，当我们压缩 $a^{\dagger}$ 与 $b^{\dagger}$ 模时，一方面，原先存在于 $\tilde{a}^{\dagger}$ 与 $a^{\dagger}$（$\tilde{b}^{\dagger}$ 与 $b^{\dagger}$）之间的纠缠减弱了，这可以从 $\operatorname{sech} f < 1$ 看出；另一方面，发生了（虚构场）$\tilde{a}^{\dagger}$ 与 $\tilde{b}^{\dagger}$ 之间的纠缠，这称为纠缠交换，由于 $\tanh^{2}\theta$ 的存在，此两虚构场之间的纠缠的程度比实场 $a^{\dagger}$ 与 $b^{\dagger}$ 模的纠缠要弱。

8.5 有限温度下的双 $L-C$ 介观耦合回路的基态能量

现在计算有限温度下的处于双模压缩真空态 $|\,0\rangle_{f,\,\theta}$ 的能量[7-9]。

$$ {}_{f,\theta}\langle 0 | H | 0\rangle_{f,\theta} = \omega\hbar\, {}_{f,\theta}\langle 0 | (a^{\dagger}a + b^{\dagger}b + 1) | 0\rangle_{f,\theta} \tag{8.50} $$

为达此目的，先算 $|0\rangle_{f,\theta}$ 的维格纳函数。用双模维格纳算符的相干态表象

$$ \Delta(\alpha_1, \alpha_2) = \int \frac{d^2 z_1 d^2 z_2}{\pi^4} |\alpha_1 + z_1, \alpha_2 + z_2\rangle \langle \alpha_1 - z_1, \alpha_2 - z_2 | e^{\alpha_1 z_1^* - \alpha_1^* z_1} e^{\alpha_2 z_2^* - \alpha_2^* z_2} \tag{8.51} $$

这里相干态定义为

$$ |z_1\rangle = \exp\left(-\frac{1}{2}|z_1|^2 + z_1 a^{\dagger}\right)|0\rangle_1 \tag{8.52} $$

再引入虚模相干态 $|\tilde{z}_1, \tilde{z}_2\rangle$，

$$ \int \frac{d^2 \tilde{z}_1 d^2 \tilde{z}_2}{\pi^2} |\tilde{z}_1, \tilde{z}_2\rangle\langle \tilde{z}_1, \tilde{z}_2| = 1 \tag{8.53} $$

利用式(8.50)就有

$$ \begin{aligned} & {}_{f,\theta}\langle 0 | \Delta(\alpha_1, \alpha_2) | 0\rangle_{f,\theta} \\ = & \operatorname{sech}^2 f \operatorname{sech}^4\theta \left\langle 0, \tilde{0}; 0, \tilde{0} \right| \int \frac{d^2 z_1 d^2 z_2}{\pi^4} \int \frac{d^2 \tilde{z}_1 d^2 \tilde{z}_2}{\pi^2} \left| \alpha_1 + z_1, \alpha_2 + z_2; \tilde{z}_1, \tilde{z}_2 \right\rangle \\ & \langle \alpha_1 - z_1, \alpha_2 - z_2; \tilde{z}_1, \tilde{z}_2 | e^{\alpha_1 z_1^* - \alpha_1^* z_1} e^{\alpha_2 z_2^* - \alpha_2^* z_2} | 0, \tilde{0}; 0, \tilde{0}\rangle \times \\ & \exp\{[(\alpha_1^* - z_1^*)(\alpha_2^* - z_2^*) + (\alpha_1 + z_1)(\alpha_2 + z_2)]\tanh f - \\ & (\tilde{z}_1^* \tilde{z}_2^* + \tilde{z}_1 \tilde{z}_2)\tanh^2\theta \tanh f + [\tilde{z}_1(\alpha_1 + z_1) + \tilde{z}_2(\alpha_2 + z_2) + \\ & \tilde{z}_1^*(\alpha_1^* - z_1^*) + \tilde{z}_2^*(\alpha_2^* - z_2^*)]\tanh\theta \operatorname{sech} f\} \\ = & \operatorname{sech}^2 f \operatorname{sech}^4\theta \int \frac{d^2 z_1 d^2 z_2}{\pi^4} \int \frac{d^2 \tilde{z}_1 d^2 \tilde{z}_2}{\pi^2} \exp(\alpha_1 z_1^* - \alpha_1^* z_1 + \alpha_2 z_2^* - \alpha_2^* z_2) \times \\ & \exp(-|\alpha_1|^2 - |\alpha_2|^2 - |z_1|^2 - |z_2|^2 - |\tilde{z}_1|^2 - |\tilde{z}_2|^2) \times \\ & \exp\{[(\alpha_1^* - z_1^*)(\alpha_2^* - z_2^*) + (\alpha_1 + z_1)(\alpha_2 + z_2)]\tanh f - \\ & (\tilde{z}_1^* \tilde{z}_2^* + \tilde{z}_1 \tilde{z}_2)\tanh^2\theta \tanh f + [\tilde{z}_1(\alpha_1 + z_1) + \tilde{z}_2(\alpha_2 + z_2) + \\ & \tilde{z}_1^*(\alpha_1^* - z_1^*) + \tilde{z}_2^*(\alpha_2^* - z_2^*)]\tanh\theta \operatorname{sech} f\} \end{aligned} \tag{8.54} $$

用积分公式

$$\int\prod\frac{\mathrm{d}^2Z_i}{\pi}\exp\left[-\frac{1}{2}(Z,Z^*)\begin{pmatrix}F & C\\ C^T & D\end{pmatrix}\begin{pmatrix}Z^T\\ Z^{T*}\end{pmatrix}+(\mu,\nu^*)\begin{pmatrix}Z^T\\ Z^{*T}\end{pmatrix}\right]$$

$$=\left[\det\begin{pmatrix}C^T & D\\ F & C\end{pmatrix}\right]^{-\frac{1}{2}}\exp\left[\frac{1}{2}(\mu,\nu^*)\begin{pmatrix}F & C\\ C^T & D\end{pmatrix}^{-1}\begin{pmatrix}\mu^T\\ \nu^{*T}\end{pmatrix}\right] \tag{8.55}$$

以完成式(8.55)中的积分，为此，令

$$Z=(z_1,z_2,\tilde{z}_1,\tilde{z}_2)$$

$$\mu=(\alpha_2\tanh f-\alpha_1^*,\alpha_1\tanh f-\alpha_2^*,\alpha_1\tanh\theta\operatorname{sech}f,\alpha_2\tanh\theta\operatorname{sech}f)$$

$$\nu^*=(\alpha_1-\alpha_2^*\tanh f,\alpha_2-\alpha_1^*\tanh f,\alpha_1^*\tanh\theta\operatorname{sech}f,\alpha_2^*\tanh\theta\operatorname{sech}f)$$

$$F=\begin{pmatrix}0 & -\tanh f & -\tanh\theta\operatorname{sech}f & 0\\ -\tanh f & 0 & 0 & -\tanh\theta\operatorname{sech}f\\ -\tanh f\operatorname{sech}f & 0 & 0 & \tanh^2\theta\tanh f\\ 0 & -\tanh\theta\operatorname{sech}f & \tanh^2\theta\tanh f & 0\end{pmatrix},$$

$$C=I_4$$

$$D=\begin{pmatrix}0 & -\tanh f & \tanh\theta\operatorname{sech}f & 0\\ -\tanh f & 0 & 0 & \tanh\theta\operatorname{sech}f\\ \tanh\theta\operatorname{sech}f & 0 & 0 & \tanh^2\theta\tanh f\\ 0 & \tanh\theta\operatorname{sech}f & \tanh^2\theta\tanh f & 0\end{pmatrix} \tag{8.56}$$

以及

$$\begin{pmatrix}F & I_4\\ I_4 & D\end{pmatrix}^{-1}=\begin{pmatrix}(F-D^{-1})^{-1} & (I_4-DF)^{-1}\\ (I_4-FD)^{-1} & (D-F^{-1})^{-1}\end{pmatrix} \tag{8.57}$$

直接的代数计算式(8.54)得

$$\begin{aligned}&{}_{f,\theta}\langle 0\mid\Delta(\alpha_1,\alpha_2)\mid 0\rangle_{f,\theta}\\ &=\frac{\operatorname{sech}^2(2\theta)}{\pi^2}\exp\{-2[(\mid\alpha_1\mid^2+\mid\alpha_2\mid^2)\cosh 2f-\\ &(\alpha_1\alpha_2+\alpha_1^*\alpha_2^*)\sinh 2f]\operatorname{sech}2\theta\}\\ &=\frac{\operatorname{sech}^2(2\theta)}{\pi^2}\exp[-2(\mid\alpha_1\cosh f-\alpha_2^*\sinh f\mid^2+\alpha_1^*\sinh f-\\ &\alpha_2\cosh f^2)\operatorname{sech}2\theta]\end{aligned} \tag{8.58}$$

再利用外尔量子化方案[对照式(2.126)]，

$$H(a^\dagger,a,b^\dagger,b)=4\int d^2\alpha_1 d^2\alpha_2 h(\alpha_1,\alpha_2,\alpha_1^*,\alpha_2^*)\Delta(\alpha_1,\alpha_2) \quad (8.59)$$

就得式(8.60)，

$$_{f,\theta}\langle 0|H|0\rangle_{f,\theta}=4\int d^2\alpha_1 d^2\alpha_2 h(\alpha_1,\alpha_2,\alpha_1^*,\alpha_2^*)_{f,\theta}\langle 0|\Delta(\alpha_1,\alpha_2)|0\rangle_{f,\theta} \quad (8.60)$$

这里 $h(\alpha_1,\alpha_2,\alpha_1^*,\alpha_2^*)$ 是 $H=a^\dagger a+b^\dagger b+1$ 的外尔对应，即

$$h(\alpha_1,\alpha_2,\alpha_1^*,\alpha_2^*)=4\pi^2\operatorname{tr}[H\Delta(\alpha_1,\alpha_2)]=\alpha_1^*\alpha_1+\alpha_2^*\alpha_2 \quad (8.61)$$

因此有

$$\begin{aligned}_{f,\theta}\langle 0|H|0\rangle_{f,\theta}&=4\int d^2\alpha_1 d^2\alpha_2(\alpha_1^*\alpha_1+\alpha_2^*\alpha_2)_{f,\theta}\langle 0|H(a^\dagger,a,b^\dagger,b)|0\rangle_{f,\theta}\\&=\cosh 2\theta\cosh 2f\end{aligned} \quad (8.62)$$

可见，双模压缩的效果是能量值乘上因子 $\cosh 2f$，$\cosh 2f\geqslant 1$，即能量增强。当无压缩时，$f=0$，$\cosh 2f=1$。

小结：我们算出了有限温度下的双 $L-C$ 介观耦合回路的基态能量值为 $\cosh 2\theta\cosh 2f$，这里 $\tanh\theta=\exp\left(-\frac{\hbar\omega}{2kT}\right)$，$f$ 是由回路耦合系数决定的量。以上例子说明，有序算符内积分技术在构建与研究新的光场态矢量的应用前景十分广阔。

8.6　n 模玻色纠缠系统的热真空态构建

当系统的哈密顿量为

$$H=\frac{1}{2}B\Gamma B^T \quad (8.63)$$

这里定义算符[式(8.64)]和矩阵[式(8.65)]。

$$A=(a_1\quad\cdots\quad a_n),\ B=(A^\dagger\quad A),\ B^T=\begin{pmatrix}A^{\dagger T}\\A^T\end{pmatrix} \quad (8.64)$$

$$\Gamma = \begin{pmatrix} R & C \\ C^T & D \end{pmatrix} = \Gamma^T \tag{8.65}$$

引入式(8.66)，

$$\Pi = \begin{pmatrix} 0 & -I_n \\ I_n & 0 \end{pmatrix} \tag{8.66}$$

并记

$$\exp(\Gamma\Pi) = \begin{pmatrix} Q & L \\ N & P \end{pmatrix} \tag{8.67}$$

用 IWOP 方法可以证明

$$\begin{aligned} \exp H &= \frac{1}{\sqrt{\det P}} : \exp\left[-\frac{1}{2}A^\dagger L P^{-1} A^{\dagger T} + \frac{1}{2}A^\dagger (P^{T-1} - I_n) A^T + \frac{1}{2} A P^{-1} N A^T\right] : \\ &= \frac{1}{\sqrt{\det P}} \exp\left(-\frac{1}{2}A^\dagger L P^{-1} A^{\dagger T}\right) \times \\ &\quad : \exp\left[\frac{1}{2}A^\dagger (P^{T-1} - I_n) A^T\right] : \exp\left(\frac{1}{2} A P^{-1} N A^T\right) \end{aligned} \tag{8.68}$$

若 $\boldsymbol{H}$ 为厄米算符

$$\boldsymbol{H}^\dagger = \boldsymbol{H} \tag{8.69}$$

则

$$(\exp \boldsymbol{H})^\dagger = \exp \boldsymbol{H}, \ P^\dagger = P, \ L^\dagger = -N \tag{8.70}$$

可以写为

$$P = U \begin{pmatrix} p_1 & & \\ & \ddots & \\ & & p_n \end{pmatrix} U^\dagger = (\sqrt{P})^\dagger \sqrt{P} \tag{8.71}$$

式(8.72)中有

$$\sqrt{P} = U \begin{pmatrix} \sqrt{p_1} & & \\ & \ddots & \\ & & \sqrt{p_n} \end{pmatrix} U^\dagger \tag{8.72}$$

$$P^{T-1}=(\sqrt{P^{T-1}})^{\dagger}\sqrt{P^{T-1}}$$

$$\sqrt{P^{T-1}}=U^{*}\begin{pmatrix}\sqrt{\frac{1}{p_1}} & & \\ & \ddots & \\ & & \sqrt{\frac{1}{p_n}}\end{pmatrix}U^{T} \tag{8.73}$$

于是,用相干态表象和有序算符内的积分技术,并注意到 $L^{\dagger}=-N$,可导出

$$\begin{aligned}
\exp H &= \frac{1}{\sqrt{\det P}}\exp\left(-\frac{1}{2}A^{\dagger}LP^{-1}A^{\dagger T}\right)\times \\
&\quad :\exp[A^{\dagger}((\sqrt{P^{T-1}})^{\dagger}\sqrt{P^{T-1}}-I_n)A^{T}]:\times \\
&\quad \exp\left(\frac{1}{2}AP^{-1}NA^{T}\right) \\
&= \frac{1}{\sqrt{\det P}}\exp\left(-\frac{1}{2}A^{\dagger}LP^{-1}A^{\dagger T}\right)\int\frac{\mathrm{d}^{2n}Z}{\pi^{n}}:\exp[-|Z|^{2}+ \\
&\quad A^{\dagger}(\sqrt{P^{T-1}})^{\dagger}Z^{*T}+Z\sqrt{P^{T-1}}A^{T}-A^{\dagger}A^{T}]:\exp\left(\frac{1}{2}AP^{-1}NA^{T}\right) \\
&= \frac{1}{\sqrt{\det P}}\exp\left(-\frac{1}{2}A^{\dagger}LP^{-1}A^{\dagger T}\right)\int\frac{\mathrm{d}^{2n}Z}{\pi^{n}}\langle\tilde{Z}\mid\tilde{0}\rangle\langle\tilde{0}\mid\tilde{Z}\rangle\times \\
&\quad \exp[A^{\dagger}(\sqrt{P^{T-1}})^{\dagger}Z^{*T}]\mid 0\rangle\langle 0\mid\exp[Z\sqrt{P^{T-1}}A^{T}]\exp\left(\frac{1}{2}AP^{-1}NA^{T}\right) \\
&= \frac{1}{\sqrt{\det P}}\exp\left(-\frac{1}{2}A^{\dagger}LP^{-1}A^{\dagger T}\right)\int\frac{\mathrm{d}^{2n}Z}{\pi^{n}}\langle\tilde{Z}\mid\exp[A^{\dagger}(\sqrt{P^{T-1}})^{\dagger}\tilde{A}^{\dagger T}] \\
&\quad \mid 0\tilde{0}\rangle\langle 0\tilde{0}\mid\exp(\tilde{A}\sqrt{P^{T-1}}A^{T})\mid\tilde{Z}\rangle\exp\left(\frac{1}{2}AP^{-1}NA^{T}\right) \\
&\equiv Z(\beta)\,\tilde{\mathrm{tr}}(\mid\psi(\beta)\rangle\langle\psi(\beta)\mid)
\end{aligned} \tag{8.74}$$

这里定义的热真空态是

$$\mid\psi(\beta)\rangle=\frac{1}{(\det P)^{1/4}\sqrt{Z(\beta)}}\exp\left[-\frac{1}{2}A^{\dagger}LP^{-1}A^{\dagger T}+A^{\dagger}(\sqrt{P^{T-1}})^{\dagger}\tilde{A}^{\dagger T}\right]\mid 0\tilde{0}\rangle \tag{8.75}$$

例 1：当

$$-\beta H = -\beta\omega a^{\dagger}a = -\frac{1}{2}\beta\omega(a^{\dagger}a + aa^{\dagger}) + \frac{1}{2}\beta\omega$$

记

$$\Gamma = -\beta\omega\begin{pmatrix}0 & 1\\ 1 & 0\end{pmatrix} \tag{8.76}$$

这样,我们有

$$\exp(\Gamma\Pi) = \begin{pmatrix}\mathrm{e}^{-\beta\omega} & 0\\ 0 & \mathrm{e}^{\beta\omega}\end{pmatrix} = \begin{pmatrix}Q & L\\ N & P\end{pmatrix}$$

$$P = \mathrm{e}^{\beta\omega}$$

$$Z(\beta) = \mathrm{tre}^{-\beta H} = \frac{\mathrm{e}^{\frac{1}{2}\beta\omega}}{1-\mathrm{e}^{-\beta\omega}} \tag{8.77}$$

故热真空态是

$$|\,\psi(\beta)\rangle = \sqrt{1-\mathrm{e}^{-\beta\omega}}\exp(a^{\dagger}\tilde{a}^{\dagger}\mathrm{e}^{-\frac{1}{2}\beta\omega})\,|\,0\tilde{0}\rangle \tag{8.78}$$

例 2,当

$$\begin{aligned}-\beta H &= -\beta\omega a^{\dagger}a - \beta\kappa^{*}a^{\dagger 2} - \beta\kappa a^{2}\\ &= -\frac{1}{2}\beta(\omega a^{\dagger}a + 2\kappa^{*}a^{\dagger 2} + 2\kappa a^{2}) + \frac{1}{2}\beta\omega\end{aligned}$$

记

$$\Gamma = -\beta\begin{pmatrix}2\kappa^{*} & \omega\\ \omega & 2\kappa\end{pmatrix} \tag{8.79}$$

这时,我们有

$$\begin{aligned}\exp(\Gamma\Pi) &= \begin{pmatrix}\cosh\beta D + \frac{\omega}{D}\sinh\beta D & -\frac{2\kappa^{*}}{D}\sinh\beta D\\ \frac{2\kappa}{D}\sinh\beta D & \cosh\beta D - \frac{\omega}{D}\sinh\beta D\end{pmatrix}\\ &\equiv \begin{pmatrix}Q & L\\ N & P\end{pmatrix}\end{aligned}$$

$$P=\cosh\beta D-\frac{\omega}{D}\sinh\beta D,\ D=\sqrt{\omega^2-4|\kappa|^2},$$

$$Z(\beta)=\mathrm{tr}\,e^{-\beta H}=\frac{e^{\frac{1}{2}\beta\omega}}{2\sinh\beta D}e^{\frac{1}{2}\beta\omega} \tag{8.80}$$

故而,热真空态为

$$|\psi(\beta)\rangle=\sqrt{1-e^{-\beta\omega}}\exp(a^\dagger\tilde{a}^\dagger e^{-\frac{1}{2}\beta\omega})|0\tilde{0}\rangle \tag{8.81}$$

8.7 维格纳函数在退相干通道中的演化

8.7.1 热纠缠态表象中计算维格纳函数的新方法

在双模福克空间中,热纠缠态的具体表达式为[10-11]

$$|\eta\rangle=\exp\left(-\frac{1}{2}|\eta|^2+\eta a^\dagger-\eta^*\tilde{a}^\dagger+a^\dagger\tilde{a}^\dagger\right)|0,\tilde{0}\rangle \tag{8.82}$$

式中,$\tilde{a}^\dagger$ 为与实模光子产生算符 $a^\dagger$ 相伴的虚模算符,$|0,\tilde{0}\rangle=|0\rangle|\tilde{0}\rangle$,$|\tilde{0}\rangle$ 能被算符 $\tilde{a}$ 湮灭,$[\tilde{a},\tilde{a}^\dagger]=1$。分别把湮灭算符 a 和 $\tilde{a}$ 作用到态 $|\eta\rangle$ 上,可得到如下本征方程:

$$(a-\tilde{a}^\dagger)|\eta\rangle=\eta|\eta\rangle,(a^\dagger-\tilde{a})|\eta\rangle=\eta^*|\eta\rangle$$
$$\langle\eta|(a^\dagger-\tilde{a})=\eta^*\langle\eta|,\langle\eta|(a-\tilde{a}^\dagger)=\eta\langle\eta| \tag{8.83}$$

我们注意到 $[(a-\tilde{a}^\dagger),(a^\dagger-\tilde{a})]=0$,则态 $|\eta\rangle$ 恰好为算符 $(a-\tilde{a}^\dagger)$ 和 $(\tilde{a}-a^\dagger)$ 的共同本征态。

利用真空态投影算符的正规乘积表示,即 $|0,\tilde{0}\rangle\langle 0,\tilde{0}|=:\exp(-a^\dagger a-\tilde{a}^\dagger\tilde{a}):$ 和 IWOP 积分技术,可发现态具有完备正交性,即

$$\int\frac{d^2\eta}{\pi}|\eta\rangle\langle\eta|=1,\langle\eta'|\eta\rangle=\pi\delta(\eta'-\eta)\delta(\eta'^*-\eta^*) \tag{8.84}$$

易见,

$$|\eta=0\rangle=e^{a^\dagger\tilde{a}^\dagger}|0,\tilde{0}\rangle=\sum_{n=0}^{\infty}|n,\tilde{n}\rangle \tag{8.85}$$

满足如下恒等式:

$$a|\eta=0\rangle=\tilde{a}^{\dagger}|\eta=0\rangle$$
$$a^{\dagger}|\eta=0\rangle=\tilde{a}|\eta=0\rangle$$
$$(a^{\dagger}a)^{n}|\eta=0\rangle=(\tilde{a}^{\dagger}\tilde{a})^{n}|\eta=0\rangle \tag{8.86}$$

注意：$|\eta\rangle=D(\eta)|\eta=0\rangle$，且实模空间中的算符（$a^{\dagger}$，$a$）与虚模空间中的算符（$\tilde{a}^{\dagger}$，$\tilde{a}$）相互对易。

根据量子态 ρ 的维格纳函数的原始定义，

$$W(\alpha)=\mathrm{tr}[\Delta(\alpha)\rho] \tag{8.87}$$

这里 $\Delta(\alpha)$ 为维格纳算符，它的具体形式为

$$\begin{aligned}\Delta(\alpha)&=\frac{1}{\pi}:\mathrm{e}^{-2(\alpha-a)(\alpha^{*}-a^{\dagger})}:\\&=\frac{1}{\pi}D(2\alpha)(-1)^{a^{\dagger}a}\end{aligned} \tag{8.88}$$

并利用热场动力学理论，可把式(8.87)改写为

$$\begin{aligned}W(\alpha)&=\sum_{m,n}^{\infty}\langle n,\tilde{n}|\Delta(\alpha)\rho|m,\tilde{m}\rangle\\&=\frac{1}{\pi}\langle\eta=0|D(2\alpha)(-1)^{a^{\dagger}a}|\rho\rangle\\&=\frac{1}{\pi}\langle\eta=0|D^{\dagger}(-2\alpha)(-1)^{a^{\dagger}a}|\rho\rangle\\&=\frac{1}{\pi}\langle\eta=-2\alpha|(-1)^{a^{\dagger}a}|\rho\rangle\\&=\frac{1}{\pi}\langle\xi=2\alpha|\rho\rangle\end{aligned} \tag{8.89}$$

这里为了书写方便，令 $|\rho\rangle\equiv\rho|\eta=0\rangle$。而且态 $|\xi\rangle$ 为 $|\eta\rangle$ 的共轭态，

$$\begin{aligned}|\xi\rangle&=D(\xi)\mathrm{e}^{-a^{\dagger}\tilde{a}^{\dagger}}|0,\tilde{0}\rangle\\&=\exp\left(-\frac{1}{2}|\xi|^{2}+\xi a^{\dagger}+\xi^{*}\tilde{a}^{\dagger}-a^{\dagger}\tilde{a}^{\dagger}\right)|0,\tilde{0}\rangle\end{aligned} \tag{8.90}$$

它具有与态 $|\eta\rangle$ 完全相同的完备正交性，而且态 $|\xi\rangle$ 和 $|\eta\rangle$ 满足关系式(8.91)和式(8.92)。

$$|\eta\rangle=(-1)^{\tilde{a}^{\dagger}\tilde{a}}|\xi\rangle_{\xi=\eta},\quad(-1)^{a^{\dagger}a}|\eta\rangle=|\xi\rangle_{\xi=-\eta} \tag{8.91}$$

$$\langle \eta \mid \xi \rangle = \frac{1}{2}\exp\left(\frac{\xi\eta^* - \xi^*\eta}{2}\right) \tag{8.92}$$

式(8.89)提供了一种计算量子态维格纳函数的新方法，它只需要计算两个纯态之间的内积即可，而不是求系统平均值。

利用式(8.84)和式(8.92)，可把式(8.89)改写为

$$\begin{aligned} W(\alpha) &= \int \frac{\mathrm{d}^2\eta}{\pi^2} \langle \xi = 2\alpha \mid \eta \rangle \langle \eta \mid \rho \rangle \\ &= \int \frac{\mathrm{d}^2\eta}{2\pi^2} \exp(\alpha^*\eta - \alpha\eta^*) \langle \eta \mid \rho \rangle \end{aligned} \tag{8.93}$$

可见，在内积 $\langle \eta \mid \rho \rangle$ 已知的情况下，通过 $\langle \eta \mid \rho \rangle$ 的傅里叶变换，很容易计算出态的维格纳函数。

8.7.2　振幅衰减通道中维格纳函数的演化

现在考虑振幅衰减模型，此模型由如下量子主方程[12-13]来描述，其中 κ 为衰退率，

$$\frac{\mathrm{d}\rho}{\mathrm{d}t} = \kappa(2a\rho a^\dagger - a^\dagger a\rho - \rho a^\dagger a) \tag{8.94}$$

为了得到 t 时刻的维格纳函数 $W(\alpha, t)$ 与初始时刻($t=0$) 的维格纳函数之间的关系，把式(8.94)的左右两端同时作用到式(8.85)中的态 $\mid \eta = 0\rangle \equiv \mid I\rangle$，并令 $\mid \rho\rangle = \rho \mid I\rangle$，这样我们有

$$\frac{\mathrm{d}}{\mathrm{d}t} \mid \rho \rangle = \kappa(2a\rho a^\dagger - a^\dagger a\rho - \rho a^\dagger a) \mid I \rangle \tag{8.95}$$

利用式(8.86)并注意到算符($a^\dagger$, a) 和($\tilde{a}^\dagger$, $\tilde{a}$) 的对易性，可进一步把式(8.95)改写为

$$\frac{\mathrm{d}}{\mathrm{d}t} \mid \rho \rangle = \kappa(2a\,\tilde{a} - a^\dagger a - \tilde{a}^\dagger\,\tilde{a}) \mid \rho \rangle \tag{8.96}$$

这样，式(8.96)的标准解为

$$\begin{aligned} \mid \rho(t) \rangle &= \exp\{\kappa t(2a\,\tilde{a} - a^\dagger a - \tilde{a}^\dagger\,\tilde{a})\} \mid \rho_0 \rangle \\ &= \exp\{\kappa t[-(a^\dagger - \tilde{a})(a - \tilde{a}^\dagger) + a\,\tilde{a} - \tilde{a}^\dagger a^\dagger + 1]\} \mid \rho_0 \rangle \end{aligned} \tag{8.97}$$

式中 $|\rho_0\rangle \equiv \rho_0|I\rangle$，$\rho_0$ 为初始时刻的密度算符。

利用对易关系式[式(8.98)]和算符恒等式[式(8.99)]，

$$[a\tilde{a}-\tilde{a}^{\dagger}a^{\dagger},\ -(a^{\dagger}-\tilde{a})(a-\tilde{a}^{\dagger})]=-2[-(a^{\dagger}-\tilde{a})(a-\tilde{a}^{\dagger})] \tag{8.98}$$

$$\mathrm{e}^{\lambda(A+\sigma B)}=\mathrm{e}^{\lambda A}\exp[\sigma(1-\mathrm{e}^{-\lambda\tau})B/\tau] \tag{8.99}$$

上式成立需要满足 $[A,\ B]=\tau B$，我们能把式(8.97)解纠缠为

$$|\rho(t)\rangle=\mathrm{e}^{\kappa t(a\tilde{a}-\tilde{a}^{\dagger}a^{\dagger}+1)}\exp[(1-\mathrm{e}^{2\kappa t})(a^{\dagger}-\tilde{a})(a-\tilde{a}^{\dagger})/2]|\rho_0\rangle \tag{8.100}$$

进一步，把式(8.100)的左右两边同时投影到态 $\langle\eta|$，并注意到算符 $\exp[\kappa t(a\tilde{a}-\tilde{a}^{\dagger}a^{\dagger})]$ 为双模的压缩算符，即

$$\langle\eta|\exp[\kappa t(a\tilde{a}-\tilde{a}^{\dagger}a^{\dagger})]=\mathrm{e}^{-\kappa t}\langle\eta\mathrm{e}^{-\kappa t}| \tag{8.101}$$

这样有

$$\langle\eta|\rho(t)\rangle=\mathrm{e}^{-\frac{1}{2}T|\eta|^2}\langle\eta\mathrm{e}^{-\kappa t}|\rho_0\rangle \tag{8.102}$$

式中，$T=1-\mathrm{e}^{-2\kappa t}$。把式(8.102)代入式(8.93)，可给出含时维格纳函数。

$$W(\alpha,\ t)=\int\frac{\mathrm{d}^2\eta}{2\pi^2}\exp(\alpha^*\eta-\alpha\eta^*)\mathrm{e}^{-\frac{1}{2}T|\eta|^2}\langle\eta\mathrm{e}^{-\kappa t}|\rho_0\rangle \tag{8.103}$$

再利用完备性关系 $\int\frac{\mathrm{d}^2\xi}{\pi}|\xi\rangle\langle\xi|=1$ 以及式(8.89)和(8.94)，可把式(8.103)改写为

$$\begin{aligned}W(\alpha,\ t)&=\int\frac{\mathrm{d}^2\xi}{\pi}\int\frac{\mathrm{d}^2\eta}{2\pi^2}\exp\left(\alpha^*\eta-\alpha\eta^*-\frac{1}{2}T|\eta|^2\right)\langle\eta\mathrm{e}^{-\kappa t}|\xi_{=2\beta}\rangle\langle\xi_{=2\beta}|\rho_0\rangle\\&=\int\frac{\mathrm{d}^2\beta}{\pi}\int\frac{\mathrm{d}^2\eta}{\pi}\exp\left[-\frac{T}{2}|\eta|^2+\eta(\alpha^*-\beta^*\mathrm{e}^{-\kappa t})+\right.\\&\quad\left.\eta^*(\beta\mathrm{e}^{-\kappa t}-\alpha)\right]W(\beta,\ 0)\\&=\frac{2}{T}\int\frac{\mathrm{d}^2\beta}{\pi}\exp\left(-\frac{2}{T}|\alpha-\beta\mathrm{e}^{-\kappa t}|^2\right)W(\beta,\ 0)\end{aligned} \tag{8.104}$$

式中，$W(\beta,\ 0)$ 为初始态的维格纳函数，并在上面的计算中使用了如下积分公式：

$$\int \frac{d^2 z}{\pi} \exp(\zeta \mid z \mid^2 + \xi z + \eta z^*) = -\frac{1}{\zeta} \exp\left(-\frac{\xi\eta}{\zeta}\right), \ \mathrm{Re}\,\xi < 0 \tag{8.105}$$

进一步，作变量代换 $\frac{\alpha - \beta e^{-t\kappa}}{\sqrt{T}} \rightarrow \beta$，可得

$$W(\alpha, t) = \frac{2}{T} \int \frac{d^2 \beta}{\pi} \exp\left(-\frac{2}{T} \mid \alpha - \beta e^{-\kappa t} \mid^2\right) W(\beta, 0)$$

$$= 2e^{2\kappa t} \int d^2 \beta W_{|0\rangle\langle 0|}(\beta) W(e^{\kappa t}(\alpha - \sqrt{T}\beta), 0) \tag{8.106}$$

其中 $W_{|0\rangle\langle 0|}$ 为真空态 $|0\rangle\langle 0|$ 的维格纳函数，$W_{|0\rangle\langle 0|} = \frac{1}{\pi} e^{-2|\beta|^2}$。

8.7.3 激光通道中维格纳函数的演化

下面给出激光通道中维格纳函数的演化规律。在量子光学理论中，最低阶近似下激光通道中密度算符随时间的演化满足如下主方程[14]：

$$\frac{d\rho(t)}{dt} = g[2a^\dagger \rho(t) a - aa^\dagger \rho(t) - \rho(t) aa^\dagger] +$$

$$\kappa[2a\rho(t)a^\dagger - a^\dagger a \rho(t) - \rho(t) a^\dagger a] \tag{8.107}$$

式中，g，κ 分别为激光腔的增益和衰退系数。当 $g = 0$ 时，式(8.107)退化成式(8.94)，而当 $g \rightarrow \kappa \bar{n}$ 和 $\kappa \rightarrow \kappa(\bar{n}+1)$，式(8.130)变成式(8.108)，对应于描述热环境的量子主方程，

$$\frac{d\rho}{dt} = \kappa(\bar{n}+1)(2a\rho a^\dagger - a^\dagger a\rho - \rho a^\dagger a) + \kappa \bar{n}(2a^\dagger \rho a - aa^\dagger \rho - \rho aa^\dagger) \tag{8.108}$$

类似于求解式(8.94)，把式(8.107)的左右两端分别作用到态 $|\eta = 0\rangle$，可有

$$\frac{d}{dt} \mid \rho(t)\rangle = [g(2a^\dagger \tilde{a}^\dagger - aa^\dagger - \tilde{a}\tilde{a}^\dagger) + \kappa(2a\tilde{a} - a^\dagger a - \tilde{a}^\dagger \tilde{a})] \mid \rho(t)\rangle \tag{8.109}$$

其标准解为

$$\mid \rho(t)\rangle = \exp\{[gt(2a^\dagger \tilde{a}^\dagger - aa^\dagger - \tilde{a}\tilde{a}^\dagger) + \kappa t(2a\tilde{a} - a^\dagger a - \tilde{a}^\dagger \tilde{a})] \mid \rho_0\rangle \tag{8.110}$$

为了处理式(8.110),把如下关系式

$$
\begin{aligned}
& gt(2a^\dagger \tilde{a}^\dagger - aa^\dagger - \tilde{a}\tilde{a}^\dagger) + \kappa t(2a\tilde{a} - a^\dagger a - \tilde{a}^\dagger \tilde{a}) \\
= & t(\kappa + g)(\tilde{a} - a^\dagger)(a - \tilde{a}^\dagger) + t(\kappa - g)(a\tilde{a} - \tilde{a}^\dagger a^\dagger + 1)
\end{aligned} \tag{8.111}
$$

代入式(8.110),并利用式(8.98)和式(8.99),可见

$$
\begin{aligned}
|\rho(t)\rangle = & \exp[(a\tilde{a} - \tilde{a}^\dagger a^\dagger + 1)(\kappa - g)t] \times \\
& \exp\left[\frac{\kappa + g}{2(\kappa - g)}(1 - e^{2(\kappa - g)t})(a^\dagger - \tilde{a})(a - \tilde{a}^\dagger)\right]|\rho_0\rangle
\end{aligned} \tag{8.112}
$$

这样,再利用式(8.101)得到矩阵元 $\langle \eta | \rho(t)\rangle$ 的表达式为

$$
\langle \eta | \rho(t)\rangle = \exp\left(-\frac{A}{2}|\eta|^2\right)\langle \eta e^{-(\kappa - g)t} | \rho_0\rangle \tag{8.113}
$$

式中,

$$
A = \frac{\kappa + g}{\kappa - g}(1 - e^{-2(\kappa - g)t}) \tag{8.114}
$$

当 $g=0$,式(8.113)变为式(8.102)。根据式(8.93),则激光通道中维格纳函数的演化公式为

$$
\begin{aligned}
W(\alpha, t) = & \int \frac{d^2\eta}{2\pi^2}\exp\left(-\frac{A}{2}|\eta|^2 + \alpha^*\eta - \alpha\eta^*\right)\langle \eta e^{-(\kappa - g)t} | \rho_0\rangle \\
= & \int \frac{d^2\nu}{2\pi}\int \frac{d^2\eta}{\pi}\exp\left(-\frac{A}{2}|\eta|^2 + \alpha^*\eta - \alpha\eta^*\right) \times \\
& \langle \eta e^{-(\kappa - g)t} | \nu_{=2\beta}\rangle W(\beta, 0) \\
= & \int \frac{d^2\beta}{\pi}\int \frac{d^2\eta}{\pi}\exp\left[-\frac{A}{2}|\eta|^2 + \eta(\alpha^* - \beta^* e^{-(\kappa - g)t}) + \right. \\
& \left. \eta^*(\beta e^{-(\kappa - g)t} - \alpha)\right] W(\beta, 0) \\
= & \frac{2}{A}\int \frac{d^2\beta}{\pi}\exp\left(-\frac{2}{A}|\alpha - \beta e^{-(\kappa - g)t}|^2\right) W(\beta, 0)
\end{aligned} \tag{8.115}
$$

特殊情况下,当 $g=0$ 时,式(8.115)退化为(8.104)。对于 $g \to \kappa\bar{n}$ 和 $\kappa \to \kappa(\bar{n}+1)$,$A = (2\bar{n}+1)T$,式(8.115)变成了式(8.116)或式(8.117)。

$$W(\alpha, t)=\frac{2}{(2\bar{n}+1)T}\int\frac{d^2\beta}{\pi}W(\beta, 0)\exp\left[-\frac{2}{(2\bar{n}+1)T}\mid\alpha-\beta e^{-\kappa t}\mid^2\right] \tag{8.116}$$

$$W(\alpha, t)=2e^{2\kappa t}\int d^2\beta W_T(\beta)W(e^{\kappa t}(\alpha-\sqrt{T}\beta), 0) \tag{8.117}$$

式中 $W_T(\beta)=\frac{1}{\pi(2\bar{n}+1)}e^{-\frac{2|\beta|^2}{2\bar{n}+1}}$ 为平均光子数为 $\bar{n}$ 的热场的维格纳函数。这样，式(8.116)就建立了热环境下含时维格纳函数 $W(\alpha, t)$ 与初始维格纳函数 $W(\beta, 0)$ 之间的联系。

例如，当输入态为相干态 $|z\rangle\langle z|$ 时，把相干态的维格纳函数作为初始维格纳函数代入式(8.115)，可给出

$$W_{|z\rangle\langle z|}(\beta, 0)=\frac{1}{\pi}\exp(-2\mid\beta-z\mid^2) \tag{8.118}$$

$$\begin{aligned}
W_{|z\rangle\langle z|}(\alpha, t)&=\frac{2}{A}\int\frac{d^2\beta}{\pi^2}\exp\left(-\frac{2}{A}\mid\alpha-\beta e^{-(\kappa-g)t}\mid^2-2\mid\beta-z\mid^2\right)\\
&=\frac{2}{A}e^{-2|z|^2-\frac{2}{A}|\alpha|^2}\int\frac{d^2\beta}{\pi^2}\exp\left(-2\,\frac{A+e^{-2(\kappa-g)t}}{A}\mid\beta\mid^2\right)\times\\
&\quad\exp\left[2\beta\left(z^*+\frac{\alpha^*}{A}e^{-(\kappa-g)t}\right)+2\beta^*\left(\frac{\alpha}{A}e^{-(\kappa-g)t}+z\right)\right]\\
&=\frac{e^{-2|z|^2-\frac{2}{A}|\alpha|^2}}{\pi(A+e^{-2(\kappa-g)t})}\exp\left(\frac{2A}{A+e^{-2(\kappa-g)t}}\mid\frac{\alpha}{A}e^{-(\kappa-g)t}+z\mid^2\right)\\
&=\frac{e^{-2|z|^2-\frac{2}{A}|\alpha|^2}}{\pi T}\exp\left(2TA\mid\frac{\alpha}{A}e^{-(\kappa-g)t}+z\mid^2\right)
\end{aligned} \tag{8.119}$$

8.8 光子数分布

在文献[15]中，我们利用 IWOP 技术，推导出两个新的计算光子计数分布的公式，其中一个是，

$$\mathfrak{p}(m)=\frac{4(-\xi)^m}{(2-\xi)^{m+1}}\int d^2z\, e^{2\xi|z|^2/(\xi-2)}L_m\left(\frac{4\mid z\mid^2}{2-\xi}\right)W_\rho(z) \tag{8.120}$$

式中，ξ 为检测器的量子效率，$W_\rho(z)\equiv\mathrm{tr}[\rho\Delta(z)]$ 为量子态 ρ 的维格纳函

数，L_m 为拉盖尔多项式。

当检测器的量子效率 $\xi=1$ 时，式(8.120)变成量子态 ρ 的光子数分布，

$$p(n)=4\pi\int \mathrm{d}^2 z W_n(z) W_\rho(z) \tag{8.121}$$

式中 $W_n(z)$ 为粒子数态 $|n\rangle$ 的维格纳函数。

$$W_n(z)=\frac{(-)^n}{\pi}\mathrm{e}^{-2|z|^2}\mathrm{L}_n(4|z|^2) \tag{8.122}$$

把式(8.97)代入式(8.121)，可有

$$p(n,t)=\frac{8}{A}\int \mathrm{d}^2\beta W(\beta,0) G(\beta,t) \tag{8.123}$$

式中，

$$\begin{aligned} G(\beta,t) &\equiv \int \mathrm{d}^2\alpha W_n(\alpha)\exp\left(-\frac{2}{A}|\alpha-\beta\mathrm{e}^{-(\kappa-g)t}|^2-2|\alpha|^2\right) \\ &=(-)^n\int \frac{\mathrm{d}^2\alpha}{\pi}\mathrm{L}_n(4|\alpha|^2)\exp\left(-\frac{2}{A}|\alpha-\beta\mathrm{e}^{-(\kappa-g)t}|^2-2|\alpha|^2\right) \end{aligned} \tag{8.124}$$

进一步，利用双变量厄米多项式和拉盖尔多项式之间的关系，

$$\mathrm{L}_n(xy)=\frac{(-)^n}{n!}\mathrm{H}_{n,n}(x,y) \tag{8.125}$$

以及厄米多项式的母函数，

$$\mathrm{H}_{m,n}(x,y)=\frac{\partial^{m+n}}{\partial\tau^m\partial\tau'^n}\exp(-\tau\tau'+\tau x+\tau' y)\Big|_{\tau=\tau'=0} \tag{8.126}$$

可给出 $G(\beta,t)$ 的最终表达式(8.127)。

$$\begin{aligned} G(\beta,t) &=\frac{1}{n!}\int \frac{\mathrm{d}^2\alpha}{\pi}\mathrm{H}_{n,n}(2\alpha,2\alpha^*)\exp\left(-\frac{2}{A}|\alpha-\beta\mathrm{e}^{-(\kappa-g)t}|^2-2|\alpha|^2\right) \\ &=\frac{1}{n!}\frac{\partial^{n+n}}{\partial\tau^n\partial\tau'^n}\mathrm{e}^{-\tau\tau'-\frac{2}{A}|\beta|^2\mathrm{e}^{-2(\kappa-g)t}}\int \frac{\mathrm{d}^2\alpha}{\pi}\exp\left[-2\frac{A+1}{A}|\alpha|^2+\right. \\ &\quad \left.\left. 2\alpha\left(\tau+\frac{\beta^*}{A}\mathrm{e}^{-(\kappa-g)t}\right)+2\alpha^*\left(\tau'+\frac{\beta}{A}\mathrm{e}^{-(\kappa-g)t}\right)\right]\right|_{\tau=\tau'=0} \end{aligned}$$

$$=\frac{A}{2(A+1)}\frac{1}{n!}\frac{\partial^{n+n}}{\partial\tau^{n}\partial\tau'^{n}}\exp\left(-\tau\tau'-\frac{2}{A}|\beta|^{2}e^{-2(\kappa-g)t}\right)\times$$

$$\exp\left[\frac{2A}{A+1}\left(\tau+\frac{\beta^{*}}{A}e^{-(\kappa-g)t}\right)\left(\tau'+\frac{\beta}{A}e^{-(\kappa-g)t}\right)\right]\Big|_{\tau=\tau'=0}$$

$$=\frac{A}{2(A+1)}\frac{1}{n!}e^{-\frac{2e^{-2(\kappa-g)t}}{A+1}|\beta|^{2}}\frac{\partial^{n+n}}{\partial\tau^{n}\partial\tau'^{n}}$$

$$\exp\left(-\frac{1-A}{1+A}\tau'\tau+\frac{2\beta^{*}e^{-(\kappa-g)t}}{A+1}\tau'+\frac{2\beta e^{-(\kappa-g)t}}{A+1}\tau\right)\Big|_{\tau=\tau'=0}$$

$$=\frac{A}{2(A+1)}\frac{1}{n!}\left(\frac{1-A}{1+A}\right)^{n}e^{-\frac{2e^{-2(\kappa-g)t}}{A+1}|\beta|^{2}}\times$$

$$\frac{\partial^{n+n}}{\partial\tau^{n}\partial\tau'^{n}}\exp\left(-\tau'\tau+\frac{2\beta^{*}e^{-(\kappa-g)t}}{\sqrt{1-A^{2}}}\tau'+\tau\frac{2\beta e^{-(\kappa-g)t}}{\sqrt{1-A^{2}}}\right)\Big|_{\tau=\tau'=0}$$

$$=\frac{A}{2(A+1)}\frac{1}{n!}\left(\frac{1-A}{1+A}\right)^{n}e^{-\frac{2e^{-2(\kappa-g)t}}{A+1}|\beta|^{2}}H_{n,n}\left[\frac{2\beta e^{-(\kappa-g)t}}{\sqrt{1-A^{2}}},\frac{2\beta^{*}e^{-(\kappa-g)t}}{\sqrt{1-A^{2}}}\right]$$

$$=\frac{A}{2(A+1)}\left(\frac{A-1}{1+A}\right)^{n}e^{-\frac{2e^{-2(\kappa-g)t}}{A+1}|\beta|^{2}}L_{n}\left(\frac{4|\beta|^{2}e^{-2(\kappa-g)t}}{1-A^{2}}\right) \tag{8.127}$$

把式(8.127)代入式(8.123),可得到

$$p(n,t)=\frac{4(A-1)^{n}}{(A+1)^{n+1}}\int d^{2}\beta e^{-\frac{2e^{-2(\kappa-g)t}}{A+1}|\beta|^{2}}L_{n}\left(\frac{4e^{-2(\kappa-g)t}}{1-A^{2}}|\beta|^{2}\right)W(\beta,0) \tag{8.128}$$

它为计算开放系统中量子态的光子数分布提供了一种新的方法。可见,一旦初始维格纳函数已知,通过执行积分(8.128)可给出开放系统中光子数分布随时间的演化公式。

特殊情况下,当 $g=0$ 时,$A=1-e^{-2\kappa t}=T$,式(8.128)变为式(8.129),它对应着振幅衰减通道中光子数分布随时间的演化。

$$p(n,t)=\frac{(-1)^{n}4e^{2\kappa t}}{(2e^{2\kappa t}-1)^{n+1}}\int d^{2}\beta e^{-\frac{2}{2e^{2\kappa t}-1}|\beta|^{2}}L_{n}\left(\frac{4e^{2\kappa t}}{2e^{2\kappa t}-1}|\beta|^{2}\right)W(\beta,0) \tag{8.129}$$

而对于 $g\rightarrow\kappa\bar{n}$ 和 $\kappa\rightarrow\kappa(\bar{n}+1)$ 时,式(8.128)变为热环境中光子数分布随时间的演化公式,

$$p(n,t)=\frac{4(\mathcal{A}-1)^n}{(\mathcal{A}+1)^{n+1}}\int d^2\beta e^{-\frac{2e^{-2\kappa t}}{\mathcal{A}+1}|\beta|^2}L_n\left(\frac{4e^{-2\kappa t}}{1-\mathcal{A}^2}|\beta|^2\right)W(\beta,0)$$

(8.130)

式中，$\mathcal{A}=(2\bar{n}+1)T=(2\bar{n}+1)(1-e^{-2\kappa t})$。例如，把式(8.118)中相干态的维格纳函数代入式(8.128)，可有

$$\begin{aligned}p_{|z\rangle\langle z|}(n,t)=&\frac{4(A-1)^n}{(A+1)^{n+1}}\int\frac{d^2\beta}{\pi}L_n\left(\frac{4e^{-2(\kappa-g)t}}{1-A^2}|\beta|^2\right)\times\\&\exp\left(-2|\beta-z|^2-\frac{2e^{-2(\kappa-g)t}}{A+1}|\beta|^2\right)\\=&\frac{4(1-A)^n e^{-2|z|^2}}{(A+1)^{n+1}n!}\frac{\partial^{n+n}}{\partial\tau^n\partial\tau'^n}e^{-\tau\tau'}\int\frac{d^2\beta}{\pi}\exp\left[-2A_1|\beta|^2+\right.\\&\left.2\left(\frac{\tau e^{-(\kappa-g)t}}{\sqrt{1-A^2}}+z^*\right)\beta+2\left(\frac{\tau' e^{-(\kappa-g)t}}{\sqrt{1-A^2}}+z\right)\beta^*\right]\Big|_{\tau=\tau'=0}\\=&\frac{2(1-A)^n e^{\frac{2(1-A_1)|z|^2}{A_1}}}{A_1(A+1)^{n+1}n!}\frac{\partial^{n+n}}{\partial\tau^n\partial\tau'^n}\exp(-A_3^2\tau\tau'+\\&\frac{2A_2}{A_1}(z\tau+z^*\tau'))\Big|_{\tau=\tau'=0}\end{aligned}\tag{8.131}$$

式中，$A_1=\frac{e^{-2(\kappa-g)t}}{A+1}+1$，$A_2=\frac{e^{-(\kappa-g)t}}{\sqrt{1-A^2}}$，$A_3^2=1-\frac{2A_2^2}{A_1}$。通过进行变量代换，可把式(8.131)改写为

$$\begin{aligned}p_{|z\rangle\langle z|}(n,t)=&\frac{2A_3^{2n}}{A_1}\frac{(1-A)^n e^{\frac{2(1-A_1)|z|^2}{A_1}}}{(A+1)^{n+1}n!}\times\\&\frac{\partial^{n+n}}{\partial\tau^n\partial\tau'^n}\exp\left[-\tau\tau'+\frac{2A_2}{A_1A_3}(z\tau+z^*\tau')\right]\Big|_{\tau=\tau'=0}\\=&\frac{2A_3^{2n}}{A_1}\frac{(1-A)^n e^{\frac{2(1-A_1)|z|^2}{A_1}}}{(A+1)^{n+1}n!}H_{n,n}\left(\frac{2A_2z}{A_1A_3},\frac{2A_2z^*}{A_1A_3}\right)\\=&\frac{2}{A_1}\frac{A_3^{2n}(A-1)^n}{(A+1)^{n+1}}e^{\frac{2(1-A_1)|z|^2}{A_1}}L_n\left(\frac{4A_2^2}{A_1^2A_3^2}|z|^2\right)\end{aligned}\tag{8.132}$$

特殊情况下，当$\kappa=g=0$时，$A=0$，$A_1=2$，$A_2=1$，$A_3^2\rightarrow0$，且注意到拉盖尔多项式的原始定义，

$$L_n(x)=\sum_{l=0}^{n}\frac{n!}{l!(n-l)!}\frac{(-x)^l}{l!} \tag{8.133}$$

式(8.132)简化为相干态光子数分布，即此式中只有 $n=l$ 项有贡献，为泊松分布特征。

$$p_{|z\rangle\langle z|}(n)=\mathrm{e}^{-|z|^2}\sum_{l=0}^{n}\frac{n!(-1)^n}{l!(n-l)!}\frac{(-)^l}{l!}A_3^{2(n-l)}|z|^{2l}=\frac{|z|^{2n}}{n!}\mathrm{e}^{-|z|^2} \tag{8.134}$$

小结：用热纠缠态表象(其中实模伴有一个虚模)，我们导出了当系统处于热环境中时，t 时刻的维格纳函数与初始时刻的维格纳函数之间的关系。

参考文献

[1] Wan Z L, Fan H Y, Wang Z. Thermal vacuum state corresponding to squeezed chaotic light and its application [J]. Chinese Physics B, 2015, 24(12): 120301.

[2] Xu X X, Hu L Y, Guo Q, et al. Thermal vacuum state for the two-coupled-oscillator model at finite temperature: Derivation and application [J]. Chinese Physics B, 2013, 22(9): 090302.

[3] Hu L Y, Fan H Y. Wigner functions of thermo number state, photon subtracted and added thermo vacuum state at finite temperature [J]. Modern Physics Letters A, 2009, 24(28): 2263 - 2274.

[4] Xu X X, Fan H Y, Hu L Y. et al. Generalized two-mode thermal vacuum state for the Hamiltonian of a parametric amplifier derived by the IWOP method [J]. Physica A: Statistical Mechanics and its Applications, 2011, 390(1): 18 - 23.

[5] Wu W F, Fan H Y. Thermo vacuum state for Gaussian-enhanced chaotic light [J]. Modern Physics Letters B, 2017, 31(13): 1750151.

[6] Fan H Y, Wang H. Quantum fluctuation of two-mode squeezed thermal vacuum states and the thermal Wigner operator studied by virtue of ⟨η| representation [J]. Modern Physics Letters B, 2001, 15(12n13): 397 - 406.

[7] Fan H Y, Liang X T. Quantum fluctuation in thermal vacuum state for mesoscopic LC electric circuit [J]. Chinese Physics Letters, 2000, 17(3): 174 - 176.

[8] Wu W F, Fan H Y. Thermo vacuum state and expected value in a quantized mesoscopic RLC electric circuit [J]. Chinese Journal of Quantum Electronics, 2014, 31(6): 703 - 709.

[9] Yuan H C, Xu X X, Xu X F, et al. Fluctuations at finite temperature and thermodynamics of mesoscopic rlc circuit calculated by using generalized thermal vacuum state [J]. Modern Physics Letters B, 2011, 25(31): 2353 - 2361.

[10] Fan H Y, Hu L Y. New approach for solving master equations in quantum optics and quantum statistics by virtue of thermo-entangled state representation [J].

Communications in Theoretical Physics, 2009, 51(4): 729 - 742.

[11] Chen F, Fan H Y. A new approach to the time evolution of characteristic function of the density operator obtained by virtue of thermal entangled state representation [J]. Science China Physics, Mechanics & Astronomy, 2012, 55(11): 2076 - 2080.

[12] Yu Z S, Ren G H, Yu Z Y, et al. Time evolution of the wigner operator as a quasi-density operator in amplitude dessipative channel [J]. International Journal of Theoretical Physics, 2018, 57(6): 1888 - 1893.

[13] Hu L Y, Chen F, Wang Z S, et al. Time evolution of distribution functions in dissipative environments [J]. Chinese Physics B, 2011, 20(7): 074204.

[14] He R, Chen J H, Fan H Y. Evolution law of Wigner function in laser process [J]. Frontiers of Physics, 2013, 8(4): 381 - 385.

[15] Fan H Y, Hu L Y. Two quantum-mechanical photocount formulas [J]. Optics letters, 2008, 33(5): 443 - 445.

9

纠缠傅里叶变换

当你理解了在量子世界力学量已然被算符取代，而基本的算符之间是不对易的，存在排序问题时，我们写量子力学书就应在狄拉克符号法的基础上，灵活运用有序算符内的积分理论了。此理论的一个关键是基本算符在一定的排序内部是可交换的，其行为如普通参数，于是算符函数就可以顺利被积分，其结果也是处在原排序中。这个想法，笔者是从人眼有潜能把视网膜成的倒像自动调节为正像得到启发的，想象自己是个外星人，能将无序的算符函数自动排为某种有序，于是牛顿积分就可以推广到对算符函数的积分了。所以，当量子力学把人类带到一个算符世界后，人类的眼神要做适当的调整，要掌握有序算符内的积分技术，灵活转换各种排序，就需要引入纠缠傅里叶变换。

经典傅里叶积分变换核对应于量子力学坐标-动量表象变换 $\langle q \mid p\rangle=\frac{1}{\sqrt{2\pi}}e^{ipq/\hbar}$，$Q\mid q\rangle=q\mid q\rangle$，$P\mid p\rangle=p\mid p\rangle$。经典汉克尔(Hankel)积分变换核[贝塞尔(Bessel)函数]对应于我们在量子力学新引入的两个互为共轭的双模纠缠态表象。本章要探讨的问题是：是否存在对应量子力学基本对易关系的积分变换？这样的积分变换是什么样的？在做出肯定的答复后，我们将指出相空间中存在对应量子力学基本对易关系的积分变换，其积分核是 $\frac{1}{\pi}\vdots\exp[\pm 2i(q-Q)(p-P)]\vdots$，这里 $\vdots\ \vdots$ 表示外尔排序，Q，P 是量子力学坐标算符和动量算符，其功能是负责算符的三种常用排序(P-Q 排序、Q-P 排序和外尔排序)规则之间的相互转化。我们还导出了此积分核与维格纳算符之间的关系，以及维格纳函数在这类积分变换下的性质及用途。

9.1 对应量子力学基本对易关系的积分变换

量子力学基本对易关系可明显地反映在贝克-豪斯多夫公式上，观察 $e^{\lambda Q+\sigma P}$ 的分解为 $P-Q$ 排序的公式(以下令 $\hbar=1$) [1, 2]，

$$e^{\lambda Q+\sigma P}=e^{\sigma P}e^{\lambda Q}e^{\frac{1}{2}[\lambda Q,\ \sigma P]}=e^{\sigma P}e^{\lambda Q}e^{\frac{1}{2}i\lambda\sigma} \tag{9.1}$$

可发现存在对于 $e^{\lambda q'+\sigma p'}$ 的积分变换，

$$e^{\lambda q+\sigma p}\rightarrow\frac{1}{\pi}\iint_{-\infty}^{\infty}dq'dp'e^{\lambda q'+\sigma p'}e^{2i(p-p')(q-q')}=e^{\lambda q+\sigma p+\frac{i\lambda\sigma}{2}} \tag{9.2}$$

积分核是 $\frac{1}{\pi}e^{2i(p-p')(q-q')}$。另一方面，观察 $e^{\lambda Q+\sigma P}$ 的分解为 $Q-P$ 排序的公式

$$e^{\lambda Q+\sigma P}=e^{\lambda Q}e^{\sigma P}e^{-\frac{1}{2}[\lambda Q,\ \sigma P]}=e^{\lambda Q}e^{\sigma P}e^{-\frac{1}{2}i\lambda\sigma} \tag{9.3}$$

发现存在另一种积分变换

$$e^{\lambda q+\sigma p}\rightarrow\frac{1}{\pi}\iint dq'dp'e^{\lambda q'+\sigma p'}e^{-2i(p-p')(q-q')}=e^{\lambda q+\sigma p-i\lambda\sigma/2} \tag{9.4}$$

积分核是 $\frac{1}{\pi}e^{-2i(p-p')(q-q')}$。式(9.4)可以看做是式(9.2)的逆变换。经典函数 $e^{\lambda q+\sigma p}$ 的三种常用量子对应(外尔排序，$P-Q$ 排序和 $Q-P$ 排序)分别是

$$\begin{gathered}e^{\lambda Q+\sigma P},\\ e^{\sigma P}e^{\lambda Q},\\ e^{\lambda Q}e^{\sigma P}\end{gathered} \tag{9.5}$$

把 $e^{\lambda q+\sigma p}$ 直接量子化为 $e^{\lambda Q+\sigma P}$ 的方案称为外尔-维格纳量子化，$e^{\lambda Q+\sigma P}$ 是外尔排序好的算符，

$$e^{\lambda Q+\sigma P}=\vdots e^{\lambda Q+\sigma P}\vdots \tag{9.6}$$

这里 $\vdots\ \vdots$ 表示外尔排序，所以式(9.1)～(9.4)就启发我们确实存在对应量子力学基本对易关系的积分变换。据此，可以定义如式(9.7)一类的积分变换(它不同于傅里叶变换)，并将其推广到量子力学。

$$G(p,\ q)\equiv\frac{1}{\pi}\iint\mathrm{d}q'\mathrm{d}p'h(p',\ q')\mathrm{e}^{2\mathrm{i}(p-p')(q-q')}\tag{9.7}$$

称为范氏积分变换，当 $h(p',\ q')=1$，上式变为

$$\frac{1}{\pi}\iint\mathrm{d}q'\mathrm{d}p'\mathrm{e}^{2\mathrm{i}(p-p')(q-q')}=\int_{-\infty}^{\infty}\mathrm{d}q'\delta(q-q')\mathrm{e}^{2\mathrm{i}p(q-q')}=1\tag{9.8}$$

式(9.7)存在逆变换。

$$\iint\frac{\mathrm{d}q\mathrm{d}p}{\pi}\mathrm{e}^{-2\mathrm{i}(p-p')(q-q')}G(p,\ q)=h(p',\ q')\tag{9.9}$$

事实上，将式(9.7)代入式(9.9)的左边给出，

$$\begin{aligned}&\iint_{-\infty}^{\infty}\frac{\mathrm{d}q\mathrm{d}p}{\pi}\iint\frac{\mathrm{d}q''\mathrm{d}p''}{\pi}h(p'',\ q'')\mathrm{e}^{2\mathrm{i}[(p-p'')(q-q'')-(p-p')(q-q')]}\\&=\iint_{-\infty}^{\infty}\mathrm{d}q''\mathrm{d}p''h(p'',\ q'')\mathrm{e}^{2\mathrm{i}(p''q''-p'q')}\delta(p''-p')\delta(q''-q')=h(p',\ q')\end{aligned}\tag{9.10}$$

此变换具有保模的性质。

$$\begin{aligned}&\iint_{-\infty}^{\infty}\frac{\mathrm{d}q\mathrm{d}p}{\pi}\mid h(p,\ q)\mid^2\\&=\iint\frac{\mathrm{d}q'\mathrm{d}p'}{\pi}\mid G(p',\ q')\mid^2\iint\frac{\mathrm{d}p''\mathrm{d}q''}{\pi}\mathrm{e}^{2\mathrm{i}(p''q''-p'q')}\times\\&\quad\iint_{-\infty}^{\infty}\frac{\mathrm{d}q\mathrm{d}p}{\pi}\mathrm{e}^{2\mathrm{i}[(-p''p-q''q)+(pp'+q'q)]}\\&=\iint\frac{\mathrm{d}q'\mathrm{d}p'}{\pi}\mid G(p',\ q')\mid^2\iint\mathrm{d}p''\mathrm{d}q''\mathrm{e}^{2\mathrm{i}(p''q''-p'q')}\delta(q'-q'')\delta(p'-p'')\\&=\iint\frac{\mathrm{d}q'\mathrm{d}p'}{\pi}\mid G(p',\ q')\mid^2\end{aligned}\tag{9.11}$$

9.2 积分核为 $\frac{1}{\pi}\vdots\exp[\pm 2\mathrm{i}(q-Q)(p-P)]\vdots$ 的变换

将函数 $\frac{1}{\pi}\mathrm{e}^{2\mathrm{i}(p-p')(q-q')}$ 代之以外尔排序的算符积分核，

$$\frac{1}{\pi}\vdots\exp[2\mathrm{i}(q-Q)(p-P)]\vdots\tag{9.12}$$

并做类似于式(9.2)的新积分变换，由于 在$\vdots\ \vdots$内部Q与P可交换，所以可用外尔排序算符内的积分技术，得到

$$\begin{aligned}&\frac{1}{\pi}\iint_{-\infty}^{\infty}\mathrm{d}p\,\mathrm{d}q\,\mathrm{e}^{\lambda q+\sigma p}\vdots\exp[2\mathrm{i}(q-Q)(p-P)]\vdots\\&=\vdots\mathrm{e}^{\lambda Q+\sigma P+\mathrm{i}\lambda\sigma/2}\vdots\\&=\mathrm{e}^{\lambda Q+\sigma P}\mathrm{e}^{\mathrm{i}\lambda\sigma/2}=\mathrm{e}^{\lambda Q}\mathrm{e}^{\sigma P}\end{aligned}\tag{9.13}$$

这就直接把 $\mathrm{e}^{\lambda q+\sigma p}$ 量子化为算符 $\mathrm{e}^{\lambda Q}\mathrm{e}^{\sigma P}$，这是 $Q-P$ 排序的，因此比较式(9.14)，

$$\iint_{-\infty}^{\infty}\mathrm{d}p\,\mathrm{d}q\,\mathrm{e}^{\lambda q+\sigma p}\delta(q-Q)\delta(p-P)=\mathrm{e}^{\lambda Q}\mathrm{e}^{\sigma P}\tag{9.14}$$

可知

$$\frac{1}{\pi}\vdots\exp[2\mathrm{i}(q-Q)(p-P)]\vdots=\delta(q-Q)\delta(p-P)\tag{9.15}$$

类似地，以 $\frac{1}{\pi}\vdots\exp[-2\mathrm{i}(q-Q)(p-P)]\vdots$ 为积分核做如式(9.13)那样的变换，

$$\begin{aligned}&\frac{1}{\pi}\iint\mathrm{d}p\,\mathrm{d}q\,\mathrm{e}^{\lambda q+\sigma p}\vdots\exp[-2\mathrm{i}(q-Q)(p-P)]\vdots\\&=\vdots\mathrm{e}^{\lambda Q+\sigma P-\frac{\mathrm{i}\lambda\sigma}{2}}\vdots\\&=\mathrm{e}^{\sigma P}\mathrm{e}^{\lambda Q}\end{aligned}\tag{9.16}$$

这就直接把 $\mathrm{e}^{\lambda q+\sigma p}$ 量子化为算符 $\mathrm{e}^{\sigma P}\mathrm{e}^{\lambda Q}$，这是 $P-Q$ 排序的，比较式(9.17)，

$$\iint\mathrm{d}p\,\mathrm{d}q\,\mathrm{e}^{\lambda q+\sigma p}\delta(p-P)\delta(q-Q)=\mathrm{e}^{\sigma P}\mathrm{e}^{\lambda Q}\tag{9.17}$$

可知

$$\frac{1}{\pi}\vdots\exp[-2\mathrm{i}(q-Q)(p-P)]\vdots=\delta(p-P)\delta(q-Q)\tag{9.18}$$

所以，以 $\frac{1}{\pi}\vdots\exp[\pm 2\mathrm{i}(q-Q)(p-P)]\vdots$ 为积分核的变换分别对应算符的 $Q-P$ 排序和 $P-Q$ 排序。

9.3 积分核 $\frac{1}{\pi}\vdots\exp[\pm 2\mathrm{i}(q-Q)(p-P)]\vdots$ 与维格纳算符的关系

把经典量 $\mathrm{e}^{\lambda q+\sigma p}$ 直接量子化为 $\mathrm{e}^{\lambda Q+\sigma P}$ 的方案称为外尔-维格纳量子化，它们通过以下积分变换相联系：

$$\mathrm{e}^{\lambda Q+\sigma P}=\iint_{-\infty}^{\infty}\mathrm{d}p\,\mathrm{d}q\,\mathrm{e}^{\lambda q+\sigma p}\Delta(q,\ p) \tag{9.19}$$

$\Delta(q,\ p)$ 是维格纳算符，其原始定义为

$$\Delta(q,\ p)=\iint_{-\infty}^{\infty}\frac{\mathrm{d}u\,\mathrm{d}v}{4\pi^2}\mathrm{e}^{\mathrm{i}(q-Q)u+\mathrm{i}(p-P)v} \tag{9.20}$$

把式(9.6)代入式(9.20)并用外尔排序算符内的积分技术得到(注意 P 与 Q 在 $\vdots\ \vdots$ 内部对易)。

$$\begin{aligned}\Delta(q,\ p)&=\iint_{-\infty}^{\infty}\frac{\mathrm{d}u\,\mathrm{d}v}{4\pi^2}\vdots\mathrm{e}^{\mathrm{i}(q-Q)u+\mathrm{i}(p-P)v}\vdots\\&=\vdots\delta(p-P)\delta(q-Q)\vdots\\&=\vdots\delta(q-Q)\delta(p-P)\vdots\end{aligned} \tag{9.21}$$

故

$$\begin{aligned}&\frac{1}{\pi}\vdots\exp[-2\mathrm{i}(q-Q)(p-P)]\vdots\\&=\frac{1}{\pi}\iint\mathrm{d}p'\mathrm{d}q'\vdots\delta(p-P)\delta(q-Q)\vdots\mathrm{e}^{-2\mathrm{i}(p-p')(q-q')}\\&=\frac{1}{\pi}\iint\mathrm{d}p'\mathrm{d}q'\Delta(q',\ p')\mathrm{e}^{-2\mathrm{i}(p-p')(q-q')}\end{aligned} \tag{9.22}$$

即 $\frac{1}{\pi}\vdots\exp[-2\mathrm{i}(q-Q)(p-P)]\vdots$ 与维格纳算符互为新积分变换。比较式(9.22)与(9.18)又得到

$$\delta(p-P)\delta(q-Q)=\frac{1}{\pi}\iint\mathrm{d}p'\mathrm{d}q'\Delta(q',\ p')\mathrm{e}^{-2\mathrm{i}(p-p')(q-q')} \tag{9.23}$$

取其厄米共轭有

$$\delta(q-Q)\delta(p-P)=\frac{1}{\pi}\iint dp'dq'\Delta(q',p')e^{2i(p-p')(q-q')} \tag{9.24}$$

明确地显示了算符排序规则之间的转化可以用式(9.24)的变换实现。根据式(9.7)和式(9.9)的互逆关系,从式(9.23)～(9.24)又得到式(9.25)和式(9.26)。

$$\frac{1}{\pi}\iint dqdp\delta(p-P)\delta(q-Q)e^{2i(p-p')(q-q')}=\Delta(q',p') \tag{9.25}$$

$$\frac{1}{\pi}\iint dqdp\delta(q-Q)\delta(p-P)e^{-2i(p-p')(q-q')}=\Delta(q',p') \tag{9.26}$$

以上公式有助于讨论算符排序的相互转换。

9.4 维格纳函数的新积分变换及用途

鉴于坐标和动量不能同时精确地测量,所以在量子力学的相空间中只能定义准概率分布函数(维格纳函数),用以上的积分变换可以给出一个求维格纳函数的新途径[3-5]。事实上,一个量子态ρ的维格纳函数为$W(q,p)=\mathrm{tr}[\rho\Delta(q,p)]$,用式(9.27)和式(9.28),

$$\delta(q-Q)=|q\rangle\langle q|,\delta(p-P)=|p\rangle\langle p| \tag{9.27}$$

$$\langle q|p\rangle=\frac{1}{\sqrt{2\pi}}e^{ipq} \tag{9.28}$$

得到

$$\begin{aligned}W(q,p)&=\frac{1}{\pi}\mathrm{tr}\left(\rho\iint dq'dp'\delta(q'-Q)\delta(p'-P)e^{-2i(p-p')(q-q')}\right)\\&=\frac{1}{\pi\sqrt{2\pi}}\mathrm{tr}\left(\rho\iint dq'dp'|q'\rangle\langle p'|e^{ip'q'-2i(p-p')(q-q')}\right)\\&=\frac{1}{\pi\sqrt{2\pi}}\iint dq'dp'\langle p'|\rho|q'\rangle e^{ip'q'-2i(p-p')(q-q')}\end{aligned} \tag{9.29}$$

$\langle p|\rho|q\rangle$ 是密度算符 ρ 在坐标-动量表象中的转换矩阵元。其逆变换为

$$\frac{1}{\pi}\iint dp'dq'e^{2i(p-p')(q-q')}W(q',p')=\frac{1}{\sqrt{2\pi}}\langle p|\rho|q\rangle e^{ipq} \tag{9.30}$$

这一新关系有利于分析维格纳函数的结构。特别情况下，当 ρ 是纯态时，$\rho=|\psi\rangle\langle\psi|$，上式变为式(9.31)以及式(9.32)。

$$\frac{1}{\pi}\iint \mathrm{d}p'\mathrm{d}q'\mathrm{e}^{2\mathrm{i}(p-p')(q-q')}W(q',p')=\frac{\mathrm{e}^{\mathrm{i}pq}}{\sqrt{2\pi}}\psi(p)\psi^*(q) \tag{9.31}$$

$$\frac{1}{\pi}\iint \mathrm{d}p\mathrm{d}q\mathrm{e}^{-2\mathrm{i}(p-p')(q-q')}\frac{\mathrm{e}^{\mathrm{i}pq}}{\sqrt{2\pi}}\psi(p)\psi^*(q)=W(q',p') \tag{9.32}$$

表明维格纳函数 $W(q',p')$ 是波函数 $\frac{\mathrm{e}^{\mathrm{i}pq}}{\sqrt{2\pi}}\psi(p)\psi^*(q)$ 的积分变换，积分核是 $\mathrm{e}^{-2\mathrm{i}(p-p')(q-q')}$。式(9.32)实际上也指出了求维格纳函数的一个新方法。

例如，当 $\rho=|n\rangle\langle n|$ 是一个纯粒子数态时，

$$|n\rangle=\frac{a^{\dagger n}|0\rangle}{\sqrt{n!}} \tag{9.33}$$

已知，

$$\langle p|n\rangle=\frac{(-\mathrm{i})^n}{\sqrt{2^n n!\sqrt{\pi}}}\mathrm{H}_n(p)\mathrm{e}^{-p^2/2} \tag{9.34}$$

$$\langle n|q\rangle=\frac{1}{\sqrt{2^n n!\sqrt{\pi}}}\mathrm{H}_n(q)\mathrm{e}^{-q^2/2} \tag{9.35}$$

把式(9.34)和式(9.35)代入式(9.32)积分就得到维格纳函数，

$$\begin{aligned}&\frac{(-\mathrm{i})^n}{\sqrt{2\pi}\,2^n n!\pi}\iint \mathrm{d}p\mathrm{d}q\mathrm{H}_n(p)\mathrm{H}_n(q)\mathrm{e}^{\mathrm{i}pq-\frac{p^2}{2}-\frac{q^2}{2}}\mathrm{e}^{-2\mathrm{i}(p-p')(q-q')}\\&=\frac{(-1)^n}{\pi}\mathrm{e}^{-p'^2-q'^2}\mathrm{L}_n[2(p'^2+q'^2)]\end{aligned} \tag{9.36}$$

这里 L_n 是 n 阶拉盖尔多项式，故有式(9.37)。

$$W_{|n\rangle\langle n|}(q,p)=\frac{(-1)^n}{\pi}\mathrm{e}^{-p^2-q^2}\mathrm{L}_n[2(p^2+q^2)] \tag{9.37}$$

由于 $(-1)^n$ 的存在，该维格纳函数非正定，所以 $|n\rangle\langle n|$ 是一个非经典态。式(9.36)的反变换直接给出式(9.38)，

$$\frac{(-1)^n}{\pi}\iint dp'dq' e^{2i(p-p')(q-q')} e^{-p'^2-q'^2} L_n[2(p'^2+q'^2)]$$
$$=\frac{(-i)^n}{\sqrt{2\pi}2^n n!}H_n(q)H_n(p)e^{ipq-\frac{q^2}{2}-\frac{p^2}{2}} \tag{9.38}$$

这是一个新的积分公式。又如,混沌光场(混合态)的密度算符为

$$\rho_c=(1-e^{\lambda})e^{\lambda a^{\dagger}a} \tag{9.39}$$

用 $\sum_{n=0}^{\infty}|n\rangle\langle n|=1$ 和厄米多项式的母函数公式,

$$\sum_{n=0}^{\infty}\frac{t^n}{2^n n!}H_n(x)H_n(y)=\frac{1}{\sqrt{1-t^2}}\exp\left[\frac{2txy-t^2(x^2+y^2)}{1-t^2}\right] \tag{9.40}$$

得到式(9.41)。

$$\begin{aligned}
&\langle p'|\rho_c|q'\rangle e^{ip'q'}\\
&=\langle p'|\rho_c\sum_{n=0}^{\infty}|n\rangle\langle n|q'\rangle e^{ip'q'}\\
&=(1-e^{\lambda})\sum_{n=0}^{\infty}e^{\lambda n}\langle p'|n\rangle\langle n|q'\rangle e^{ip'q'}\\
&=(1-e^{\lambda})\sum_{n=0}^{\infty}e^{\lambda n}\frac{(-i)^n}{2^n n!\sqrt{\pi}}H_n(p')H_n(q')e^{ip'q'-\frac{p'^2}{2}-\frac{q'^2}{2}}\\
&=\frac{1-e^{\lambda}}{\sqrt{\pi}\sqrt{1+e^{2\lambda}}}\exp\left[\frac{iq'p'(e^{\lambda}-1)^2+\frac{(e^{2\lambda}-1)(q'^2+p'^2)}{2}}{1+e^{2\lambda}}\right]
\end{aligned} \tag{9.41}$$

把式(9.41)代入式(9.32)积分得到混沌光场的维格纳函数

$$W_{\rho_c}=\frac{1-e^{\lambda}}{\pi(1+e^{\lambda})}\exp\left[\frac{e^{\lambda}-1}{1+e^{\lambda}}(q^2+p^2)\right] \tag{9.42}$$

小结:我们指出了对应量子力学基本对易关系存在积分变换,当取积分核是 $\frac{1}{\pi}\vdots\exp[\pm 2i(q-Q)(p-P)]\vdots$ 时,用这类积分变换就可实现算符的三种常用排序规则的相互转化。我们还导出了此积分核与维格纳算符之间的关系,以及密度算符 ρ 的维格纳函数与 $\langle p|\rho|q\rangle$ 的关系,相信维格纳函数的这类积分变换对于发展相空间量子力学理论会有进一步的用处。

9.5 范氏积分变换

从式(9.7)可知幂函数 $q'^m p'^r$ 的范氏变换为

$$\iint_{-\infty}^{\infty} \frac{\mathrm{d}q'\mathrm{d}p'}{\pi} q'^m p'^r \mathrm{e}^{2\mathrm{i}(p-p')(q-q')} = \left(\frac{1}{\sqrt{2}}\right)^{m+r} (-\mathrm{i})^r \mathrm{H}_{m,r}(\sqrt{2}p, \mathrm{i}\sqrt{2}q) \tag{9.43}$$

式中，$\mathrm{H}_{m,r}$ 为双变量厄米多项式，即

$$\mathrm{H}_{m,n}(p, q) = \sum_{l=0}^{\min(m,n)} \frac{m!n!(-)^l}{l!(m-l)!(n-l)!} p^{m-l} q^{n-l} \tag{9.44}$$

它实际是 p 和 q 的纠缠函数。可见，q'^m 与 p'^r 两个相互独立的幂函数，在经过范氏变换以后，变成了具有纠缠特性的厄米函数 $\mathrm{H}_{m,n}(p, q)$。式(9.43)的证明如下：

$$\begin{aligned}\text{式(9.43) 左边} &= \mathrm{e}^{2\mathrm{i}qp}\left(\frac{\partial}{\partial q}\right)^r\left(\frac{\partial}{\partial p}\right)^m \iint_{-\infty}^{\infty} \frac{\mathrm{d}q'\mathrm{d}p'}{\pi} \mathrm{e}^{2\mathrm{i}q'p'} \exp(-2\mathrm{i}p'q - 2\mathrm{i}pq') \\ &= \mathrm{e}^{2\mathrm{i}qp}\left(\frac{\partial}{\partial q}\right)^r\left(\frac{\partial}{\partial p}\right)^m \int_{-\infty}^{\infty} \mathrm{d}q' \mathrm{e}^{-2\mathrm{i}pq'} \delta(q'-q) \\ &= \mathrm{e}^{2\mathrm{i}qp}\left(\frac{\partial}{\partial q}\right)^r\left(\frac{\partial}{\partial p}\right)^m \mathrm{e}^{-2\mathrm{i}pq} = \text{式(9.43) 右边}\end{aligned} \tag{9.45}$$

式(9.43)中变换的逆变换为

$$\begin{aligned}&\iint_{-\infty}^{\infty} \frac{\mathrm{d}p\mathrm{d}q}{\pi}\left(\frac{1}{\sqrt{2}}\right)^{m+r} (-\mathrm{i})^r \mathrm{H}_{m,r}(\sqrt{2}p, \mathrm{i}\sqrt{2}q) \times \\ &\exp[-2\mathrm{i}(p-p')(q-q')] \\ &= q'^m p'^r\end{aligned} \tag{9.46}$$

范氏变换在算符排序方面也有重要应用。例如，利用关于坐标算符 Q 和动量算符 P 满足的恒等式

$$\delta(q-Q)\delta(p-P) = \frac{1}{\pi} \vdots\, \mathrm{e}^{2\mathrm{i}(p-P)(q-Q)} \,\vdots \tag{9.47}$$

式中 $\vdots\ \vdots$ 为外尔排序符号，有

$$\begin{aligned}Q^m P^r &= \int \mathrm{d}p\,\mathrm{d}q q^m p^r \delta(q-Q)\delta(p-P)\\ &= \frac{1}{\pi}\int \mathrm{d}p\,\mathrm{d}q q^m p^r \vdots\, \mathrm{e}^{2\mathrm{i}(p-P)(q-Q)} \,\vdots\\ &= \left(\frac{1}{\sqrt{2}}\right)^{m+r} (-\mathrm{i})^r \vdots\, \mathrm{H}_{m,r}(\sqrt{2}Q,\ \mathrm{i}\sqrt{2}P) \,\vdots\end{aligned} \tag{9.48}$$

这样就把算符 $Q^m P^r$ 转变为它的外尔排序形式。

9.6 退纠缠的积分变换

我们注意到双模未归一化相干态[7-10]，

$$|z,\ z'\rangle = \exp(za^\dagger + z'b^\dagger)\ |00\rangle \tag{9.49}$$

可导致式(9.50),式中 $\langle m,\ n\ |$ 为福克态。

$$\frac{1}{\sqrt{m!n!}} z^m z'^n = \langle m,\ n\ |\ z,\ z'\rangle \tag{9.50}$$

特殊情况下,有式(9.51)和未归一化相干态 $|z,\ z'\rangle$ 的完备性关系。

$$\langle 00\ |\ z,\ z'\rangle = 1 \tag{9.51}$$

$$\int \frac{\mathrm{d}^2 z\,\mathrm{d}^2 z'}{\pi} \mathrm{e}^{-|z|^2-|z'|^2}\ |z,\ z'\rangle\langle z,\ z'\ | = 1 \tag{9.52}$$

另一方面,福克空间中双模纠缠态 $|\xi\rangle$,

$$\exp(a^\dagger\xi + b^\dagger\xi^* - a_1^\dagger a_2^\dagger)\ |00\rangle \equiv |\xi\rangle \tag{9.53}$$

为算符 $a_1 + a_2^\dagger$ 和 $a_1^\dagger + a_2$ 的共同本征态,即

$$(a_1 + a_2^\dagger)\ |\xi\rangle = \xi\ |\xi\rangle,(a_1^\dagger + a_2)\ |\xi\rangle = \xi^*\ |\xi\rangle \tag{9.54}$$

因为 $[(a_1 + a_2^\dagger),(a_1^\dagger + a_2)] = 0$,其满足的完备性关系为

$$\int \frac{\mathrm{d}^2\xi}{\pi} \mathrm{e}^{-|\xi|^2}\ |\xi\rangle\langle\xi\ | = 1 \tag{9.55}$$

由于式(9.56)和式(9.57),

$$\langle\xi\mid z,z'\rangle=\exp(z'\xi+z\xi^*-zz') \tag{9.56}$$

$$\exp(a_1^\dagger\xi+a_2^\dagger\xi^*-a_1^\dagger a_2^\dagger)=\sum_{n,m=0}^{\infty}\frac{a_1^{\dagger n}a_2^{\dagger m}}{n!m!}\mathrm{H}_{n,m}(\xi,\xi^*) \tag{9.57}$$

可有

$$\begin{aligned}\langle n,m\mid\xi\rangle&=\langle n,m\mid\sum_{n',m'=0}^{\infty}\frac{1}{\sqrt{n'!m'!}}\mathrm{H}_{n',m'}(\xi,\xi^*)\mid n',m'\rangle\\&=\frac{1}{\sqrt{n!m!}}\mathrm{H}_{n,m}(\xi,\xi^*)\end{aligned} \tag{9.58}$$

利用式(9.50),可给出

$$\begin{aligned}z^n z'^m&=\langle n,m\mid z,z'\rangle\sqrt{m!n!}\\&=\sqrt{m!n!}\int\frac{\mathrm{d}^2\xi}{\pi}\mathrm{e}^{-|\xi|^2}\langle n,m\mid\xi\rangle\langle\xi\mid z,z'\rangle\\&=\int\frac{\mathrm{d}^2\xi}{\pi}\mathrm{e}^{-|\xi|^2/2}\mathrm{H}_{n,m}(\xi,\xi^*)\mathrm{e}^{-|\xi|^2/2}\mathrm{e}^{z'\xi+z\xi^*-zz'}\end{aligned} \tag{9.59}$$

显然,式(9.59)可以实现从纠缠函数 $\mathrm{e}^{-|\xi|^2/2}\mathrm{H}_{n,m}(\xi,\xi^*)$ 到非纠缠函数 $z^n z'^m$ 的转变,因此它是一个解纠缠变换,其积分核为

$$\mathrm{e}^{-|\xi|^2/2}\mathrm{e}^{z'\xi+z\xi^*-zz'}\equiv W(z,z',\xi) \tag{9.60}$$

对于任何函数 $\phi(\xi)$,利用积分核 $W(z,z',\xi)$,其积分变换为

$$\int\frac{\mathrm{d}^2\xi}{\pi}W(z,z',\xi)\phi(\xi)=G(z,z') \tag{9.61}$$

这样有

$$\int\frac{\mathrm{d}^2z\mathrm{d}^2z'}{\pi^2}\mathrm{e}^{-|z|^2-|z'|^2}W(z,z',\xi)W^*(z,z',\xi')=\pi\delta(\xi-\xi')\delta(\xi^*-\xi'^*) \tag{9.62}$$

式(9.59)中的变换在算符排序方面也有应用。例如,在式(9.59)中用 $:\mathrm{e}^{a^\dagger\xi+a\xi^*-a^\dagger a}:$ 来代替 $\mathrm{e}^{z'\xi+z\xi^*-zz'}$,并完成这个积分,可有

$$\int\frac{\mathrm{d}^2\xi}{\pi}\mathrm{e}^{-|\xi|^2}\mathrm{H}_{n,m}(\xi,\xi^*):\mathrm{e}^{a^\dagger\xi+a\xi^*-a^\dagger a}:=:a^{\dagger m}a^n:=a^{\dagger m}a^n \tag{9.63}$$

由于：$\mathrm{e}^{-a^\dagger a}$ ：$=|0\rangle\langle 0|$，则有

$$\mathrm{e}^{-|\xi|^2} : \mathrm{e}^{a^\dagger \xi + a\xi^* - a^\dagger a} := \| z\rangle\langle z\| \,|_{z=\xi} \tag{9.64}$$

式中 $\| z\rangle$ 为归一化的相干态。这样，式(9.63)的左边可改写为

$$\int \frac{\mathrm{d}^2\xi}{\pi} \mathrm{H}_{n,m}(\xi, \xi^*) \| z\rangle\langle z\| \,|_{z=\xi} = \vdots\, \mathrm{H}_{n,m}(a, a^\dagger) \,\vdots \tag{9.65}$$

因此，可有一个新的算符恒等式，

$$\vdots\, \mathrm{H}_{n,m}(a, a^\dagger) \,\vdots = a^{\dagger m} a^n \tag{9.66}$$

式(9.59)中用：$\mathrm{e}^{(a^\dagger+b)\xi + (a+b^\dagger)\xi^* - (a+b^\dagger)(a^\dagger+b)}$：来代替 $\mathrm{e}^{z'\xi + z\xi^* - zz'}$，则有

$$\int \frac{\mathrm{d}^2\xi}{\pi} \mathrm{e}^{-|\xi|^2} \mathrm{H}_{n,m}(\xi, \xi^*) : \mathrm{e}^{(a^\dagger+b)\xi + (a+b^\dagger)\xi^* - (a+b^\dagger)(a^\dagger+b)} :$$
$$=: (a+b^\dagger)^n (a^\dagger + b)^m : \tag{9.67}$$

考虑到

$$: \mathrm{e}^{(a^\dagger+b)\xi + (a+b^\dagger)\xi^* - (a+b^\dagger)(a^\dagger+b)} := |\xi\rangle\langle\xi| \tag{9.68}$$

则

$$\int \frac{\mathrm{d}^2\xi}{\pi} \mathrm{H}_{n,m}(\xi, \xi^*) \,|\xi\rangle\langle\xi| =: (a+b^\dagger)^n (a^\dagger + b)^m : \tag{9.69}$$

另一方面，存在等式(9.70)，

$$\int \frac{\mathrm{d}^2\xi}{\pi} \mathrm{H}_{n,m}(\xi, \xi^*) \,|\xi\rangle\langle\xi| = \mathrm{H}_{n,m}(a+b^\dagger, a^\dagger + b) \tag{9.70}$$

通过比较式(9.69)和式(9.70)，可给出如下算符恒等式。

$$\mathrm{H}_{n,m}(a+b^\dagger, a^\dagger + b) =: (a+b^\dagger)^n (a^\dagger + b)^m : \tag{9.71}$$

9.7 纠缠积分变换

现在考虑式(9.59)中变换的逆变换。为此，利用相干态的完备性关系以及式(9.59)，可给出

$$
\begin{aligned}
&\frac{1}{\sqrt{n!m!}}\mathrm{H}_{n,m}(\xi,\xi^{*})=\langle n,m\mid\xi\rangle\\
&=\int\frac{\mathrm{d}^2z\mathrm{d}^2z'}{\pi^2}\langle n,m\mid \mathrm{e}^{-|z|^2-|z'|^2}\mid z,z'\rangle\langle z,z'\mid\xi\rangle\\
&=\int\frac{\mathrm{d}^2z\mathrm{d}^2z'}{\pi^2}\mathrm{e}^{-|z|^2-|z'|^2}\frac{1}{\sqrt{m!n!}}z^n z'^m \mathrm{e}^{z'^*\xi^*+z^*\xi-z^*z'^*}
\end{aligned}\tag{9.72}
$$

这样，

$$
\mathrm{H}_{n,m}(\xi,\xi^{*})=\int\frac{\mathrm{d}^2z\mathrm{d}^2z'}{\pi^2}\mathrm{e}^{-|z|^2-|z'|^2}\mathrm{e}^{z'^*\xi^*+z^*\xi-z^*z'^*}z^n z'^m\tag{9.73}
$$

进一步，利用如下关系式，

$$
\int\frac{\mathrm{d}^2z'}{\pi}\mathrm{e}^{-|z'|^2}\mathrm{e}^{z'^*(\xi^*-z^*)}z'^m=(\xi^*-z^*)^m\tag{9.74}
$$

就有

$$
\begin{aligned}
\mathrm{H}_{n,m}(\xi,\xi^{*})&=\int\frac{\mathrm{d}^2z\mathrm{d}^2z'}{\pi}\mathrm{e}^{-|z|^2-|z'|^2}\mathrm{e}^{z'^*\xi^*+z^*\xi-z^*z'^*}z^n z'^m\\
&=\int\frac{\mathrm{d}^2z}{\pi}\mathrm{e}^{-|z|^2}\mathrm{e}^{z^*\xi}z^n(\xi^*-z^*)^m\\
&=(-1)^m\int\frac{\mathrm{d}^2z}{\pi}\mathrm{e}^{-z(z^*+\xi^*)}\mathrm{e}^{(z^*+\xi^*)\xi}z^n z^{*m}\\
&=(-1)^m\mathrm{e}^{\xi\xi^*}\int\frac{\mathrm{d}^2z}{\pi}\mathrm{e}^{-|z|^2+z^*\xi-\xi^*z}z^n z^{*m}
\end{aligned}\tag{9.75}
$$

它恰好是一个纠缠积分变换，可以实现从非纠缠函数 $z^n z^{*m}$ 到纠缠函数 $\mathrm{H}_{n,m}(\xi,\xi^{*})$ 的转变。

作为应用，在式(9.73)中做如下代换 $\mathrm{e}^{\xi\xi^*}\mathrm{e}^{-|z|^2+z^*\xi-\xi^*z}\rightarrow:\mathrm{e}^{-aa^\dagger}\mathrm{e}^{-|z|^2+\mathrm{i}z^*a-\mathrm{i}za^\dagger}:$，即

$$
(-1)^m:\mathrm{e}^{-aa^\dagger}\int\frac{\mathrm{d}^2z}{\pi}\mathrm{e}^{-|z|^2+\mathrm{i}z^*a-\mathrm{i}za^\dagger}:z^n z^{*m}=:\mathrm{H}_{n,m}(\mathrm{i}a,\mathrm{i}a^\dagger):\tag{9.76}
$$

由于，

$$
:\mathrm{e}^{-aa^\dagger}\mathrm{e}^{-|z|^2+\mathrm{i}z^*a-\mathrm{i}za^\dagger}:=\|-\mathrm{i}z\rangle\langle-\mathrm{i}z\|\tag{9.77}
$$

因此有

$$(-1)^m\int\frac{d^2z}{\pi}\|-iz\rangle\langle-iz\|z^nz^{*m}=:H_{n,m}(ia,ia^{\dagger}):\tag{9.78}$$

另一方面，$a\|z\rangle=z\|z\rangle$，我们有

$$(-1)^m\int\frac{d^2z}{\pi}\|-iz\rangle\langle-iz\|z^nz^{*m}=(-1)^m(ia)^n(-ia^{\dagger})^m\tag{9.79}$$

根据式(9.78)和式(9.79)，可给出式(9.80)。

$$a^na^{\dagger m}=(-i)^{m+n}:H_{m,n}(ia^{\dagger},ia):\tag{9.80}$$

在式(9.73)中，如用：$e^{-(a+b^{\dagger})(a^{\dagger}+b)}e^{-|z|^2-iz^*(a^{\dagger}+b)+iz(a+b^{\dagger})}$：来代替 $e^{\xi\xi^*}e^{-|z|^2+z^*\xi-\xi^*z}$，则有

$$\begin{aligned}&:H_{n,m}[-i(a^{\dagger}+b),-i(a+b^{\dagger})]:\\&=(-1)^m:e^{-(a+b^{\dagger})(a^{\dagger}+b)}\int\frac{d^2z}{\pi}e^{-|z|^2-iz^*(a^{\dagger}+b)+iz(a+b^{\dagger})}:z^nz^{*m}\end{aligned}\tag{9.81}$$

通过与纠缠态 $|\xi\rangle$ 的基本定义相比较，并利用式(9.82)，

$$|00\rangle\langle00|=:\exp(-a_1^{\dagger}a_1-a_2^{\dagger}a_2):\tag{9.82}$$

可见，

$$:e^{-(a+b^{\dagger})(a^{\dagger}+b)}e^{-|z|^2-iz^*(a^{\dagger}+b)+iz(a+b^{\dagger})}:=|\xi\rangle\langle\xi||_{\xi=-iz^*}\tag{9.83}$$

利用式(9.81)和式(9.83)，可得到另一个新的算符恒等式(9.84)。

$$\begin{aligned}:H_{n,m}[-i(a^{\dagger}+b),-i(a+b^{\dagger})]:&=(-1)^m\int\frac{d^2z}{\pi}|\xi\rangle\langle\xi||_{\xi=-iz^*}z^nz^{*m}\\&=(-i)^{m+n}(a+b^{\dagger})^m(a^{\dagger}+b)^n\end{aligned}\tag{9.84}$$

9.8 纠缠态表象中的纠缠傅里叶变换

考虑到

$$\begin{aligned}|p\rangle\langle p|x\rangle\langle x|&=\delta(p-\hat{P})\delta(x-\hat{X})\\&=\frac{1}{4\pi^2}\int_{-\infty}^{\infty}du\,e^{iu(p-\hat{P})}\int_{-\infty}^{\infty}d\nu\,e^{i\nu(x-\hat{X})}\end{aligned}$$

$$=\frac{1}{4\pi^2}\iint \mathrm{d}u\,\mathrm{d}\nu\, \mathrm{e}^{\mathrm{i}u(p-\hat{P})+\mathrm{i}\nu(x-\hat{X})}\,\mathrm{e}^{\frac{\mathrm{i}u\nu}{2}}$$

$$=\frac{1}{4\pi^2}\iint \mathrm{d}u\,\mathrm{d}\nu \,\vdots\, \mathrm{e}^{\mathrm{i}u(p-\hat{P})+\mathrm{i}\nu(x-\hat{X})} \,\vdots\, \mathrm{e}^{\frac{\mathrm{i}u\nu}{2}}$$

$$=\frac{1}{\pi}\,\vdots\,\exp[-2\mathrm{i}(x-\hat{X})(p-\hat{P})]\,\vdots \tag{9.85}$$

类似地，把 $|\eta\rangle\langle\eta|\xi\rangle\langle\xi|$ 转化为它的外尔排序形式，即由于 $[a_1^\dagger-a_2,\ a_1+a_2^\dagger]=-2$，

$$\delta^{(2)}(\eta-a_1+a_2^\dagger)\delta^{(2)}(\xi-a_1-a_2^\dagger)$$

$$\equiv\delta(\eta-a_1+a_2^\dagger)\delta(\eta^*-a_1^\dagger+a_2)\delta(\xi-a_1-a_2^\dagger)\delta(\xi^*-a_1^\dagger-a_2)$$

$$=\int\frac{\mathrm{d}^2\alpha\,\mathrm{d}^2\beta}{\pi^2}\mathrm{e}^{\alpha^*(\eta-a_1+a_2^\dagger)-\alpha(\eta^*-a_1^\dagger+a_2)}\,\mathrm{e}^{\beta^*(\xi-a_1-a_2^\dagger)-\beta(\xi^*-a_1^\dagger-a_2)}$$

$$=\int\frac{\mathrm{d}^2\alpha\,\mathrm{d}^2\beta}{\pi^2}\mathrm{e}^{\alpha^*(\eta-a_1+a_2^\dagger)-\alpha(\eta^*-a_1^\dagger+a_2)+\beta^*(\xi-a_1-a_2^\dagger)-\beta(\xi^*-a_1^\dagger-a_2)}\,\mathrm{e}^{-\alpha^*\beta+\alpha\beta^*}$$

$$=\int\frac{\mathrm{d}^2\alpha\,\mathrm{d}^2\beta}{\pi^2}\,\vdots\,\mathrm{e}^{\alpha^*(\eta-a_1+a_2^\dagger)-\alpha(\eta^*-a_1^\dagger+a_2)+\beta^*(\xi-a_1-a_2^\dagger)-\beta(\xi^*-a_1^\dagger-a_2)}\,\mathrm{e}^{-\alpha^*\beta+\alpha\beta^*}\,\vdots$$

$$=\int\frac{\mathrm{d}^2\alpha\,\mathrm{d}^2\beta}{\pi^2}\,\vdots\,\mathrm{e}^{\alpha^*(\eta-a_1+a_2^\dagger-\beta)-\alpha(\eta^*-a_1^\dagger+a_2-\beta^*)}\,\mathrm{e}^{\beta^*(\xi-a_1-a_2^\dagger)-\beta(\xi^*-a_1^\dagger-a_2)}\,\vdots$$

$$=\int\mathrm{d}^2\beta\,\vdots\,\delta^{(2)}(\eta-a_1+a_2^\dagger-\beta)\mathrm{e}^{\beta^*(\xi-a_1-a_2^\dagger)-\beta(\xi^*-a_1^\dagger-a_2)}\,\vdots$$

$$=\,\vdots\,\exp[(\xi-a_1-a_2^\dagger)(\eta^*-a_1^\dagger+a_2)-(\eta-a_1+a_2^\dagger)(\xi^*-a_1^\dagger-a_2)]\,\vdots \tag{9.86}$$

利用纠缠维格纳算符的外尔排序形式，可把式(9.86)改写为

$$\delta^{(2)}(\eta-a_1+a_2^\dagger)\delta^{(2)}(\xi-a_1-a_2^\dagger)$$

$$=|\eta\rangle\langle\eta|\xi\rangle\langle\xi|=\,\vdots\,\exp[(\xi-a_1-a_2^\dagger)(\eta^*-a_1^\dagger+a_2)-$$

$$(\eta-a_1+a_2^\dagger)(\xi^*-a_1^\dagger-a_2)]\,\vdots$$

$$=\int\frac{\mathrm{d}^2\mu\,\mathrm{d}^2\nu}{\pi^2}\mathrm{e}^{(\xi-\mu)(\eta^*-\nu^*)-(\eta-\nu)(\xi^*-\mu^*)}\,\vdots\,\delta^{(2)}(\mu-a_1+a_2^\dagger)\delta^{(2)}(\nu-a_1-a_2^\dagger)\,\vdots$$

$$=\int\frac{\mathrm{d}^2\mu\,\mathrm{d}^2\nu}{\pi^2}\mathrm{e}^{(\xi-\mu)(\eta^*-\nu^*)-(\eta-\nu)(\xi^*-\mu^*)}\Delta(\mu,\ \nu) \tag{9.87}$$

其逆变换为

$$\int \frac{d^2\xi d^2\eta}{\pi^2}\delta^{(2)}(\eta-a_1+a_2^\dagger)\delta^{(2)}(\xi-a_1-a_2^\dagger)e^{-(\xi-\mu)(\eta^*-\nu^*)-(\eta-\nu)(\xi^*-\mu^*)}=\triangle(\mu,\nu) \tag{9.88}$$

这是一种新的复积分变换，其积分核为 $e^{-(\xi-\mu)(\eta^*-\nu^*)-(\eta-\nu)(\xi^*-\mu^*)}$。

9.9 纠缠态表象中双模算符的矩阵元与其维格纳函数的新关系

下面利用复积分变换给出纠缠态表象中双模算符的矩阵元与其维格纳函数的新关系。

假设算符 $\hat{G}$ 的经典外尔对应函数为 $F(\eta,\xi)$，则利用维格纳算符的纠缠态表示，可给出

$$\begin{aligned}F(\eta,\xi)&=\mathrm{tr}(\hat{G}\Delta(\eta,\xi))\\&=\mathrm{tr}\left(\hat{G}\int\frac{d^2\sigma}{\pi^3}|\eta-\sigma\rangle\langle\eta+\sigma|e^{\sigma\xi^*-\sigma^*\xi}\right)\\&=\int\frac{d^2\sigma}{\pi^3}\langle\eta+\sigma|\hat{G}|\eta-\sigma\rangle e^{\sigma\xi^*-\sigma^*\xi}\end{aligned} \tag{9.89}$$

这样，利用式(9.89)，可得到 $F(\eta,\xi)$ 的复积分变换

$$\begin{aligned}&\int d^2\eta d^2\xi\exp[(\mu-\xi)(\eta^*-\nu^*)-(\eta-\nu)(\mu^*-\xi^*)]F(\eta,\xi)\\&=\int d^2\eta d^2\xi\exp\int[(\mu-\xi)(\eta^*-\nu^*)-(\eta-\nu)(\mu^*-\xi^*)]\times\\&\quad\int\frac{d^2\sigma}{\pi^3}|\eta-\sigma\rangle\langle\eta+\sigma|e^{\sigma\xi^*-\sigma^*\xi}\\&=\int d^2\eta d^2\sigma\langle\eta+\sigma|\hat{G}|\eta-\sigma\rangle\delta^{(2)}(\sigma+\eta-\nu)e^{\mu(\eta^*-\nu^*)-\mu^*(\eta-\nu)}\\&=\int d^2\sigma\langle\nu|\hat{G}|\nu-2\sigma\rangle e^{-\sigma^*\mu+\mu^*\sigma}\\&=\langle\nu|\hat{G}|\mu\rangle e^{\frac{1}{2}(\mu^*\nu-\mu\nu^*)}\end{aligned} \tag{9.90}$$

式中，$|\eta\rangle$ 属于态 $|\xi\rangle$ 表象。执行积分 $d^2\sigma$，可把态 $|\nu-2\sigma\rangle$ 转化为它的共轭态 $|\mu\rangle$，即

$$
\int d^2\sigma \exp\left[-\frac{|\nu-2\sigma|^2}{2}+(\nu-2\sigma)a^\dagger-(\nu^*-2\sigma^*)b^\dagger+\right.
$$

$$
\left.a^\dagger b^\dagger+\mu^*\sigma-\mu\sigma^*\right]|00\rangle
$$

$$
=|\mu\rangle e^{\frac{1}{2}(\mu^*\nu-\mu\nu^*)} \tag{9.91}
$$

这样，式(9.90)中变换的逆变换为

$$
F(\eta,\xi)=\int d^2\mu d^2\nu \exp[-(\mu-\xi)(\eta^*-\nu^*)+(\eta-\nu)
$$

$$
(\mu^*-\xi^*)]\langle\nu|\hat{G}|\mu\rangle e^{\frac{1}{2}(\mu^*\nu-\mu\nu^*)} \tag{9.92}
$$

此式给出了纠缠态表象中算符 $\hat{G}$ 的矩阵元与其维格纳函数 $F(\eta,\xi)$ 之间的新关系。

9.10 复分数压缩变换的导出

对于复经典函数

$$
F(\eta,\xi)=\delta^{(2)}\left(\eta-\frac{1-\mathrm{i}\sinh\alpha}{\cosh\alpha}\xi\right)e^{\eta^*\xi-\xi^*\eta}e^{-2\mathrm{i}\tanh\alpha|\xi^2|}\operatorname{sech}\alpha \tag{9.93}
$$

式中 α 为角参数，把式(9.93)代入式(9.90)，并完成积分，其结果为

$$
\int d^2\eta d^2\xi \exp[(\mu-\xi)(\eta^*-\nu^*)-(\eta-\nu)(\mu^*-\xi^*)]\times
$$

$$
\delta^{(2)}\left(\eta-\frac{1-\mathrm{i}\sinh\alpha}{\cosh\alpha}\xi\right)\times e^{\eta^*\xi-\xi^*\eta}e^{-2\mathrm{i}\tanh\alpha|\xi^2|}\operatorname{sech}\alpha
$$

$$
=\langle\nu|\hat{G}|\mu\rangle e^{\frac{1}{2}(\mu^*\nu-\mu\nu^*)} \tag{9.94}
$$

式中，

$$
G_{\mu,\nu}=\langle\nu|\hat{G}|\mu\rangle
$$

$$
=\frac{1}{2\mathrm{i}\tanh\alpha}\exp\left[\frac{\mathrm{i}(|\mu|^2+|\nu|^2)}{2\tanh\alpha}-\frac{\mathrm{i}(\mu\nu^*+\mu^*\nu)}{2\sinh\alpha}\right] \tag{9.95}
$$

它实际上是分数阶傅里叶积分核的推广形式，可被称为分数阶压缩积分变换核。为了得到分数阶压缩算符 $\hat{G}$，可构造如下积分，

$$
\hat{G}=d^2\mu d^2\nu\,|\mu\rangle\hat{G}_{\mu,\nu}\langle\nu| \tag{9.96}
$$

式中，$|\mu\rangle$，$\langle\nu|$ 是互为共轭的纠缠态，即

$$|\mu\rangle=\exp\left(-\frac{|\mu|^2}{2}+\mu a_1^{\dagger}-\mu^* a_2^{\dagger}+a_1^{\dagger}a_2^{\dagger}\right)|00\rangle \tag{9.97}$$

$$|\nu\rangle=\exp\left(-\frac{|\nu|^2}{2}+\nu a_1^{\dagger}+\nu^* a_2^{\dagger}-a_1^{\dagger}a_2^{\dagger}\right)|00\rangle \tag{9.98}$$

利用式(9.97)和(9.98)以及IWOP积分技术，可得到积分(9.96)的结果为

$$\begin{aligned}\hat{G}=&\frac{1}{2\mathrm{i}\sinh\alpha}\int \mathrm{d}^2\mu \mathrm{d}^2\nu \exp|\mu\rangle\langle\nu|\left[\frac{\mathrm{i}(|\mu|^2+|\nu|^2)}{2\tanh\alpha}-\frac{\mathrm{i}(\mu\nu^*+\mu^*\nu)}{2\sinh\alpha}\right]\\ =&\frac{1}{2\mathrm{i}\sinh\alpha}\int \mathrm{d}^2\mu \mathrm{d}^2\nu :\exp\left[\frac{\mathrm{i}(|\mu|^2+|\nu|^2)}{2\tanh\alpha}-\frac{\mathrm{i}(\mu\nu^*+\mu^*\nu)}{2\sinh\alpha}\right]\times\\ &\exp\left(-\frac{|\mu|^2}{2}+\mu a_1^{\dagger}-\mu^* a_2^{\dagger}+a_1^{\dagger}a_2^{\dagger}\right)\times\\ &\mathrm{e}^{-a_1^{\dagger}a_1-a_2^{\dagger}a_2}\exp\left(-\frac{|\nu|^2}{2}+\nu a_1^{\dagger}+\nu^* a_2^{\dagger}-a_1^{\dagger}a_2^{\dagger}\right):\\ =&\operatorname{sech}\alpha:\exp[-\mathrm{i}a_1^{\dagger}a_2^{\dagger}\tanh\alpha+(\operatorname{sech}\alpha-1)a_1^{\dagger}a_1-\\ &(\operatorname{sech}\alpha+1)a_2^{\dagger}a_2+\mathrm{i}a_1a_2\tanh\alpha]:\end{aligned} \tag{9.99}$$

可见，$\hat{G}$ 为复分数阶压缩算符。

9.11 $\delta(\nu-a_1+a_2^{\dagger})\,\delta(\nu^*-a_1^{\dagger}+a_2)\,\delta(\mu-a_1-a_2^{\dagger})\,\delta(\mu^*-a_1^{\dagger}-a_2)$ 的外尔排序表示

利用式(6.2)和式(9.55)中的完备性关系以及式(3.53)和(9.54)，得到

$$\begin{aligned}&\delta(\nu-a_1+a_2^{\dagger})\delta(\nu^*-a_1^{\dagger}+a_2)\delta(\mu-a_1-a_2^{\dagger})\delta(\mu^*-a_1^{\dagger}-a_2)\\ =&\int\frac{\mathrm{d}^2\eta \mathrm{d}^2\xi}{\pi^2}\delta^{(2)}(\nu-a_1+a_2^{\dagger})|\eta\rangle\langle\eta|\xi\rangle\langle\xi|\delta^{(2)}(\mu-a_1-a_2^{\dagger})\\ =&\frac{1}{2}\int\frac{\mathrm{d}^2\eta \mathrm{d}^2\xi}{\pi^2}|\eta\rangle\langle\xi|\,\mathrm{e}^{\frac{\eta^*\xi-\eta\xi^*}{2}}\delta^{(2)}(\nu-\eta)\delta^{(2)}(\mu-\xi)\\ =&\frac{1}{2}|\eta\rangle_{\eta=\nu}\langle\xi|_{\xi=\mu}\mathrm{e}^{\frac{\nu^*\mu-\nu\mu^*}{2}}\end{aligned} \tag{9.100}$$

式中两个 δ 函数乘积为

$$\delta^{(2)}(\nu - a_1 + a_2^\dagger)\delta^{(2)}(\mu - a_1 - a_2^\dagger)$$
$$\equiv \delta(\nu - a_1 + a_2^\dagger)\delta(\nu^* - a_1^\dagger + a_2)\delta(\mu - a_1 - a_2^\dagger)\delta(\mu^* - a_1^\dagger - a_2) \quad (9.101)$$

由式(9.100)可见，一旦已知 $|\eta\rangle\langle\xi|$ 的外尔排序，就能得到 $\delta(\nu - a_1 + a_2^\dagger)$ $\delta(\nu^* - a_1^\dagger + a_2)$ $\delta(\mu - a_1 - a_2^\dagger)$ $\delta(\mu^* - a_1^\dagger - a_2)$ 的外尔排序形式。为此，利用双模算符的外尔排序展开公式

$$\rho = 4\int \frac{d^2\beta_1 d^2\beta_2}{\pi^2} \vdots \langle -\beta_1, -\beta_2 | \rho | \beta_1, \beta_2\rangle \exp[2\sum_{k=1}^{2}(\beta_k^* a_k - a_k^\dagger \beta_k + a_k^\dagger a_k)] \vdots \quad (9.102)$$

式中，$|\beta_1, \beta_2\rangle \equiv |\beta_1\rangle|\beta_2\rangle$ 为双模相干态，$|\beta_i\rangle = \exp\left(-\frac{1}{2}|\beta_i|^2 + \beta_i a_i^\dagger\right)$ $|0_i\rangle$。对于算符 $|\eta\rangle\langle\xi|$，可得到内积式(9.103)和式(9.104)。

$$\langle\xi|\beta_1, \beta_2\rangle = \exp\left(-\frac{1}{2}|\xi|^2 + \xi^*\beta_1 + \xi\beta_2 - \beta_1\beta_2 - \frac{1}{2}|\beta_1|^2 - \frac{1}{2}|\beta_2|^2\right) \quad (9.103)$$

$$\langle -\beta_1, -\beta_2|\eta\rangle = \exp\left(-\frac{1}{2}|\eta|^2 - \eta\beta_1^* + \eta^*\beta_2^* + \beta_1^*\beta_2^* - \frac{1}{2}|\beta_1|^2 - \frac{1}{2}|\beta_2|^2\right) \quad (9.104)$$

这样，算符 $|\eta\rangle\langle\xi|$ 的外尔排序形式为

$$\begin{aligned}
|\eta\rangle\langle\xi| &= 4\int \frac{d^2\beta_1 d^2\beta_2}{\pi^2} \vdots \langle -\beta_1, -\beta_2|\eta\rangle\langle\xi|\beta_1, \beta_2\rangle \\
&\quad \exp\left[2\sum_{k=1}^{2}(\beta_k^* a_k - a_k^\dagger\beta_k + a_k^\dagger a_k)\right] \vdots \\
&= 4\int \frac{d^2\beta_1 d^2\beta_2}{\pi^2} \vdots \exp\left[-\frac{|\eta|^2}{2} - \eta\beta_1^* + \eta^*\beta_2^* + \beta_1^*\beta_2^* - |\beta_1|^2 - |\beta_2|^2 - \right. \\
&\quad \left. \frac{|\xi|^2}{2} + \xi^*\beta_1 + \xi\beta_2 - \beta_1\beta_2 + 2\sum_{k=1}^{2}(\beta_k^* a_k - a_k^\dagger\beta_k + a_k^\dagger a_k)\right] \vdots \\
&= 4e^{-\frac{|\eta|^2}{2} - \frac{|\xi|^2}{2}} \int \frac{d^2\beta_2}{\pi} \vdots \exp[-2|\beta_2|^2 + \beta_2(\xi - 2a_2^\dagger - 2a_1 + \eta) +
\end{aligned}$$

$$\beta_2^*(\eta^*+2a_2+\xi^*-2a_1^\dagger)+(\xi^*-2a_1^\dagger)(2a_1-\eta)+2\sum_{k=1}^{2}a_k^\dagger a_k]\vdots$$

$$=2\vdots\exp\left[\frac{1}{2}(\xi\eta^*-\eta\xi^*)+\xi(a_2-a_1^\dagger)+\eta(a_2+a_1^\dagger)-\right.$$

$$\left.\eta^*(a_1+a_2^\dagger)+\xi^*(a_1-a_2^\dagger)+2a_2^\dagger a_1^\dagger-2a_2a_1\right]\vdots \tag{9.105}$$

这里使用了数学积分公式，

$$\int\frac{d^2z}{\pi}\exp(\zeta|z|^2+\xi z+\eta z^*)=-\frac{1}{\zeta}\exp\left(-\frac{\xi\eta}{\zeta}\right),\ \mathrm{Re}\,\zeta<0 \tag{9.106}$$

根据式(9.109)，可得到式(9.107)。

$$\frac{1}{2}|\eta\rangle\langle\xi|\mathrm{e}^{\frac{\eta^*\xi-\eta\xi^*}{2}}=\vdots\exp[(\xi-a_1-a_2^\dagger)(\eta^*-a_1^\dagger+a_2)-$$

$$(\eta-a_1+a_2^\dagger)(\xi^*-a_1^\dagger-a_2)]\vdots \tag{9.107}$$

把式(9.107)代入式(9.100)可给出式(9.108)，

$$\delta(\nu-a_1+a_2^\dagger)\delta(\nu^*-a_1^\dagger+a_2)\delta(\mu-a_1-a_2^\dagger)\delta(\mu^*-a_1^\dagger-a_2)$$

$$=\vdots\exp[(\mu-a_1-a_2^\dagger)(\nu^*-a_1^\dagger+a_2)-(\nu-a_1+a_2^\dagger)(\mu^*-a_1^\dagger-a_2)]\vdots \tag{9.108}$$

此即为 $\delta(\nu-a_1+a_2^\dagger)\ \delta(\nu^*-a_1^\dagger+a_2)\ \delta(\mu-a_1-a_2^\dagger)\ \delta(\mu^*-a_1^\dagger-a_2)$ 的外尔排序表示。

我们注意到，

$$[a_1^\dagger-a_2,\ a_1+a_2^\dagger]=-2 \tag{9.109}$$

考虑另一个等式，

$$\delta(\mu-a_1-a_2^\dagger)\delta(\mu^*-a_1^\dagger-a_2)\delta(\nu-a_1+a_2^\dagger)\delta(\nu^*-a_1^\dagger+a_2)$$

$$=\frac{1}{2}\int\frac{d^2\eta d^2\xi}{\pi^2}|\xi\rangle\langle\eta|\mathrm{e}^{\frac{\eta\xi^*-\eta^*\xi}{2}}\delta^{(2)}(\nu-\eta)\delta^{(2)}(\mu-\xi) \tag{9.110}$$

类似于推导出式(9.107)，可导出

$$\frac{1}{2}|\xi\rangle\langle\eta|\mathrm{e}^{\frac{\eta\xi^*-\eta^*\xi}{2}}$$

$$=\vdots\exp[(\eta-a_1+a_2^\dagger)(\xi^*-a_1^\dagger-a_2)-$$

$$(\xi-a_1-a_2^\dagger)(\eta^*-a_1^\dagger+a_2)]\vdots \tag{9.111}$$

接着，我们有

$$\begin{aligned}&\delta(\mu-a_1-a_2^\dagger)\delta(\mu^*-a_1^\dagger-a_2)\delta(\nu-a_1+a_2^\dagger)\delta(\nu^*-a_1^\dagger+a_2)\\&=\vdots\exp[(\nu-a_1+a_2^\dagger)(\mu^*-a_1^\dagger-a_2)-(\mu-a_1-a_2^\dagger)(\nu^*-a_1^\dagger+a_2)]\vdots\end{aligned}\tag{9.112}$$

9.12 $\delta(\nu-a_1+a_2^\dagger)\,\delta(\nu^*-a_1^\dagger+a_2)\,\delta(\mu-a_1-a_2^\dagger)\,\delta(\mu^*-a_1^\dagger-a_2)$ 与维格纳算符之间相互积分变换

对于关联两体系统，可给出维格纳算符的纠缠态表示，即在纠缠态 $\langle\eta|$ 中有如下形式：

$$\Delta(\mu,\nu)=\int\frac{d^2\eta}{\pi^3}\,|\nu-\eta\rangle\langle\nu+\eta|\,e^{\eta\mu^*-\eta^*\mu}\tag{9.113}$$

算符 $\Delta(\mu,\nu)$ 能够帮助建立 $\eta-\xi$ 相位空间函数与其外尔-维格纳量子对应算符的联系。利用上述方法，可发现 $|\nu-\eta\rangle\langle\nu+\eta|$ 的外尔排序形式，

$$\begin{aligned}&|\nu-\eta\rangle\langle\nu+\eta|=\vdots\delta(\nu-a_1+a_2^\dagger)\delta(\nu^*-a_1^\dagger+a_2)\times\\&\exp[\eta(\nu^*-2a_1^\dagger)-\eta^*(\nu-2a_1)-2(a_1^\dagger-\nu^*)(a_1-\nu)+2a_2^\dagger a_2]\vdots\end{aligned}\tag{9.114}$$

把式(9.114)代入式(9.113)，并对参数 η 进行积分，其结果为

$$\begin{aligned}\Delta(\mu,\nu)&=\vdots\delta(\mu-a_1-a_2^\dagger)\delta(\mu^*-a_1^\dagger-a_2)\delta(\nu-a_1+a_2^\dagger)\delta(\nu^*-a_1^\dagger+a_2)\vdots\\&=\vdots\delta^{(2)}(\mu-a_1-a_2^\dagger)\delta^{(2)}(\nu-a_1+a_2^\dagger)\vdots\end{aligned}\tag{9.115}$$

它在外尔排序符号内也是一个简单的狄拉克算符函数。这样，利用式(9.112)和式(9.113)，可得到

$$\begin{aligned}&\delta(\eta-a_1+a_2^\dagger)\delta(\eta^*-a_1^\dagger+a_2)\delta(\xi-a_1-a_2^\dagger)\delta(\xi^*-a_1^\dagger-a_2)\\&=\vdots\exp[(\xi-a_1-a_2^\dagger)(\eta^*-a_1^\dagger+a_2)-(\eta-a_1+a_2^\dagger)(\xi^*-a_1^\dagger-a_2)]\vdots\\&=\int\frac{d^2\mu d^2\nu}{\pi^2}\vdots e^{(\xi-\mu)(\eta^*-\nu^*)-(\eta-\nu)(\xi^*-\mu^*)}\delta^{(2)}(\mu-a_1-a_2^\dagger)\delta^{(2)}(\nu-a_1+a_2^\dagger)\vdots\\&=\int\frac{d^2\mu d^2\nu}{\pi^2}e^{(\xi-\mu)(\eta^*-\nu^*)-(\eta-\nu)(\xi^*-\mu^*)}\Delta(\mu,\nu)\end{aligned}\tag{9.116}$$

此式即为纠缠维格纳算符 $\Delta(\mu,\nu)$ 与算符 $\delta(\mu-a_1-a_2^\dagger)\ \delta(\mu^*-a_1^\dagger-a_2)$ $\delta(\nu-a_1+a_2^\dagger)\ \delta(\nu^*-a_1^\dagger+a_2)$ 满足的变换。

而且，式(9.124)变换的逆变换为

$$
\begin{aligned}
&\int\frac{d^2\xi d^2\eta}{\pi^2}\delta(\eta-a_1+a_2^\dagger)\delta(\eta^*-a_1^\dagger+a_2)\times\\
&\delta(\xi-a_1-a_2^\dagger)\delta(\xi^*-a_1^\dagger-a_2)e^{-(\xi-\mu)(\eta^*-\nu^*)+(\eta-\nu)(\xi^*-\mu^*)}\\
=&\int\frac{d^2\xi d^2\eta}{\pi^2}\int\frac{d^2\mu' d^2\nu'}{\pi^2}\Delta(\mu',\nu')e^{(\xi-\mu')(\eta^*-\nu'^*)-(\eta-\nu')(\xi^*-\mu'^*)}e^{-(\xi-\mu)(\eta^*-\nu^*)+(\eta-\nu)(\xi^*-\mu^*)}\\
=&\int\frac{d^2\mu' d^2\nu'}{\pi^2}\Delta(\mu',\nu')e^{(-\nu'\mu'^*+\mu'\nu'^*-\mu\nu^*+\nu\mu^*)}\int\frac{d^2\xi d^2\eta}{\pi^2}e^{\xi(\nu^*-\nu'^*)+\xi^*(\nu'-\nu)}e^{\eta^*(\mu-\mu')+\eta(\mu'^*-\mu^*)}\\
=&\int\frac{d^2\mu' d^2\nu'}{\pi^2}\Delta(\mu',\nu')e^{(-\nu'\mu'^*+\mu'\nu'^*-\mu\nu^*+\nu\mu^*)}\delta^{(2)}(\nu'-\nu)\delta^{(2)}\delta(\mu'-\mu)\\
=&\Delta(\mu,\nu)
\end{aligned}\tag{9.117}
$$

因此，式(9.124)和式(9.125)都是量子力学相位空间中关于纠缠维格纳算符 $\Delta(\mu,\nu)$ 的新二重复积分变换。

进一步，把式(9.117)的左右两边同时乘以 $\int\frac{d^2\mu d^2\nu}{\pi^2}D(\nu,\mu)$，并利用式(9.118)，

$$
Q_j=\frac{a_j+a_j^\dagger}{\sqrt{2}},\quad P_j=\frac{a_j-a_j^\dagger}{i\sqrt{2}}\tag{9.118}
$$

可得到式(9.119)。

$$
\begin{aligned}
&\int\frac{d^2\mu d^2\nu}{\pi^2}D(\nu,\mu)\Delta(\mu,\nu)\\
=&\int\frac{d^2\xi d^2\eta}{\pi^2}\delta^{(2)}(\eta-a_1+a_2^\dagger)\delta^{(2)}(\xi-a_1-a_2^\dagger)\times\\
&\int\frac{d^2\mu d^2\nu}{\pi^2}D(\nu,\mu)e^{-(\xi-\mu)(\eta^*-\nu^*)+(\eta-\nu)(\xi^*-\mu^*)}\\
=&\int\frac{d^2\xi d^2\eta}{\pi^2}\delta^{(2)}(\eta-a_1+a_2^\dagger)\delta^{(2)}(\xi-a_1-a_2^\dagger)\mathcal{F}(\eta,\xi)\\
=&\int\frac{d^2\xi d^2\eta}{\pi^2}\delta\left(\eta_1-\frac{Q_1-Q_2}{\sqrt{2}}\right)\delta\left(\eta_2-\frac{P_1+P_2}{\sqrt{2}}\right)\times
\end{aligned}
$$

$$\delta\left(\xi_1-\frac{Q_1+Q_2}{\sqrt{2}}\right)\delta\left(\xi_2-\frac{P_1-P_2}{\sqrt{2}}\right)\mathcal{F}(\eta,\xi)$$
$$=\mathcal{F}\left(\frac{Q_1-Q_2}{\sqrt{2}},\frac{P_1+P_2}{\sqrt{2}},\frac{Q_1+Q_2}{\sqrt{2}},\frac{P_1-P_2}{\sqrt{2}}\right) \tag{9.119}$$

这里引入了

$$\mathcal{F}(\eta,\xi)\equiv\int\frac{d^2\mu d^2\nu}{\pi^2}D(\nu,\mu)e^{(\xi^*-\mu^*)(\eta-\nu)-(\eta^*-\nu^*)(\xi-\mu)} \tag{9.120}$$

它看起来是一个新的有意义的变换。由于

$$\int\frac{d^2\xi d^2\eta}{\pi^2}\exp[(\xi-\mu)(\eta^*-\nu^*)-(\eta-\nu)(\xi^*-\mu^*)]$$
$$=\int d^2\xi\delta(\xi-\mu)\delta(\xi^*-\mu^*)e^{\nu(\xi^*-\mu^*)-\nu^*(\xi-\mu)}=1 \tag{9.121}$$

$e^{(\xi-\mu)(\eta^*-\nu^*)-(\eta-\nu)(\xi^*-\mu^*)}$ 是 $\xi-\eta$ 相位空间中一个基本函数。同样，式(9.120)中变换的逆变换为

$$\int\frac{d^2\xi d^2\eta}{\pi^2}e^{(\xi-\mu)(\eta^*-\nu^*)-(\eta-\nu)(\xi^*-\mu^*)}\mathcal{F}(\eta,\xi)\equiv D(\nu,\mu) \tag{9.122}$$

可见，式(9.122)能被看作是 $D(\nu,\mu)$ 按照 $e^{(\xi-\mu)(\eta^*-\nu^*)-(\eta-\nu)(\xi^*-\mu^*)}$ 进行展开的形式，其中展开系数为 $\mathcal{F}(\eta,\xi)$。把式(9.122)代入式(9.120)，得到式(9.131)。

$$\int\frac{d^2\xi'd^2\eta'}{\pi^2}\mathcal{F}(\eta',\xi')\int\frac{d^2\mu d^2\nu}{\pi^2}e^{(\xi'-\mu)(\eta'^*-\nu^*)-(\eta'-\nu)(\xi'^*-\mu^*)+(\xi^*-\mu^*)(\eta-\nu)-(\eta^*-\nu^*)(\xi-\mu)}$$
$$=\int\frac{d^2\xi'd^2\eta'}{\pi^2}\mathcal{F}(\eta',\xi')e^{(\xi'\eta'^*-\eta'\xi'^*+\xi^*\eta-\eta^*\xi)}\times$$
$$\int\frac{d^2\mu d^2\nu}{\pi^2}e^{(\eta^*-\eta'^*)\mu+(\eta'-\eta)\mu^*}e^{(\xi'^*-\xi^*)\nu+(\xi-\xi')\nu^*}$$
$$=\int d^2\xi'd^2\eta'\mathcal{F}(\eta',\xi')e^{(\xi'\eta'^*-\eta'\xi'^*+\xi^*\eta-\eta^*\xi)}\delta^{(2)}(\eta'-\eta)\delta^{(2)}\delta(\xi-\xi')$$
$$=\mathcal{F}(\eta,\xi) \tag{9.123}$$

而且,也可证明式(9.124)。

$$\int \frac{d^2\xi d^2\eta}{\pi^2} \mid \mathcal{F}(\eta, \xi) \mid^2$$

$$= \int \frac{d^2\mu d^2\nu}{\pi^2} \mid D(\nu, \mu) \mid^2 \int \frac{d^2\mu' d^2\nu'}{\pi^2} \exp[(\mu^*\nu - \nu^*\mu) + (\mu'\nu'^* - \nu'\mu'^*)] \times$$

$$\int \frac{d^2\xi d^2\eta}{\pi^2} \exp[(\mu'^* - \mu^*)\eta + (\mu - \mu')\eta^* + (\nu^* - \nu'^*)\xi + (\nu' - \nu)\xi^*]$$

$$= \int \frac{d^2\mu d^2\nu}{\pi^2} \mid D(\nu, \mu) \mid^2 d^2\mu' d^2\nu' \exp\int [(\mu^*\nu - \nu^*\mu) + (\mu'\nu'^* - \nu'\mu'^*)]] \times$$

$$\delta^{(2)}(\mu - \mu')\delta^{(2)}\delta(\nu' - \nu)$$

$$= \int \frac{d^2\mu d^2\nu}{\pi^2} \mid D(\nu, \mu) \mid^2 \tag{9.124}$$

可见,式(9.122)和式(9.124)中的变换满足类帕塞瓦尔(Parseval)定律。

参考文献

[1] Fan H Y, Hu L Y. Correspondence between quantum-optical transform and classical-optical transform explored by developing Dirac's symbolic method [J]. Frontiers of Physics, 2012, 7(3): 261 - 310.

[2] Wang J S, Meng X G, Fan H Y. New relationship between quantum state's tomogram and its wave function [J]. Journal of Modern Optics, 2017, 64(14): 1398 - 1403.

[3] Fan H Y. New two-fold integration transformation for the Wigner operator in phase space quantum mechanics and its relation to operator ordering [J]. Chinese Physics B, 2010, 19(4): 040305.

[4] Fan H Y, Wang Z. New integration transformation connecting coherent state and entangled state [J]. International Journal of Theoretical Physics, 2014, 53(3): 964 - 970.

[5] Fan H Y, Yuan H C. New transformation of Wigner operator in phase space quantum mechanics for the two-mode entangled case [J]. Chinese Physics B, 2010, 19(7): 070301.

[6] Fan H Y. A new kind of two-fold integration transformation in phase space and its uses in Weyl ordering of operators [J]. Communications in Theoretical Physics, 2008, 50(4): 935 - 937

[7] Fan H Y, Fan Y. EPR entangled states and complex fractional Fourier transformation [J]. The European Physical Journal D, 2002, 21(2): 233 - 238.

[8] Fan H Y, Chen J H, Zhang P F. On the entangled fractional squeezing transformation [J]. Frontiers of Physics, 2015, 10(2): 187 - 191.

[9] Fan H Y, Lv C H. New complex integration transformation and its compatibility with complex Weyl - Wigner transformation and entangled state representation [J]. Journal of the Optical Society of America A, 2009, 26(11): 2306 - 2310.
[10] Zhang C Z, Du J M, Fan H Y. Quantum entangling or disentangling by complex integration transformation [J]. Modern Physics Letters A, 2020, 35(25): 2050211.

10

解两体硬壳势中的薛定谔方程

本章介绍如何用纠缠态表象解两体硬壳势中的薛定谔方程[1, 2]，这体现出纠缠态表象的优越性。

10.1 两体硬壳势适配纠缠态表象

我们处理含两体硬壳势的薛定谔方程，哈密顿量是

$$H=\frac{P_1^2}{2m_1}+\frac{P_2^2}{2m_2}-V_0\delta(X_1-X_2) \tag{10.1}$$

其中 $V_0\delta(X_1-X_2)$ 是牵涉到两粒子的狄拉克的 δ -函数势，称为硬壳势。我们注意到，

$$[P_1+P_2,\ H]=0 \tag{10.2}$$

拟用两体纠缠态表象讨论这个哈密顿系统的动力学，这是一个新途径。

10.1.1 对 *H* 的幺正变换

引入 $\mu_i=\frac{m_i}{M}$，$i=1,\ 2$，以及式(10.3)～式(10.6)，

$$X_r=X_1-X_2,\ P_1+P_2=P \tag{10.3}$$

$$P_1=P_r+\mu_1 P,\ P_1=\mu_2 P-P_r \tag{10.4}$$

$$X_c=\mu_1 X_1+\mu_2 X_2,\ P_r=\mu_2 P_1-\mu_1 P_2 \tag{10.5}$$

$$X_1=X_c+\mu_2 X_r,\ X_2=X_c-\mu_1 X_r \tag{10.6}$$

这里 X_r 是相对坐标，X_c 代表质心坐标，P_r 代表质量权重相对动量。

$$\frac{P_1^2}{2m_1}+\frac{P_2^2}{2m_2}=\frac{P^2}{2M}+\frac{P_r^2}{2\mu} \tag{10.7}$$

其中 $M=m_1+m_2$ 是总质量，$\mu=\frac{m_1m_2}{M}$ 是约化质量。用 $\{X_r, P_r\}$ 和 $\{X_c, P\}$ 重新表示 H，得到

$$H=\frac{P^2}{2M}+\frac{P_r^2}{2\mu}-V_0\delta(X_r) \tag{10.8}$$

鉴于式(10.9)和式(10.10)，

$$[X_r, P]=0 \tag{10.9}$$

$$[X_r, P_r]=[X_1-X_2, \mu_2P_1-\mu_1P_2]=\mathrm{i} \tag{10.10}$$

我们看到，

$$\mathrm{e}^{\mathrm{i}\sigma X_r}P_r\mathrm{e}^{-\mathrm{i}\sigma X_r}=P_r-\sigma \tag{10.11}$$

结果是有如下幺正变换。

$$\begin{aligned}\mathrm{e}^{\mathrm{i}\sigma X_r}H\mathrm{e}^{-\mathrm{i}\sigma X_r}&=\mathrm{e}^{\mathrm{i}\sigma X_r}\left[\frac{P^2}{2M}+\frac{P_r^2}{2\mu}-V_0\delta(X_r)\right]\mathrm{e}^{-\mathrm{i}\sigma X_r}\\&=\frac{P^2}{2M}+\frac{(P_r-\sigma)^2}{2\mu}-V_0\delta(X_r)\equiv H'\end{aligned} \tag{10.12}$$

为了解相应的薛定谔方程，我们诉诸两体纠缠态表象。

10.1.2 $\boldsymbol{\delta\left(\eta_1-\frac{X_1-X_2}{\sqrt{2}}\right)\delta\left(\eta_2-\frac{P_1+P_2}{\sqrt{2}}\right)}$ 的物理意义

这里再讲一个求纠缠态的简法，注意到 $\delta\left(\eta_1-\frac{X_1-X_2}{\sqrt{2}}\right)\delta\left(\eta_2-\frac{P_1+P_2}{\sqrt{2}}\right)$，就像研究坐标投影算符 $|x\rangle\langle x|$，可考察 $\delta(X)$，

$$|x\rangle\langle x|=\delta(x-X) \tag{10.13}$$

我们期望，

$$\pi\delta\left(\eta_1-\frac{X_1-X_2}{\sqrt{2}}\right)\delta\left(\eta_2-\frac{P_1+P_2}{\sqrt{2}}\right)=|\eta\rangle\langle\eta|,\eta=\eta_1+\mathrm{i}\eta_2 \quad (10.14)$$

$|\eta\rangle$ 是 X_1-X_2 和 P_1+P_2 的共同本征态,因为 $[X_1-X_2, P_1+P_2]=0$。事实上,用 δ 函数的傅里叶变换,有

$$\delta\left(\eta_1-\frac{X_1-X_2}{\sqrt{2}}\right)\delta\left(\eta_2-\frac{P_1+P_2}{\sqrt{2}}\right)$$
$$=\iint_{-\infty}^{\infty}\frac{\mathrm{d}s\mathrm{d}t}{4\pi^2}\exp\left[\mathrm{i}s\left(\eta_1-\frac{X_1-X_2}{\sqrt{2}}\right)+it\left(\eta_2-\frac{P_1+P_2}{\sqrt{2}}\right)\right] \quad (10.15)$$

再用贝克-豪斯多夫公式(10.16),这里 $[A, B]$ 是一个数,以及式(10.17),

$$\mathrm{e}^{A+B}=\mathrm{e}^A\mathrm{e}^B\mathrm{e}^{-\frac{1}{2}[A,B]}=\mathrm{e}^B\mathrm{e}^A\mathrm{e}^{-\frac{1}{2}[B,A]} \quad (10.16)$$

$$X_i=\frac{a_i+a_i^\dagger}{\sqrt{2}},\ P_i=\frac{a_i-a_i^\dagger}{\sqrt{2}\mathrm{i}} \quad (10.17)$$

我们得到式(10.18),其中 :: 表示正规排序。

$$\delta\left(\eta_1-\frac{X_1-X_2}{\sqrt{2}}\right)\delta\left(\eta_2-\frac{P_1+P_2}{\sqrt{2}}\right)$$
$$=\frac{1}{4\pi^2}\iint_{-\infty}^{\infty}\mathrm{d}s\mathrm{d}t\exp\{\mathrm{i}s\eta_1+\mathrm{i}t\eta_2+\frac{\mathrm{i}}{2}[s(a_2^\dagger-a_1^\dagger)-\mathrm{i}t(a_2^\dagger+a_1^\dagger)]+$$
$$\frac{\mathrm{i}}{2}[s(a_2-a_1)+\mathrm{i}t(a_2+a_1)]\}$$
$$=\frac{1}{4\pi^2}\iint_{-\infty}^{\infty}\mathrm{d}s\mathrm{d}t\exp\left[-\frac{1}{4}(s^2+t^2)+\mathrm{i}s\eta_1+\mathrm{i}t\eta_2\right]\times$$
$$:\exp\left\{\frac{\mathrm{i}}{2}[s(a_2^\dagger-a_1^\dagger)-\mathrm{i}t(a_2^\dagger+a_1^\dagger)+s(a_2-a_1)+\mathrm{i}t(a_2+a_1)]\right\}:$$
$$=\frac{1}{\pi}:\exp(-|\eta|^2+\eta a_1^\dagger-\eta^*a_2^\dagger+a_1^\dagger a_2^\dagger+\eta^*a_1-\eta a_2+a_1a_2-a_2^\dagger a_2-a_1^\dagger a_1): \quad (10.18)$$

考虑到,

$$|00\rangle\langle 00|=:\exp(-a_1^\dagger a_1-a_2^\dagger a_2): \quad (10.19)$$

就可将 $\delta\left(\eta_1-\frac{X_1-X_2}{\sqrt{2}}\right)\delta\left(\eta_2-\frac{P_1+P_2}{\sqrt{2}}\right)$ 写成 ket-bra 形式,

$$\pi\delta\left(\eta_1-\frac{X_1-X_2}{\sqrt{2}}\right)\delta\left(\eta_2-\frac{P_1+P_2}{\sqrt{2}}\right)=|\eta\rangle\langle\eta| \tag{10.20}$$

这里的

$$|\eta\rangle=\exp\left(-\frac{1}{2}|\eta|^2+\eta a_1^\dagger-\eta^* a_2^\dagger+a_1^\dagger a_2^\dagger\right)|00\rangle,\eta=\eta_1+\mathrm{i}\eta_2 \tag{10.21}$$

就是两体纠缠态 $|\eta\rangle$

$$(X_1-X_2)|\eta\rangle=\sqrt{2}\eta_1|\eta\rangle,\ (P_1+P_2)|\eta\rangle=\sqrt{2}\eta_2|\eta\rangle \tag{10.22}$$

10.1.3 解含两体硬壳势的薛定谔方程

现在去求解式(10.12)中 H' 的薛定谔方程。注意到

$$\langle\eta|\frac{1}{\sqrt{2}}(X_1+X_2)=2\mathrm{i}\frac{\partial}{\partial\eta_2}\langle\eta|,\langle\eta|(X_1-X_2)=\sqrt{2}\eta_1\langle\eta| \tag{10.23}$$

$$\langle\eta|\frac{1}{\sqrt{2}}(P_1-P_2)=-2\mathrm{i}\frac{\partial}{\partial\eta_1}\langle\eta|,\langle\eta|(P_1+P_2)=\sqrt{2}\eta_2\langle\eta| \tag{10.24}$$

我们有

$$\begin{aligned}\langle\eta|P_r&=\langle\eta|(\mu_2P_1-\mu_1P_2)\\&=\left[\mu_2\left(-2\mathrm{i}\frac{\partial}{\partial\eta_1}+\eta_2\right)-\mu_1\left(2\mathrm{i}\frac{\partial}{\partial\eta_1}+\eta_2\right)\right]\langle\eta|\\&=-\sqrt{\frac{1}{2}}\mathrm{i}\left[\frac{\partial}{\partial\eta_1}-\mathrm{i}(\mu_1-\mu_2)\eta_2\right]\langle\eta|\end{aligned} \tag{10.25}$$

令态 $|\phi\rangle$ 为 H' 的能量本征态,即 $H'|\phi\rangle=E|\phi\rangle$,取 $\sigma=-\sqrt{\frac{1}{2}}(\mu_1-\mu_2)\eta_2$,并利用式(10.25),可得 H' 在纠缠态 $\langle\eta|$ 中的表示,即

$$\begin{aligned}\langle\eta|H'|\phi\rangle&=\langle\eta|\left\{\frac{P^2}{2M}+\frac{1}{2\mu}\left[P_r+\sqrt{\frac{1}{2}}(\mu_1-\mu_2)\eta_2\right]^2-V_0\delta(X_r)\right\}|\phi\rangle\\&=\left[\frac{\eta_2^2}{M}-\frac{1}{4\mu}\frac{\partial^2}{\partial\eta_1^2}-V_0\delta(\sqrt{2}\eta_1)\right]\langle\eta|\phi\rangle=E\langle\eta|\phi\rangle\end{aligned} \tag{10.26}$$

令 $\langle \eta \mid \phi \rangle \equiv \phi(\eta)$，则易得

$$-\frac{\hbar^2}{4\mu}\frac{\partial^2}{\partial \eta_1^2}\phi(\eta)=[E-\frac{\eta_2^2}{M}+\frac{V_0}{\sqrt{2}}\delta(\eta_1)]\phi(\eta) \tag{10.27}$$

式中已恢复约化普朗克常数 $\hbar$，并能得到

$$\left(-\frac{\hbar^2}{4\mu}\frac{\partial^2}{\partial \eta_1^2}-E+\frac{\eta_2^2}{M}\right)\phi(\eta)=\frac{V_0}{2\sqrt{2}\pi}\int_{-\infty}^{\infty}\mathrm{d}x\,\mathrm{e}^{\mathrm{i}x\eta_1}\phi(\eta) \tag{10.28}$$

这导致

$$1=\frac{V_0}{2\sqrt{2}\pi}\int_{-\infty}^{\infty}\mathrm{d}x\,\frac{\mathrm{e}^{\mathrm{i}x\eta_1}}{\dfrac{\hbar^2}{4\mu}x^2-E+\dfrac{\eta_2^2}{M}} \tag{10.29}$$

这是关于 E 的量子化条件，此方程对于 E 不是解析的。

特别情况下，对方程两边作 $\int_{-\varepsilon}^{+\varepsilon}\mathrm{d}\eta_1$ 积分，取 $\varepsilon\to 0^+$，我们得到 ψ' 的跃变条件，

$$\psi'(0^+)-\psi'(0^-)=-\frac{2\sqrt{2}\mu V_0}{\hbar^2}\psi(0) \tag{10.30}$$

在 $\eta_1\neq 0$ 时，我们有

$$-\frac{\hbar^2}{4\mu}\frac{\partial^2}{\partial \eta_1^2}\psi(\eta)=\left(E-\frac{\eta_2^2}{M}\right)\psi(\eta) \tag{10.31}$$

物理上要求当 $|\eta_1|\to\infty$，$\psi(\eta)\to 0$，并注意到 $\delta(X_1-X_2)=\delta(X_2-X_1)$，我们知道式(10.31)的解是

$$\psi(\eta)\sim \mathrm{e}^{-\lambda|\eta_1|},\quad \lambda=\frac{1}{\hbar}\sqrt{-4\mu\left(E-\frac{\eta_2^2}{M}\right)} \tag{10.32}$$

若取 C 为归一化系数，则有

$$\psi(\eta)=\begin{matrix} C\mathrm{e}^{-\lambda\eta_1}, & \eta_1>0 \\ C\mathrm{e}^{\lambda\eta_1}, & \eta_1<0 \end{matrix} \tag{10.33}$$

将 $\psi(\eta)\sim \mathrm{e}^{-\lambda|\eta_1|}$ 代入 ψ' 的跃变条件，得到

$$\lambda = \frac{\sqrt{2}\mu V_0}{\hbar^2} \tag{10.34}$$

于是从式(10.32)，可得到能量值

$$E = \frac{\eta_2^2}{M} - \frac{\mu V_0^2}{2\hbar^2} \tag{10.35}$$

它既依赖于 η_2，也与 $\mu = \frac{m_1 m_2}{M}$ 有关，记住 η_2 是总动量的本征值，是一个守恒量。

10.2　用纠缠态表象求激子能级

在固体物理理论中激子是一个电子-空穴束缚对，它可以在晶体中自由运动。莫特-万尼尔(Mott-Wannier)激子是弱束缚的，其电子-空穴距离大于晶格常数。导带中的电子和价带中的空穴由库仑势 $-\frac{e^2}{\varepsilon |\hat{x}|}$ 相互吸引，ε 是介电常数，哈密顿量是[3]

$$H = \frac{\hat{p}_e^2}{2m_e} + \frac{\hat{p}_h^2}{2m_h} - \frac{e^2}{\varepsilon |\hat{x}|} \tag{10.36}$$

传统的做法是引入新坐标，

$$\hat{\rho} = \frac{1}{2}(\hat{x}_e + \hat{x}_h), \quad \hat{x} = \hat{x}_e - \hat{x}_h \tag{10.37}$$

$\hat{x}_e$ 与 $\hat{x}_h$ 分别是电子和空穴的坐标，哈密顿量改写成，

$$H = \frac{1}{8\mu}\hat{\Pi}^2 + \frac{1}{2\mu}\hat{p}^2 + \frac{1}{2}\left(\frac{1}{m_e} - \frac{1}{m_h}\right)\hat{\Pi}\cdot\hat{p} - \frac{e^2}{\varepsilon |\hat{x}|} \tag{10.38}$$

其中，

$$\frac{1}{\mu} = \frac{1}{m_e} + \frac{1}{m_h} \tag{10.39}$$

μ 是折合质量，$\hat{\Pi}$ 与 $\hat{p}$ 分别是共轭于 $\hat{\rho}$ 和 $\hat{x}$ 的动量，$\hat{\Pi} = \hat{p}_e + \hat{p}_h$，$\hat{p} = \frac{1}{2}(\hat{p}_e - \hat{p}_h)$。令 H 的本征态的波函数是 $\phi_n(\vec{\rho}, \vec{x})$（相应的本征值是 E_{kn}），

形为

$$\phi_n(\boldsymbol{\rho},\ \boldsymbol{x})=\exp(\mathrm{i}\boldsymbol{K}\cdot\boldsymbol{\rho})F_n(\boldsymbol{x}) \tag{10.40}$$

则 $F_n(x)$ 满足方程

$$\begin{aligned}&\left\{\frac{1}{2\mu}\boldsymbol{p}^2+\frac{1}{2}\left(\frac{1}{m_e}-\frac{1}{m_h}\right)\boldsymbol{p}\cdot\boldsymbol{K}-\frac{\mathrm{e}^2}{\varepsilon\mid\vec{x}\mid}\right\}F_n(\boldsymbol{x})\\&=\left(E_{kn}-\frac{K^2}{8\mu}\right)F_n(x)\end{aligned} \tag{10.41}$$

处在 $\boldsymbol{K}=0$ 的哈密顿量具有本征值 $E_n^0=-\dfrac{\mu\mathrm{e}^4}{2\varepsilon^2}\dfrac{1}{n^2}$，相应的本征态是 $|n\rangle$。再用微扰论（$\boldsymbol{K}\cdot\boldsymbol{P}$ 项作为微扰），计算能级修正到 $\boldsymbol{K}^2$，得到

$$\begin{aligned}E_{Kn}&\approx E_n^0+\frac{\boldsymbol{K}^2}{8\mu}+\sum_l{}'\frac{\left|\frac{1}{2}\left(\frac{1}{m_e}-\frac{1}{m_h}\right)\langle\boldsymbol{p}\cdot\boldsymbol{K}\rangle_{nl}\right|^2}{E_n^0-E_l^0}\\&=-\frac{\mu\mathrm{e}^4}{2\varepsilon^2n^2}+\frac{\boldsymbol{K}^2}{2(m_e+m_h)}\end{aligned} \tag{10.42}$$

其中符号“ ′ ”意思是求和不包含 $l=n$。

下面我们改用纠缠态表象解。定义

$$\hat{x}_e=\frac{a_e^\dagger+a_e}{\sqrt{2}},\quad \hat{x}_h=\frac{a_h^\dagger+a_h}{\sqrt{2}} \tag{10.43}$$

$$\hat{p}_e=\frac{a_e-a_e^\dagger}{\sqrt{2}\mathrm{i}},\quad \hat{p}_h=\frac{a_h-a_h^\dagger}{\sqrt{2}\mathrm{i}} \tag{10.44}$$

这里 a_e 意指 (a_{e1},a_{e2},a_{e3})，$[a_{ei},a_{ej}^\dagger]=\delta_{ij}=[a_{hi},a_{hj}^\dagger]$。鉴于 $\hat{\Pi}=(\hat{p}_e+\hat{p}_h)$，$\hat{x}=\hat{x}_e-\hat{x}_h$，$[\hat{\Pi},\hat{x}]=0$，我们引入 $\hat{\Pi}$ 与 $\hat{x}$ 的共同本征态 $|\boldsymbol{\eta}\rangle$，即

$$|\boldsymbol{\eta}\rangle=\exp\left(-\frac{1}{2}|\boldsymbol{\eta}|^2+\boldsymbol{\eta}\cdot a_e^\dagger-\boldsymbol{\eta}^*\cdot a_h^\dagger+a_e^\dagger\cdot a_h^\dagger\right)|00\rangle \tag{10.45}$$

此处 $|00\rangle$ 被 a_e 和 a_h 湮灭，$\boldsymbol{\eta}=\boldsymbol{\eta}_1+\mathrm{i}\boldsymbol{\eta}_2$ 是三维复矢量。态 $|\eta\rangle$ 满足本征方程

$$(a_e-a_h^\dagger)|\boldsymbol{\eta}\rangle=\boldsymbol{\eta}|\boldsymbol{\eta}\rangle,\ (a_e^\dagger-a_h)|\boldsymbol{\eta}\rangle=\boldsymbol{\eta}^*|\boldsymbol{\eta}\rangle \tag{10.46}$$

或

$$\hat{x}|\boldsymbol{\eta}\rangle=\sqrt{2}\boldsymbol{\eta}_1|\boldsymbol{\eta}\rangle,\ \hat{\Pi}|\boldsymbol{\eta}\rangle=\sqrt{2}\boldsymbol{\eta}_2|\boldsymbol{\eta}\rangle \tag{10.47}$$

可见，$|\boldsymbol{\eta}\rangle$ 恰好是 $\hat{x}$ 和 $\hat{\Pi}$ 的共同本征态，我们称之为激子纠缠态，用

$$|00\rangle\langle 00| = :\exp(-a_e^\dagger \cdot a_e - a_h^\dagger \cdot a_h): \tag{10.48}$$

这里 :: 代表正规乘积，完备性是

$$\int \frac{d^2\boldsymbol{\eta}}{\pi^3} |\boldsymbol{\eta}\rangle\langle\boldsymbol{\eta}|$$
$$= \int \frac{d^2\boldsymbol{\eta}}{\pi} :\exp(-|\vec{\eta}|^2 + \vec{\eta}\cdot a_e^\dagger - \vec{\eta}^* \cdot a_h^\dagger + \vec{\eta}^* \cdot a_e - \vec{\eta}\cdot a_h +$$
$$a_e^\dagger \cdot a_h^\dagger + a_e \cdot a_h - a_e^\dagger \cdot a_e - a_h^\dagger \cdot a_h): = 1 \tag{10.49}$$

正交性是

$$\langle \vec{\eta}' | \vec{\eta}\rangle = \pi^3 \delta(\vec{\eta}'_1 - \vec{\eta}_1)\delta(\vec{\eta}'_2 - \vec{\eta}_2) \tag{10.50}$$

故 $|\vec{\eta}\rangle$ 有资格成为一个表象。

H 的本征态 $|E_n\rangle$ 满足 $H|E_n\rangle = E_n|E_n\rangle$，在 $|\boldsymbol{\eta}\rangle$ 表象写为

$$\langle\boldsymbol{\eta}|H|E_n\rangle = E_n\Phi_n, \quad \Phi_n \equiv \langle\vec{\eta}|E_n\rangle \tag{10.51}$$

注意到

$$\mathrm{i}\frac{\partial}{\sqrt{2}\partial\boldsymbol{\eta}_1}|\boldsymbol{\eta}\rangle = \mathrm{i}\frac{1}{\sqrt{2}}(-\boldsymbol{\eta}_1 + a_e^\dagger - a_h^\dagger)|\boldsymbol{\eta}\rangle$$
$$= \frac{1}{\sqrt{2}\mathrm{i}}\left(\frac{-a_e^\dagger + a_e + a_h^\dagger - a_h}{2}\right)|\boldsymbol{\eta}\rangle = \frac{1}{2}(\hat{p}_e - \hat{p}_h)|\boldsymbol{\eta}\rangle = \hat{p}|\boldsymbol{\eta}\rangle \tag{10.52}$$

可见，Φ_n 满足两阶微分方程

$$\left\{\frac{\boldsymbol{\eta}_2^2}{4\mu} - \frac{1}{4\mu}\frac{\partial^2}{\partial\boldsymbol{\eta}_1^2} - \mathrm{i}\frac{1}{2}\left(\frac{1}{m_e} - \frac{1}{m_h}\right)\boldsymbol{\eta}_2 \cdot \frac{\partial}{\partial\boldsymbol{\eta}_1} - \frac{e^2}{\varepsilon\sqrt{2}|\boldsymbol{\eta}_1|}\right\}\Phi_n = E_n\Phi_n \tag{10.53}$$

令

$$\Phi_n = \exp\left\{-\mathrm{i}\mu\boldsymbol{\eta}_1 \cdot \boldsymbol{\eta}_2\left(\frac{1}{m_e} - \frac{1}{m_h}\right)\right\}\Theta_n \tag{10.54}$$

则 Θ_n 遵守方程

$$\left\{-\frac{1}{4\mu}\frac{\partial^2}{\partial\boldsymbol{\eta}_1^2}+\frac{\boldsymbol{\eta}_2^2}{4\mu}\left[1-\mu^2\left(\frac{1}{m_e}-\frac{1}{m_h}\right)^2\right]-\frac{\mathrm{e}^2}{\varepsilon\sqrt{2}\mid\boldsymbol{\eta}_1\mid}\right\}\Theta_n=E_n\Theta_n \tag{10.55}$$

比较氢原子能级公式,可得

$$E_n=-\frac{\mu\mathrm{e}^4}{2\varepsilon^2n^2}+\frac{\boldsymbol{\eta}_2^2}{4\mu}\left[1-\mu^2\left(\frac{1}{m_e}-\frac{1}{m_h}\right)^2\right]=-\frac{\mu\mathrm{e}^4}{2\varepsilon^2n^2}+\frac{\boldsymbol{\eta}_2^2}{(m_e+m_h)} \tag{10.56}$$

注意到 $\boldsymbol{\eta}_2^2\rightarrow\hat{\Pi}^2/2$,所以当我们作 $\hat{\Pi}^2\rightarrow K^2$,则上式的精确结果可与以往文献中用微扰论得到的结果自洽。

如果相对动量 $\hat{p}=\frac{1}{2}(\hat{p}_e-\hat{p}_h)$ 推广为与质量权重的相对动量 $\mu_2\hat{p}_e-\mu_1\hat{p}_h\equiv\hat{p}_r$,其中,

$$\mu_1=\frac{m_e}{M},\ \mu_2=\frac{m_h}{M},\ M=m_e+m_h \tag{10.57}$$

当 $\mu_2=\mu_1=\frac{1}{2}$ 时,$\hat{p}_r$ 回到 $\hat{p}$,在这种情形下,可有

$$\langle\boldsymbol{\eta}\mid\hat{p}_r=-\frac{1}{\sqrt{2}}\left[\mathrm{i}\frac{\partial}{\partial\boldsymbol{\eta}_1}+(\mu_1-\mu_2)\boldsymbol{\eta}\right]\langle\boldsymbol{\eta}\mid \tag{10.58}$$

相应的式(10.53)($\hat{p}$ 由 $\hat{p}_r$ 代替)改为

$$\begin{aligned}E_n\langle\boldsymbol{\eta}\mid E_n\rangle=&\left\{\frac{\boldsymbol{\eta}_2^2}{4\mu}+\frac{1}{2}\left[\mathrm{i}\frac{\partial}{\partial\boldsymbol{\eta}_1}+(\mu_1-\mu_2)\boldsymbol{\eta}_2\right]^2-\frac{1}{\sqrt{2}}\left[\mathrm{i}\frac{\partial}{\partial\boldsymbol{\eta}_1}+(\mu_1-\mu_2)\boldsymbol{\eta}_2\right]+\right.\\&\left.\frac{\boldsymbol{\eta}_2^2}{4\mu}+\frac{1}{2}\left(\frac{1}{m_e}-\frac{1}{m_h}\right)\sqrt{2}\,\boldsymbol{\eta}_2-\frac{\mathrm{e}^2}{\varepsilon\sqrt{2}\mid\boldsymbol{\eta}_1\mid}\right\}\langle\boldsymbol{\eta}\mid E_n\rangle\end{aligned} \tag{10.59}$$

作假设 $\langle\eta\mid E_n\rangle=\exp\{\mathrm{i}(\mu_1-\mu_2)\boldsymbol{\eta}_1\cdot\boldsymbol{\eta}_2\}\Psi_n$ 以至于

$$\begin{aligned}&\exp\{-\mathrm{i}(\mu_1-\mu_2)\boldsymbol{\eta}_1\cdot\boldsymbol{\eta}_2\}\left\{\frac{\partial}{\partial\boldsymbol{\eta}_1}-\mathrm{i}(\mu_1-\mu_2)\boldsymbol{\eta}_2\right\}\cdot\\&\exp\{\mathrm{i}(\mu_1-\mu_2)\boldsymbol{\eta}_1\cdot\boldsymbol{\eta}_2\}=\frac{\partial}{\partial\boldsymbol{\eta}_1}\end{aligned} \tag{10.60}$$

我们可以进而导出 Ψ_n 应该遵守的方程,以下留给读者去完成。

小结：纠缠态表象对于研究其他准粒子能谱有广泛的应用。

参考文献

[1] Yu H J, Fan H Y. Solving Schrödinger equation for bipartite hard-core potential by virtue of the entangled state representation [J]. Canadian Journal of Physics, 2019, 97(1): 82 - 85.

[2] Fan H Y, Chen B Z. Solving some two-body dynamical problems in ⟨ζ | -⟨η | representation [J]. Physical Review A, 1996, 53(5): 2948 - 2952.

[3] Fan H Y, Zou H, Fan Y, et al. Energy spectrum of Mott-Wannier exciton studied by virtue of the exciton entangled state representation instead of K center dot P perturbation theory [J]. Modern Physics Letters B, 2005, 19(13/14): 637 - 642.

11

压缩混沌模-相干态场模得到的新光场

为了体现双模压缩算符的纠缠功能，本章我们探讨压缩混沌模-相干态场模得到的新光场，我们用有序算符内的积分技术和外尔排序的性质导出此新光场。

光的本性至今还在探索中。1917 年，爱因斯坦说，他将用余生思考光是什么。时隔 34 年后，他说他自己这么多年来并没有接近“光量子是什么”这个问题的答案。实验方面，自 20 世纪 60～70 年代出现了激光，80 年代出现压缩光以来，人们寻找新光场的研究方兴未艾。理论上，激光的量子描述是相干态，双模压缩真空光场是纠缠态。本章旨在讨论一个长期被忽视却很重要的问题，即当将 a 模混沌光场和 b 模相干态光场 $|z\rangle_{22}\langle z|$ 压缩起来后，能否出现新光场，其密度算符又是什么[1]？

a 模混沌光场 ρ_c 的密度算符是

$$\rho_c=(1-e^{\lambda})e^{\lambda a^{\dagger}a},\quad \mathrm{tr}\rho_c=1 \tag{11.1}$$

b 模相干态光场 $|z\rangle_{22}\langle z|$ 是纯态，即

$$|z\rangle_2=\exp\left(-\frac{|z|^2}{2}+zb^{\dagger}\right)|0\rangle_2 \tag{11.2}$$

那么双模压缩“混沌模-相干态模”的效果是什么？能否得到新的量子场？

11.1 双模压缩混沌模-相干态模的密度算符

双模压缩算符的分解是，

$$S_2=\exp[\sigma(a^\dagger b^\dagger-ab)]$$
$$=\exp(a^\dagger b^\dagger\tanh\sigma)\exp[(a^\dagger a+b^\dagger b+1)\ln\operatorname{sech}\sigma]\exp(-ab\tanh\sigma) \tag{11.3}$$

双模压缩真空态是，

$$S_2\mid 00\rangle=\operatorname{sech}\sigma\exp(a^\dagger b^\dagger\tanh\sigma) \tag{11.4}$$

将混沌模-相干态模压缩得到，

$$\rho\equiv S_2(\rho_c\mid z\rangle_{22}\langle z\mid)S_2^{-1}=(1-e^{\lambda})S_2(e^{\lambda a^\dagger a}\mid z\rangle_{22}\langle z\mid)S_2^{-1} \tag{11.5}$$

我们要求出其最终结果，看看到底是什么新光场。如果根据压缩变换的性质，

$$S_2aS_2^{-1}=a\cosh\sigma-b^\dagger\sinh\sigma,\ S_2bS_2^{-1}=b\cosh\sigma-a^\dagger\sinh\sigma \tag{11.6}$$

来计算式(11.5)是困难的，因为有算符重排的复杂问题要解决。所以我们采用IWOP方法求解。

下面用有序算符内的积分理论导出新光场。这里的有序是指外尔排序，用化一般算符 $H(a^\dagger,a)$ 为其外尔序的公式。

$$H(a^\dagger,a)=2\int\frac{d^2\gamma}{\pi}\langle-\gamma\mid H(a^\dagger,a)\mid\gamma\rangle\,\vdots\exp[2(\gamma^*a-\gamma a^\dagger+a^\dagger a)]\vdots \tag{11.7}$$

这里 $\mid\gamma\rangle$ 是相干态，是湮灭算符 a 的本征态，我们将 $e^{\lambda a^\dagger a}$ 化为外尔排序

$$e^{\lambda a^\dagger a}=2\int\frac{d^2\gamma}{\pi}\langle-\gamma\mid:\exp[(e^{\lambda}-1)a^\dagger a]:\mid\gamma\rangle\exp[2(\gamma^*a-\gamma a^\dagger+a^\dagger a)]\vdots$$
$$=2\int\frac{d^2\gamma}{\pi}\vdots\exp[-(e^{\lambda}+1)\mid\gamma\mid^2+2(\gamma^*a-\gamma a^\dagger+a^\dagger a)]\vdots$$
$$=\frac{2}{e^{\lambda}+1}\vdots\exp[2\frac{e^{\lambda}-1}{e^{\lambda}+1}a^\dagger a]\vdots \tag{11.8}$$

外尔排序的算符具有在相似变换下的序不变性，具体说，设 $\vdots F(a^\dagger,a;b^\dagger,b)\vdots$ 已经是外尔排序好了的，那么就有[3]

$$S_2\vdots F(a^\dagger,a;b^\dagger,b)\vdots S_2^{-1}=\vdots S_2F(a^\dagger,a;b^\dagger,b)S_2^{-1}\vdots \tag{11.9}$$

即 S_2 可以穿过“篱笆” $\vdots\ \vdots$ 而直接作用于 $F(a^\dagger,a;b^\dagger,b)$，证明如下：
设有算符 W 生成如下的相似变换，

$$WaW^{-1}=\mu a+\nu a^{\dagger},\ Wa^{\dagger}W^{-1}=\sigma a+\tau a^{\dagger} \tag{11.10}$$

这里 $\mu\tau-\sigma\nu=1$ 以保证，

$$[\mu a+\nu a^{\dagger},\ \sigma a+\tau a^{\dagger}]=1 \tag{11.11}$$

我们证明外尔排序在相似变换下是序不变的，这意味着，如果，

$$F(a^{\dagger},a)=2\int d^2\alpha f(\alpha^*,\alpha)\Delta(\alpha,\alpha^*)=\vdots f(a^{\dagger},a)\vdots \tag{11.12}$$

这里 $f(\alpha^*,\alpha)$ 是算符 $F(a^{\dagger},a)$ 的经典外尔对应，则有

$$\begin{aligned}WF(a^{\dagger},a)W^{-1}&=F(\mu a+\nu a^{\dagger},\sigma a+\tau a^{\dagger})\\&=\vdots f(\mu a+\nu a^{\dagger},\sigma a+\tau a^{\dagger})\vdots\end{aligned} \tag{11.13}$$

这意味着 W 算符可以“穿越”这个 $\vdots\ \vdots$ “边界”而直接作用于 $\vdots\ \vdots$ 内部的算符。

证明：注意到式(11.14)，

$$\begin{aligned}\Delta(\alpha,\alpha^*)&=\frac{1}{\pi}:e^{-2(\alpha^*-a^{\dagger})(a-\alpha)}:=\int\frac{d^2z}{2\pi^2}:e^{-|z|^2/2+z(a^{\dagger}-\alpha^*)-z^*(a-\alpha)}:\\&=\int\frac{d^2z}{2\pi^2}e^{z(a^{\dagger}-\alpha^*)-z^*(a-\alpha)}\end{aligned} \tag{11.14}$$

由式(11.10)得到

$$\begin{aligned}W\Delta(\alpha,\alpha^*)W^{-1}&=W\int\frac{d^2z}{2\pi^2}e^{z(a^{\dagger}-\alpha^*)-z^*(a-\alpha)}W^{-1}\\&=\int\frac{d^2z}{2\pi^2}e^{z[(\sigma a+\tau a^{\dagger})-\alpha^*]-z^*[(\mu a+\nu a^{\dagger})-\alpha]}\\&=\frac{1}{2\pi^2}\int d^2z:\exp\left[-|z|^2\left(\sigma\nu+\frac{1}{2}\right)+z(\sigma a+\tau a^{\dagger}-\alpha^*)-\right.\\&\qquad\left.z^*(\mu a+\nu a^{\dagger}-\alpha)+\frac{1}{2}(\sigma\tau z^2+\mu\nu z^{*2})\right]:\\&=\frac{1}{\pi}:\exp[-2(a^{\dagger}-\mu\alpha^*+\sigma\alpha)(a-\tau\alpha+\nu\alpha^*)]:\end{aligned} \tag{11.15}$$

所以

$$\begin{aligned}WF(a^{\dagger},a)W^{-1}&=2\int d^2\alpha f(\alpha^*,\alpha)W\Delta(\alpha,\alpha^*)W^{-1}\\&=\frac{2}{\pi}\int d^2\alpha f(\alpha^*,\alpha):e^{-2(a^{\dagger}-\mu\alpha^*+\sigma\alpha)(a-\tau\alpha+\nu\alpha^*)}:\end{aligned} \tag{11.16}$$

在式(11.16)中做积分变量变换,可得

$$WF(a^{\dagger},a)W^{-1}=\frac{2}{\pi}\int d^2\alpha f(\mu\alpha+\nu\alpha^*,\sigma\alpha+\tau\alpha^*):e^{-2(a^{\dagger}-\alpha^*)(a-\alpha)}:$$

$$=\int d^2\alpha f(\mu\alpha+\nu\alpha^*,\sigma\alpha+\tau\alpha^*)\vdots\delta(a^{\dagger}-\alpha^*)\delta(a-\alpha)\vdots$$

$$=\vdots f(\mu a+\nu a^{\dagger},\sigma a+\tau a^{\dagger})\vdots \tag{11.17}$$

于是有式(11.18),得证。

$$W\vdots f(a^{\dagger},a)\vdots W^{-1}=\vdots f(\mu a+\nu a^{\dagger},\sigma a+\tau a^{\dagger})\vdots \tag{11.18}$$

例如:求单模压缩真空态,

$$|0\rangle\langle 0|=\int\frac{d^2\xi}{\pi}\vdots e^{i\xi^* a^{\dagger}+i\xi a}\vdots e^{-|\xi|^2/2}=2\vdots e^{-2a^{\dagger}a}\vdots \tag{11.19}$$

这是 $|0\rangle\langle 0|$ 的外尔排序形式。当有幺正算符 $S=\exp[\lambda(a^2-a^{\dagger 2})/2]$ 对 $|0\rangle\langle 0|$ 作用时,鉴于

$$SaS^{-1}=a\cosh\lambda+a^{\dagger}\sinh\lambda \tag{11.20}$$

就有

$$S|0\rangle\langle 0|S^{-1}=\int\frac{d^2\xi}{\pi}Se^{i\xi^* a^{\dagger}+i\xi a-\frac{|\xi|^2}{2}}S^{-1}$$

$$=\int\frac{d^2\xi}{\pi}e^{i\xi^*(a^{\dagger}\cosh\lambda+a\sinh\lambda)+i\xi(a\cosh\lambda+a^{\dagger}\sinh\lambda)-\frac{|\xi|^2}{2}}$$

$$=\int\frac{d^2\xi}{\pi}\vdots e^{i\xi^*(a^{\dagger}\cosh\lambda+a\sinh\lambda)+i\xi(a\cosh\lambda+a^{\dagger}\sinh\lambda)-\frac{|\xi|^2}{2}}\vdots$$

$$=2\vdots e^{-2(a^{\dagger}\cosh\lambda+a\sinh\lambda)(a\cosh\lambda+a^{\dagger}\sinh\lambda)}\vdots \tag{11.21}$$

于是有式(11.22),

$$2\vdots e^{-2(a^{\dagger}\cosh\lambda+a\sinh\lambda)(a\cosh\lambda+a^{\dagger}\sinh\lambda)}\vdots$$

$$=\int d^2\alpha e^{-2(\alpha^*\cosh\lambda+\alpha\sinh\lambda)(\alpha\cosh\lambda+\alpha^*\sinh\lambda)}\frac{1}{2}\vdots\delta(a^{\dagger}-\alpha^*)\delta(a-\alpha)\vdots$$

$$=\frac{1}{\pi}\int d^2\alpha e^{-2(\alpha^*\cosh\lambda+\alpha\sinh\lambda)(\alpha\cosh\lambda+\alpha^*\sinh\lambda)}:\exp[-2(a^{\dagger}-\alpha^*)(a-\alpha)]:$$

$$=\frac{1}{\pi}\int d^2\alpha:\exp[-4|\alpha|^2\cosh^2\lambda-(\alpha^{*2}+\alpha^2)\sinh 2\lambda+2\alpha a^{\dagger}+2\alpha^* a-2a^{\dagger}a]:$$

$$=\frac{1}{4\cosh\lambda}:\exp\left[\left(a^{\dagger}a-\frac{4a^{\dagger 2}\sinh 2\lambda+4a^{2}\sinh 2\lambda}{16\cosh^{2}\lambda}\right)-2a^{\dagger}a\right]:$$

$$=\operatorname{sech}\lambda\exp\left(\frac{-a^{\dagger 2}\tanh\lambda}{2}\right)|0\rangle\langle 0|\exp\left(\frac{-a^{2}\tanh\lambda}{2}\right) \tag{11.22}$$

可见，$\operatorname{sech}^{1/2}\lambda\exp\left(-\frac{1}{2}a^{\dagger 2}\tanh\lambda\right)|0\rangle$ 恰好是压缩态。进一步，可求双模压缩真空态。

然后，我们按照一个外尔排序算符 $\vdots h(a^{\dagger}, a; b^{\dagger}, b)\vdots$ 在相空间 $(\alpha, \alpha^{*}; \beta, \beta^{*})$ 的经典外尔对应恰是函数 $h(\alpha, \alpha^{*}; \beta, \beta^{*})$ 的知识，即

$$\vdots h(a^{\dagger}, a; b^{\dagger}, b)\vdots=4\int d^{2}\alpha\int d^{2}\beta\Delta(\alpha, \alpha^{*}; \beta, \beta^{*})h(\alpha, \alpha^{*}; \beta, \beta^{*}) \tag{11.23}$$

就可以进一步用双模维格纳算符的正规乘积形式，

$$\Delta(\alpha, \alpha^{*}; \beta, \beta^{*})=\frac{1}{\pi^{2}}:\exp[-2(a^{\dagger}-\alpha^{*})(a-\alpha)-2(b^{\dagger}-\beta^{*})(b-\beta)]: \tag{11.24}$$

可以导出 $\vdots h(a^{\dagger}, a; b^{\dagger}, b)\vdots$ 的正规乘积形式，再对其求部分迹就可掌握其物理意义。接下来我们将用外尔排序算符内的积分方法来实现目标。

作为第一步，必须先求出 $e^{\lambda a^{\dagger}a}|z\rangle_{22}\langle z|$ 的外尔排序形式，

$$|z\rangle_{22}\langle z|=2\vdots\exp[-2(b^{\dagger}-z^{*})(b-z)]\vdots \tag{11.25}$$

再由式(11.18)和式(11.20)得到式(11.26)，

$$\begin{aligned}&(1-e^{\lambda})S_{2}(e^{\lambda a^{\dagger}a}|z\rangle_{22}\langle z|)S_{2}^{-1}\\&=\frac{4(1-e^{\lambda})}{e^{\lambda}+1}S_{2}\vdots\exp\left[\frac{2(e^{\lambda}-1)}{e^{\lambda}+1}a^{\dagger}a-2(b^{\dagger}-z^{*})(b-z)\right]\vdots S_{2}^{-1}\\&=\frac{4(1-e^{\lambda})}{e^{\lambda}+1}\vdots\exp\left[\frac{2(e^{\lambda}-1)}{e^{\lambda}+1}(a^{\dagger}\cosh\sigma-b\sinh\sigma)(a\cosh\sigma-b^{\dagger}\sinh\sigma)-\right.\\&2(b^{\dagger}\cosh\sigma-a\sinh\sigma)(b\cosh\sigma-a^{\dagger}\sinh\sigma)+2z(b^{\dagger}\cosh\sigma-a\sinh\sigma)+\\&\left.2z^{*}(b\cosh\sigma-a^{\dagger}\sinh\sigma)-2|z|^{2}\right]\vdots\end{aligned} \tag{11.26}$$

其经典对应是

$$h(\alpha,\alpha^*;\beta,\beta^*)$$

$$\equiv\frac{4(1-e^{\lambda})}{e^{\lambda}+1}\exp\left[\frac{2(e^{\lambda}-1)}{e^{\lambda}+1}(|\alpha|^2\cosh^2\sigma+|\beta|^2\sinh^2\sigma)-\right.$$

$$2|\beta|^2\cosh^2\sigma-2|\alpha|^2\sinh^2\sigma+\frac{2\sinh 2\sigma}{e^{\lambda}+1}(\alpha\beta+\alpha^*\beta^*)+$$

$$\left.2z(\beta^*\cosh\sigma-\alpha\sinh\sigma)+2z^*(\beta\cosh\sigma-\alpha^*\sinh\sigma)-2|z|^2\right]\qquad(11.27)$$

将式(11.27)代入式(11.23)的右边，并用 IWOP 技术直接积分得到

$$\rho=(1-e^{\lambda})S(e^{\lambda a^\dagger a}|z\rangle_{22}\langle z|)S^{-1}$$

$$=\int\frac{4d^2\alpha d^2\beta}{\pi^2}h(\alpha,\alpha^*;\beta,\beta^*):\exp[-2(a^\dagger-\alpha^*)(a-\alpha)-2(b^\dagger-\beta^*)(b-\beta)]:$$

$$=4\frac{1-e^{\lambda}}{e^{\lambda}+1}\int\frac{4d^2\alpha d^2\beta}{\pi^2}:\exp\left\{\frac{-4\cosh^2\sigma}{e^{\lambda}+1}|\alpha|^2+\right.$$

$$2\alpha\left(\frac{\sinh 2\sigma}{e^{\lambda}+1}\beta+a^\dagger-z\sinh\sigma\right)+2\alpha^*\left(\frac{\sinh 2\sigma}{e^{\lambda}+1}\beta^*+a-z^*\sinh\sigma\right)+$$

$$\left[\frac{2(e^{\lambda}-1)\sinh^2\sigma}{e^{\lambda}+1}-2-2\cosh^2\sigma\right]|\beta|^2+$$

$$\left.2\beta(z^*\cosh\sigma+b^\dagger)+2\beta^*(z\cosh\sigma+b)-2a^\dagger a-2b^\dagger b-2|z|^2\right\}:$$

$$=\frac{1-e^{\lambda}}{\cosh^2\sigma}\int\frac{4d^2\beta}{\pi}:\exp\left\{\frac{e^{\lambda}+1}{\cosh^2\sigma}\left(\frac{\sinh 2\sigma}{e^{\lambda}+1}\beta+a^\dagger-z\sinh\sigma\right)\times\right.$$

$$\left(\frac{\sinh 2\sigma}{e^{\lambda}+1}\beta^*+a-z^*\sinh\sigma\right)+\left[\frac{2(e^{\lambda}-1)\sinh^2\sigma}{e^{\lambda}+1}-2-2\cosh^2\sigma\right]|\beta|^2+$$

$$\left.2\beta^*(z\cosh\sigma+b)+2\beta(z^*\cosh\sigma+b^\dagger)-2a^\dagger a-2b^\dagger b-2|z|^2\right\}:$$

$$=\frac{1-e^{\lambda}}{\cosh^2\sigma}:\exp[(b^\dagger+a\tanh\sigma+z^*\operatorname{sech}\sigma)(b+a^\dagger\tanh\sigma+z\operatorname{sech}\sigma)+$$

$$\frac{e^{\lambda}+1}{\cosh^2\sigma}(a^\dagger-z\sinh\sigma)(a-z^*\sinh\sigma)-2a^\dagger a-2b^\dagger b-2|z|^2]:$$

$$(11.27a)$$

去掉正规乘积符号∶∶，可得到

$$\rho = \frac{1-e^{\lambda}}{\cosh^2\sigma}\exp[(e^{\lambda}\tanh^2\sigma - 1)\mid z\mid^2]\exp[a^{\dagger}b^{\dagger}\tanh\sigma +$$
$$\operatorname{sech}\sigma(b^{\dagger}z - z^{*}a^{\dagger}e^{\lambda}\tanh\sigma)]\times$$
$$\exp[a^{\dagger}a\ln(e^{\lambda}\operatorname{sech}^2\sigma)]\mid 0\rangle_{22}\langle 0\mid \exp[ab\tanh\sigma +$$
$$\operatorname{sech}\sigma(bz^{*} - za\,e^{\lambda}\tanh\sigma)] \tag{11.28}$$

进一步，引入相干态，

$$\mid z\operatorname{sech}\sigma\rangle = \exp\left(-\frac{\mid z\operatorname{sech}\sigma\mid^2}{2} + zb^{\dagger}\operatorname{sech}\sigma\right)\mid 0\rangle_2 \tag{11.29}$$

则式(11.28)中的新光场是

$$\rho = (1-e^{\lambda})S(e^{\lambda a^{\dagger}a}\mid z\rangle_{22}\langle z\mid)S^{-1}$$
$$= \frac{1-e^{\lambda}}{\cosh^2\sigma}\exp[(e^{\lambda}-1)\tanh^2\sigma\mid z\mid^2]\times$$
$$\exp[a^{\dagger}(b^{\dagger} - z^{*}e^{\lambda}\operatorname{sech}\sigma)\tanh\sigma]\times$$
$$\exp[a^{\dagger}a\ln(e^{\lambda}\operatorname{sech}^2\sigma)]\mid z\operatorname{sech}\sigma\rangle_{22}\langle z\operatorname{sech}\sigma\mid\times$$
$$\exp[a(b - ze^{\lambda}\operatorname{sech}\sigma)\tanh\sigma] \tag{11.30}$$

我们看到，双模压缩的作用使得 $\exp(a^{\dagger}b^{\dagger}\tanh\sigma)$ 变为 $\exp[a^{\dagger}(b^{\dagger} - z^{*}e^{\lambda}\operatorname{sech}\sigma)\tanh\sigma]$，$a$ 模混沌光场减弱，b 模相干光场 $\mid z\operatorname{sech}\sigma\rangle_{22}\langle z\operatorname{sech}\sigma\mid$ 变为 $\mid z\operatorname{sech}\sigma\rangle_{22}\langle z\operatorname{sech}\sigma\mid$，体现了双模压缩算符的纠缠功能。特别地，当 $z=0$，式(11.30)变为

$$\rho\mid_{z=0} = (1-e^{\lambda})S(e^{\lambda a^{\dagger}a}\mid 0\rangle_{22}\langle 0\mid)S^{-1}$$
$$= \frac{1-e^{\lambda}}{\cosh^2\sigma}\exp(a^{\dagger}b^{\dagger}\tanh\sigma)\exp[a^{\dagger}a\ln(e^{\lambda}\operatorname{sech}^2\sigma)]\mid 0\rangle_{22}\langle 0\mid\exp(ab\tanh\sigma) \tag{11.31}$$

进一步，计算处于此态时 a 模的光子数，可以导出

$$\langle a^{\dagger}a\rangle_{\rho_{z=0}} = \mathrm{tr}_a[a^{\dagger}a(\mathrm{tr}_b\rho)] = \frac{e^{\lambda} + \sinh^2\sigma}{1-e^{\lambda}} \tag{11.32}$$

显然 $\sinh^2\sigma$ 这一项来自压缩的贡献。如果无压缩，则上式变成

$$\langle a^{\dagger}a\rangle_{\rho_{z=0},\,\sigma=0} = \frac{1}{e^{-\lambda}-1} \tag{11.33}$$

即为混沌光场的光子数分布公式。

为了验证其正确性,用相干态 $|\alpha\beta\rangle$ 表象计算其是否归一化。详细计算过程如下:

$$
\begin{aligned}
\mathrm{tr}\rho &= \mathrm{tr}\left(\int \frac{\mathrm{d}^2\alpha \mathrm{d}^2\beta}{\pi^2} |\alpha\beta\rangle\langle\alpha\beta|\rho\right) \\
&= \frac{1-\mathrm{e}^{\lambda}}{\cosh^2\sigma}\exp[(\mathrm{e}^{\lambda}-1)\tanh^2\sigma|z|^2]\int\frac{\mathrm{d}^2\alpha \mathrm{d}^2\beta}{\pi^2}\mathrm{e}^{\alpha^*\beta^*\tanh\sigma - z^*\alpha^*\mathrm{e}^{\lambda}\tanh\sigma\,\mathrm{sech}\,\sigma}\times \\
&\quad \langle\alpha|:\exp[a^{\dagger}a(\mathrm{e}^{\lambda}\mathrm{sech}^2\sigma-1)]:|\alpha\rangle \\
&\quad \langle\beta|z\,\mathrm{sech}\,\sigma\rangle_{22}\langle z\,\mathrm{sech}\,\sigma|\beta\rangle \mathrm{e}^{\alpha\beta\tanh\sigma - z\alpha\mathrm{e}^{\lambda}\tanh\sigma\,\mathrm{sech}\,\sigma} \\
&= \frac{1-\mathrm{e}^{\lambda}}{\cosh^2\sigma}\exp[(\mathrm{e}^{\lambda}\tanh^2\sigma-1)|z|^2]\times \\
&\quad \int\frac{\mathrm{d}^2\alpha \mathrm{d}^2\beta}{\pi^2}\mathrm{e}^{(\mathrm{e}^{\lambda}\mathrm{sech}^2\sigma-1)|\alpha|^2}\mathrm{e}^{\alpha^*\tanh\sigma(\beta^*-z^*\mathrm{e}^{\lambda}\mathrm{sech}\,\sigma)}\times \\
&\quad \mathrm{e}^{\alpha\tanh\sigma(\beta - z\mathrm{e}^{\lambda}\mathrm{sech}\,\sigma)}\mathrm{e}^{(\beta^* z+\beta z^*)\mathrm{sech}\,\sigma - |\beta|^2}
\end{aligned} \tag{11.33a}
$$

利用积分公式(8.128),分别对变量 α, β 进行积分,可有

$$
\begin{aligned}
\mathrm{tr}\rho &= \frac{(1-\mathrm{e}^{\lambda})\mathrm{sech}^2\sigma}{1-\mathrm{e}^{\lambda}\mathrm{sech}^2\sigma}\exp[(\mathrm{e}^{\lambda}\tanh^2\sigma-1)|z|^2]\int\frac{\mathrm{d}^2\beta}{\pi}\mathrm{e}^{(\beta^* z+\beta z^*)\mathrm{sech}\,\sigma}\times \\
&\quad \exp\left[\left(\frac{\tanh^2\sigma(\beta^*-z^*\mathrm{e}^{\lambda}\mathrm{sech}\,\sigma)(\beta - z\mathrm{e}^{\lambda}\mathrm{sech}\,\sigma)}{1-\mathrm{e}^{\lambda}\mathrm{sech}^2\sigma} - |\beta|^2\right)\right] \\
&= \frac{(1-\mathrm{e}^{\lambda})\mathrm{sech}^2\sigma}{1-\mathrm{e}^{\lambda}\mathrm{sech}^2\sigma}\exp[(\mathrm{e}^{\lambda}\tanh^2\sigma-1)|z|^2]\exp\left(\frac{\tanh^2\sigma\mathrm{e}^{2\lambda}\mathrm{sech}^2\sigma}{1-\mathrm{e}^{\lambda}\mathrm{sech}^2\sigma}|z|^2\right)\times \\
&\quad \int\frac{\mathrm{d}^2\beta}{\pi}\exp\left[-\frac{|\beta|^2\mathrm{sech}^2\sigma(1-\mathrm{e}^{\lambda})}{1-\mathrm{e}^{\lambda}\mathrm{sech}^2\sigma}+\left(1-\frac{\tanh^2\sigma\mathrm{e}^{\lambda}}{1-\mathrm{e}^{\lambda}\mathrm{sech}^2\sigma}\right)(\beta^* z+\beta z^*)\mathrm{sech}\,\sigma\right] \\
&= \frac{(1-\mathrm{e}^{\lambda})\mathrm{sech}^2\sigma}{1-\mathrm{e}^{\lambda}\mathrm{sech}^2\sigma}\exp\left[\left(\frac{\mathrm{e}^{\lambda}\tanh^2\sigma}{1-\mathrm{e}^{\lambda}\mathrm{sech}^2\sigma}-1\right)|z|^2\right]\times \\
&\quad \int\frac{\mathrm{d}^2\beta}{\pi}\exp\left[\frac{-(1-\mathrm{e}^{\lambda})\mathrm{sech}^2\sigma}{1-\mathrm{e}^{\lambda}\mathrm{sech}^2\sigma}|\beta|^2+\frac{\mathrm{sech}\,\sigma(1-\mathrm{e}^{\lambda})}{1-\mathrm{e}^{\lambda}\mathrm{sech}^2\sigma}(\beta^* z+\beta z^*)\right] \\
&= 1
\end{aligned} \tag{11.34}
$$

这说明式(11.30)中的 ρ 有资格成为新光场。

小结:我们探寻出了一个新密度算符 ρ,它是双模压缩算符作用于一个单模混沌场和另一个模的相干场的结果,这表明双模压缩算符有纠缠的功能。

11.2 双模压缩光场作为初态在双扩散通道中的演化规律

本节我们在求出双模压缩光场作为初态在双扩散通道中的演化规律后，发现其终态是一个蕴含纠缠的压缩混沌光场(混合态)。这表明尽管双通道是互为独立的，但因为初态的两个模是相互纠缠着的，所以经过扩散通道后纠缠虽得以减弱，却未完全解除[4-6]。我们还指出了光子数的演化规律。整个计算充分利用了有序算符内的求和方法和双变量厄米多项式的新母函数公式。

双模压缩光场的密度算符是

$$\rho_0 = \operatorname{sech}^2\theta \exp(a^\dagger b^\dagger \tanh\theta) \mid 00\rangle\langle 00 \mid \exp(ab\tanh\theta) \tag{11.35}$$

这是一个纯态，求其 a 模的光子数(b 模的光子数相同)，因为 ρ_0 对于二者是对称的。令

$$\operatorname{tr}(\rho_0 a^\dagger a) = x \tag{11.36}$$

则有

$$\begin{aligned} x &= \operatorname{sech}^2\theta\langle 00 \mid \exp(ab\tanh\theta)a^\dagger a\exp(a^\dagger b^\dagger \tanh\theta) \mid 00\rangle \\ &= \operatorname{sech}^2\theta\tanh^2\theta\langle 00 \mid \exp(ab\tanh\theta)bb^\dagger\exp(a^\dagger b^\dagger\tanh\theta) \mid 00\rangle \\ &= \tanh^2\theta\operatorname{sech}^2\theta\langle 00 \mid \exp(ab\tanh\theta)(a^\dagger a+1)\exp(a^\dagger b^\dagger\tanh\theta) \mid 00\rangle \\ &= x\tanh^2\theta + \tanh^2\theta \end{aligned} \tag{11.37}$$

所以

$$x = \sinh^2\theta = \operatorname{tr}(\rho_0 a^\dagger a) \tag{11.38}$$

我们讨论它在双扩散通道中的演化规律。密度算符在扩散通道中的演化方程是

$$\frac{\mathrm{d}\rho(t)}{\mathrm{d}t} = -\kappa(a^\dagger a\rho + \rho a a^\dagger - a\rho a^\dagger - a^\dagger\rho a) \tag{11.39}$$

其解的无限维求和形式是

$$\rho(t) = \sum_{m,\,n=0}^{\infty} M_{m,\,n}\rho_0 M_{m,\,n}^\dagger \tag{11.40}$$

$M_{m,\,n}$ 是

$$M_{m,n}=\sqrt{\frac{1}{m!n!}\frac{(\kappa t)^{m+n}}{(\kappa t+1)^{m+n+1}}}a^{\dagger m}\left(\frac{1}{1+\kappa t}\right)^{a^{\dagger}a}a^{n} \tag{11.41}$$

满足归一化条件 $\sum_{m,n=0}^{\infty}M_{m,n}^{\dagger}M_{m,n}=1$。另一个模的扩散通道中的演化方程是

$$\frac{\mathrm{d}\rho(t)}{\mathrm{d}t}=-\kappa(b^{\dagger}b\rho+\rho bb^{\dagger}-b\rho b^{\dagger}-b^{\dagger}\rho b) \tag{11.42}$$

这里 κ 是扩散系数

$$\rho(t)=\sum_{m,n,m',n'=0}^{\infty}M_{m',n'}M_{m,n}\rho_0 M_{m,n}^{\dagger}M_{m',n'}^{\dagger} \tag{11.43}$$

把初始密度算符 ρ_0 代入式(11.43),可得到

$$\begin{aligned}\rho(t)=&\operatorname{sech}^2\theta\sum_{m,n,m',n'=0}^{\infty}\frac{1}{m!n!m'!n'!}\frac{(\kappa t)^{m+n+m'+n'}}{(\kappa t+1)^{m+n+2+m'+n'}}\times\\&a^{\dagger m}b^{\dagger m'}\left(\frac{1}{1+\kappa t}\right)^{a^{\dagger}a+b^{\dagger}b}\times\\&a^{n}b^{n'}\exp(a^{\dagger}b^{\dagger}\tanh\theta)\mid 00\rangle\langle 00\mid\exp(ab\tanh\theta)\times\\&a^{\dagger n}b^{\dagger n'}\left(\frac{1}{1+\kappa t}\right)^{a^{\dagger}a+b^{\dagger}b}a^{m}b^{m'}\end{aligned} \tag{11.44}$$

其中,

$$a^{n}b^{n'}\mathrm{e}^{a^{\dagger}b^{\dagger}\tanh\theta}\mid 00\rangle=a^{n}(a^{\dagger}\tanh\theta)^{n'}\mathrm{e}^{a^{\dagger}b^{\dagger}\tanh\theta}\mid 00\rangle \tag{11.45}$$

用算符恒等式(11.46),

$$a^{n}a^{\dagger n'}=(-\mathrm{i})^{n+n'}:\mathrm{H}_{n',n}(\mathrm{i}a^{\dagger},\mathrm{i}a): \tag{11.46}$$

可得到

$$\begin{aligned}a^{n}b^{n'}\mathrm{e}^{a^{\dagger}b^{\dagger}\tanh\theta}\mid 00\rangle&=(-\mathrm{i})^{n+n'}\tanh^{n'}\theta:\mathrm{H}_{n',n}(\mathrm{i}a^{\dagger},\mathrm{i}a):\mathrm{e}^{a^{\dagger}b^{\dagger}\tanh\theta}\mid 00\rangle\\&=\tanh^{n'}\theta\sum_{l}\frac{n'!n!a^{\dagger n'-l}a^{n-l}}{l!(n'-l)!(n-l)!}\mathrm{e}^{a^{\dagger}b^{\dagger}\tanh\theta}\mid 00\rangle\\&=\tanh^{n'}\theta\sum_{l}\frac{n'!n!a^{\dagger n'-l}a^{n-l}}{l!(n'-l)!(n-l)!}\mathrm{e}^{a^{\dagger}b^{\dagger}\tanh\theta}\mathrm{e}^{-a^{\dagger}b^{\dagger}\tanh\theta}a^{n-l}\mathrm{e}^{a^{\dagger}b^{\dagger}\tanh\theta}\end{aligned}$$

$$=\tanh^{n'}\theta e^{a^\dagger b^\dagger \tanh\theta}\sum_l \frac{n'!n!a^{\dagger n'-l}}{l!(n'-l)!(n-l)!}(a+b^\dagger\tanh\theta)^{n-l}\mid 00\rangle$$

$$=\tanh^{n'}\theta e^{a^\dagger b^\dagger \tanh\theta}\sum_l \frac{n'!n!a^{\dagger n'-l}}{l!(n'-l)!(n-l)!}(b^\dagger\tanh\theta)^{n-l}\mid 00\rangle$$

$$=\tanh^{n'}\theta e^{a^\dagger b^\dagger \tanh\theta}\sum_l \frac{n'!n!a^{\dagger n'-l}}{l!(n'-l)!(n-l)!}(b^\dagger\tanh\theta)^{n-l}\mid 00\rangle$$

$$=(-\mathrm{i})^{m+n}\tanh^{n'}\theta \mathrm{H}_{n',n}(\mathrm{i}a^\dagger, \mathrm{i}b^\dagger\tanh\theta)e^{a^\dagger b^\dagger \tanh\theta}\mid 00\rangle \quad (11.47)$$

注意到

$$\left(\frac{1}{1+\kappa t}\right)^{a^\dagger a+b^\dagger b}=\exp\left[(a^\dagger a+b^\dagger b)\ln\frac{1}{1+\kappa t}\right] \quad (11.48)$$

这样有

$$\left(\frac{1}{1+\kappa t}\right)^{a^\dagger a+b^\dagger b}a^n b^{n'}e^{a^\dagger b^\dagger \tanh\theta}\mid 00\rangle$$

$$=\left(\frac{1}{1+\kappa t}\right)^{a^\dagger a+b^\dagger b}(-\mathrm{i})^{m+n}\tanh^{n'}\theta \mathrm{H}_{n',n}(\mathrm{i}a^\dagger, \mathrm{i}b^\dagger\tanh\theta)e^{a^\dagger b^\dagger \tanh\theta}\mid 00\rangle$$

$$=(-\mathrm{i})^{n+n'}\tanh^{n'}\theta \mathrm{H}_{n',n}\left(\frac{\mathrm{i}a^\dagger}{1+\kappa t}, \frac{\mathrm{i}b^\dagger\tanh\theta}{1+\kappa t}\right)e^{\frac{1}{(1+\kappa t)^2}a^\dagger b^\dagger \tanh\theta}\mid 00\rangle \quad (11.49)$$

由式(11.49)可知，

$$\rho(t)=\mathrm{sech}^2\theta\sum_{m,m'=0}^{\infty}\frac{1}{m!m'!}\left(\frac{\kappa t}{\kappa t+1}\right)^{m+m'}\frac{(\kappa t)^{m+m'}}{(\kappa t+1)^{m+m'}}a^{\dagger m}b^{\dagger m'}\times$$

$$\sum_{n,n'=0}^{\infty}\frac{1}{n!n'!}\frac{(\kappa t)^{n+n'}}{(\kappa t+1)^{n+n'+2}}\left(\frac{1}{1+\kappa t}\right)^{a^\dagger a+b^\dagger b}a^n b^{n'}\times$$

$$e^{a^\dagger b^\dagger \tanh\theta}\mid 00\rangle\langle 00\mid e^{ab\tanh\theta}a^{\dagger n}b^{\dagger n'}\left(\frac{1}{1+\kappa t}\right)^{a^\dagger a+b^\dagger b}a^m b^{m'}$$

$$=\mathrm{sech}^2\theta\sum_{m,m'=0}^{\infty}\frac{a^{\dagger m}b^{\dagger m'}}{m!m'!}\left(\frac{\kappa t}{\kappa t+1}\right)^{m+m'}\sum_{n,n'=0}^{\infty}\frac{1}{n!n'!}\frac{(\kappa t)^{n+n'}}{(\kappa t+1)^{n+n'+2}}\times$$

$$(-\mathrm{i})^{n+n'}\tanh^{n'}\theta \mathrm{H}_{n',n}\left(\frac{\mathrm{i}a^\dagger}{1+\kappa t}, \frac{\mathrm{i}b^\dagger\tanh\theta}{1+\kappa t}\right)e^{\frac{1}{(1+\kappa t)^2}a^\dagger b^\dagger \tanh\theta}\times$$

$$\mid 00\rangle\langle 00\mid e^{\frac{1}{(1+\kappa t)^2}ab\tanh\theta}\mathrm{H}_{n',n}\left(\frac{-\mathrm{i}a}{1+\kappa t}, \frac{-\mathrm{i}b\tanh\theta}{1+\kappa t}\right)\tanh^{n'}\theta(\mathrm{i})^{n+n'}a^m b^{m'}$$

$$=\mathrm{sech}^2\theta\sum_{m,m'=0}^{\infty}\frac{a^{\dagger m}b^{\dagger m'}}{m!m'!}\left(\frac{\kappa t}{\kappa t+1}\right)^{m+m'}\sum_{n,n'=0}^{\infty}\frac{(\kappa t+1)^{-2}}{n!n'!}\left(\frac{\kappa t\tanh^2\theta}{\kappa t+1}\right)^{n'}\times$$

$$\left(\frac{\kappa t}{\kappa t+1}\right)^{n} : \mathrm{H}_{n',n}\left(\frac{\mathrm{i}a^{\dagger}}{1+\kappa t}, \frac{\mathrm{i}b^{\dagger}\tanh\theta}{1+\kappa t}\right)\times$$

$$\mathrm{H}_{n',n}\left(\frac{-\mathrm{i}a}{1+\kappa t}, \frac{-\mathrm{i}b\tanh\theta}{1+\kappa t}\right)\mathrm{e}^{\frac{\tanh\theta}{(1+\kappa t)^2}(a^{\dagger}b^{\dagger}+ab)}\mathrm{e}^{-a^{\dagger}a-b^{\dagger}b} : a^{m}b^{m'} \tag{11.49a}$$

进一步,利用式(11.50),

$$\sum_{m,n=0}^{\infty}\frac{s^{m}t^{n}}{m!n!}\mathrm{H}_{m,n}(x, y)\mathrm{H}_{m,n}(x', y')$$
$$=\frac{1}{1-st}\exp\left[\frac{-sxy-tx'y'-ts(yy'+xx')}{1-st}\right] \tag{11.50}$$

可给出终态

$$\rho(t)=\frac{\mathrm{sech}^2\theta(\kappa t+1)^{-2}}{1-\frac{(\kappa t)^2\tanh^2\theta}{(\kappa t+1)^2}}\sum_{m,m'=0}^{\infty}\frac{a^{\dagger m}b^{\dagger m'}}{m!m'!}\left(\frac{\kappa t}{\kappa t+1}\right)^{m+m'} : \exp\left\{\frac{\kappa t\tanh^2\theta}{1+\kappa t}\times\right.$$
$$\left.\frac{1}{(\kappa t)^2\mathrm{sech}^2\theta+2\kappa t+1}\left[(a^{\dagger}a+b^{\dagger}b)+\frac{\kappa t\tanh\theta}{\kappa t+1}(a^{\dagger}b^{\dagger}+ab)\right]\right\}\times$$
$$\mathrm{e}^{\frac{\tanh\theta}{(1+\kappa t)^2}(a^{\dagger}b^{\dagger}+ab)}\mathrm{e}^{-a^{\dagger}a-b^{\dagger}b} : a^{m}b^{m'}$$
$$=\frac{\mathrm{sech}^2\theta}{(\kappa t)^2\mathrm{sech}^2\theta+2\kappa t+1} : \exp\left[\frac{\tanh\theta}{(\kappa t)^2\mathrm{sech}^2\theta+2\kappa t+1}(a^{\dagger}b^{\dagger}+ab)\right]\times$$
$$\exp\left\{\left[\frac{1}{1+\kappa t}\left(\frac{\kappa t\tanh^2\theta}{(\kappa t)^2\mathrm{sech}^2\theta+2\kappa t+1}-1\right)\right](a^{\dagger}a+b^{\dagger}b)\right\} :$$
$$=\frac{\mathrm{sech}^2\theta}{(\kappa t)^2\mathrm{sech}^2\theta+2\kappa t+1} : \exp\left\{\frac{1}{(\kappa t)^2\mathrm{sech}^2\theta+2\kappa t+1}\times\right.$$
$$\left.\left[(a^{\dagger}b^{\dagger}+ab)\tanh\theta-(\kappa t\,\mathrm{sech}^2\theta+1)(a^{\dagger}a+b^{\dagger}b)\right]\right\} : \tag{11.51}$$

当 $t=0$,上式变为纯态-双模压缩真空态。

令

$$A=(\kappa t)^2\mathrm{sech}^2\theta+2\kappa t+1 \tag{11.52}$$

这样,

$$\rho(t)=\frac{\mathrm{sech}^2\theta}{A} : \exp\left\{\frac{1}{A}\left[(a^{\dagger}b^{\dagger}+ab)\tanh\theta-(\kappa t\,\mathrm{sech}^2\theta+1)(a^{\dagger}a+b^{\dagger}b)\right]\right\} : \tag{11.53}$$

可证，

$$1+\tanh^2\theta(\kappa t)^2>[(\kappa t)^2\operatorname{sech}^2\theta+2\kappa t+1]+(\kappa t)^2\tanh^2\theta$$
$$=(\kappa t)^2+2\kappa t+1=(\kappa t+1)^2 \tag{11.54}$$

又可证

$$\operatorname{tr}\rho(t)=1 \tag{11.55}$$

即

$$\operatorname{tr}\rho(t)=\frac{\operatorname{sech}^2\theta}{A}\int\frac{d^2z_1d^2z_2}{\pi^2}\langle z_1, z_2|:\exp\left\{\frac{1}{A}[(a^\dagger b^\dagger+ab)\tanh\theta-(\kappa t\operatorname{sech}^2\theta+1)(a^\dagger a+b^\dagger b)]\right\}:|z_1, z_2\rangle$$
$$=\frac{\operatorname{sech}^2\theta}{A}\int\frac{d^2z_1d^2z_2}{\pi^2}\exp\left[\frac{1}{A}(z_1^*z_2^*+z_1z_2)\tanh\theta-\frac{1}{A}(\kappa t\operatorname{sech}^2\theta+1)(|z_1|^2+|z_2|^2)\right]$$
$$\frac{\operatorname{sech}^2\theta}{\kappa t\operatorname{sech}^2\theta+1}=\int\frac{d^2z_2}{\pi}\exp\left(-\frac{\operatorname{sech}^2\theta}{\kappa t\operatorname{sech}^2\theta+1}|z_2|^2\right)$$
$$=1 \tag{11.56}$$

对 b 模部分求迹，

$$\operatorname{tr}_b\rho(t)=\frac{\operatorname{sech}^2\theta}{A}\int\frac{d^2z_2}{\pi}\langle z_2|:\exp\left\{\frac{1}{A}[(a^\dagger b^\dagger+ab)\tanh\theta-(\kappa t\operatorname{sech}^2\theta+1)(a^\dagger a+b^\dagger b)]\right\}:|z_2\rangle$$
$$=\frac{\operatorname{sech}^2\theta}{A}\int\frac{d^2z_2}{\pi}\exp\left[\frac{1}{A}(a^\dagger z_2^*+az_2)\tanh\theta-\frac{1}{A}(\kappa t\operatorname{sech}^2\theta+1)(a^\dagger a+|z_2|^2)\right]$$
$$=\frac{\operatorname{sech}^2\theta}{\kappa t\operatorname{sech}^2\theta+1}:\exp\left(-\frac{\operatorname{sech}^2\theta}{\kappa t\operatorname{sech}^2\theta+1}a^\dagger a\right):$$
$$=\rho_a(t) \tag{11.57}$$

接着求 a 模光子数，注意到，

$$\begin{aligned}&\int \frac{d^2 z_1}{\pi} |z_1|^2 \exp(-\lambda |z_1|^2)\\&=-\frac{\partial}{\partial\lambda}\int \frac{d^2 z_1}{\pi}\exp(-\lambda |z_1|^2)\\&=-\frac{\partial}{\partial\lambda}\frac{1}{\lambda}=\frac{1}{\lambda^2}\end{aligned} \tag{11.58}$$

这样就有式(11.59)，

$$\begin{aligned}\mathrm{tr}_a\{[\mathrm{tr}_b\rho(t)]a^\dagger a\} &= \mathrm{tr}_a\{[\mathrm{tr}_b\rho(t)]aa^\dagger\}-1\\&=\mathrm{tr}_a\left[\rho_a(t)a\int\frac{d^2 z_1}{\pi}|z_1\rangle\langle z_1|a^\dagger\right]-1\\&=\mathrm{tr}_a\left[\rho_a(t)\int\frac{d^2 z_1}{\pi}|z_1|^2|z_1\rangle\langle z_1|\right]-1\\&=\frac{\mathrm{sech}^2\theta}{\kappa t\,\mathrm{sech}^2\theta+1}\int\frac{d^2 z_1}{\pi}|z_1|^2\langle z_1|:\exp\left(-\frac{\mathrm{sech}^2\theta}{\kappa t\,\mathrm{sech}^2\theta+1}a^\dagger a\right):|z_1\rangle-1\\&=\frac{\mathrm{sech}^2\theta}{\kappa t\,\mathrm{sech}^2\theta+1}\int\frac{d^2 z_1}{\pi}|z_1|^2\exp\left(\frac{-\mathrm{sech}^2\theta}{\kappa t\,\mathrm{sech}^2\theta+1}|z_1|^2\right)-1\\&=\kappa t+\sinh^2\theta\end{aligned} \tag{11.59}$$

作为特例，根据式(11.39)～(11.41)，我们考虑双模压缩态经历一个单模扩散的情况。假设 a_2 模为扩散通道，把式(11.35)作为初态代入式(11.39)，首先要计算，

$$\begin{aligned}a_2^n\exp(a_1^\dagger a_2^\dagger\tanh\theta)|00\rangle &= e^{a_1^\dagger a_2^\dagger\tanh\theta}e^{-a_1^\dagger a_2^\dagger\tanh\theta}a_2^n e^{a_1^\dagger a_2^\dagger\tanh\theta}|00\rangle\\&=(a_1^\dagger\tanh\theta)^n\exp(a_1^\dagger a_2^\dagger\tanh\theta)|00\rangle\end{aligned} \tag{11.60}$$

接着利用式(11.61)，

$$e^A B e^{-A}=B+[A, B]+\frac{1}{2!}[A, [A, B]]+\frac{1}{3!}[A, [A, [A, B]]]+\cdots \tag{11.61}$$

可导出式(11.62)，

$$\begin{aligned}&\left(\frac{1}{1+\kappa t}\right)^{a_2^\dagger a_2}(a_1^\dagger\tanh\theta)^n\exp(a_1^\dagger a_2^\dagger\tanh\theta)|00\rangle\\&=e^{a_2^\dagger a_2\ln\frac{1}{1+\kappa t}}(a_1^\dagger\tanh\theta)^n e^{-a_2^\dagger a_2\ln\frac{1}{1+\kappa t}}e^{a_2^\dagger a_2\ln\frac{1}{1+\kappa t}}e^{a_1^\dagger a_2^\dagger\tanh\theta}|00\rangle\\&=(a_1^\dagger\tanh\theta)^n e^{a_1^\dagger a_2^\dagger\frac{\tanh\theta}{1+\kappa t}}|00\rangle\end{aligned} \tag{11.62}$$

再利用双模真空的正规乘积表示,

$$|00\rangle\langle 00| = :e^{-a_1^\dagger a_1 - a_2^\dagger a_2}: \tag{11.63}$$

可推导出终态的密度算符为

$$\begin{aligned}\rho(t) &= \operatorname{sech}^2\theta \sum_{m,n=0}^{\infty} \frac{(\kappa t)^{m+n}}{m!n!(\kappa t+1)^{m+n+1}} a_2^{\dagger m}(a_1^\dagger \tanh\theta)^n e^{a_1^\dagger a_2^\dagger \frac{\tanh\theta}{1+\kappa t}} |00\rangle \\ &\quad \langle 00| e^{a_1 a_2 \frac{\tanh\theta}{1+\kappa t}} (a_1 \tanh\theta)^n a_2^m \\ &= \operatorname{sech}^2\theta \sum_{m,n=0}^{\infty} \frac{(\kappa t)^{m+n}}{m!n!(\kappa t+1)^{m+n+1}} :a_2^{\dagger m}(a_1^\dagger \tanh\theta)^n \\ &\quad e^{(a_1^\dagger a_2^\dagger + a_1 a_2)\frac{\tanh\theta}{1+\kappa t} - a_1^\dagger a_1 - a_2^\dagger a_2} (a_1 \tanh\theta)^n a_2^m: \\ &= \frac{\operatorname{sech}^2\theta}{\kappa t+1} e^{a_1^\dagger a_2^\dagger \frac{\tanh\theta}{1+\kappa t}} :e^{\left(\frac{\kappa t}{1+\kappa t}-1\right) a_2^\dagger a_2} e^{\left(\frac{\kappa t}{1+\kappa t}\tanh^2\theta - 1\right) a_1^\dagger a_1}: e^{a_1 a_2 \frac{\tanh\theta}{1+\kappa t}}\end{aligned} \tag{11.64}$$

进一步,可给出

$$\begin{aligned}\rho(t) &= \operatorname{sech}^2\theta \sum_{m,n=0}^{\infty} \frac{(\kappa t)^{m+n}}{m!n!(\kappa t+1)^{m+n+1}} a_2^{\dagger m} \left(\frac{1}{1+\kappa t}\right)^{a_2^\dagger a_2} \times \\ &\quad a_2^n e^{a_1^\dagger a_2^\dagger \tanh\theta} |00\rangle\langle 00| e^{a_1 a_2 \tanh\theta} a_2^{\dagger n} \left(\frac{1}{1+\kappa t}\right)^{a_2^\dagger a_2} a_2^m\end{aligned} \tag{11.65}$$

即双模压缩态经单模扩散通道的结果,它变成了混沌态。

参考文献

[1] Zhang K, Li L L, Guo D W, et al. New light fields based on integration theory within the Weyl ordering product of operators [J]. Chinese Physics B, 2023, 32(4): 040301.

[2] Fan H Y, Tang X B, Hu L Y. Partial trace method for deriving density operators of light field [J]. Communications in Theoretical Physics, 2010, 53(1): 45-48.

[3] Fan H Y. Newton-Leibniz integration for ket-bra operators in quantum mechanics (Ⅳ)—integrations within Weyl ordered product of operators and their applications [J]. Annals of Physics, 2008, 323(2): 500-526.

[4] Yu H J, Fan H Y. Time evolution law of a two-mode squeezed light field passing through twin diffusion channels [J]. Chinese Physics B, 2022, 31(2): 020301.

[5] Yu H J, Fan H Y. Time evolution of two-mode squeezed vacuum in a single-mode diffusion channel [J]. Optik, 2019, 180: 240-243.

[6] Xu X F, Fan H Y. Entanglement involved in time evolution of two-mode squeezed state in single-mode diffusion channel [J]. International Journal of Theoretical Physics, 2017, 56(5): 1550-1557.

12

热纠缠态表象求解量子主方程

本章通过引入热纠缠态表象，对粒子数态、混沌光场和压缩态等在振幅阻尼通道中的退相干给出其解析解。这为量子退相干的研究——主方程的求解提供了新的思路。

12.1 在振幅阻尼通道中的退相干

利用式(8.95)，可有[1-4]

$$|\rho\rangle=\exp[\kappa t(2a\tilde{a}-a^{\dagger}a-\tilde{a}^{\dagger}\tilde{a})]|\rho_0\rangle \tag{12.1}$$

鉴于

$$\left[\frac{a^{\dagger}a+\tilde{a}^{\dagger}\tilde{a}}{2},\ a\tilde{a}\right]=-a\tilde{a} \tag{12.2}$$

可有

$$\exp\left[-2\kappa t\left(\frac{a^{\dagger}a+\tilde{a}^{\dagger}\tilde{a}}{2}-a\tilde{a}\right)\right]=\exp[-\kappa t(a^{\dagger}a+\tilde{a}^{\dagger}\tilde{a})]\exp(Ta\tilde{a}) \tag{12.3}$$

其中 $T=1-\mathrm{e}^{-2\kappa t}$。把式(12.3)代入式(12.1)得到

$$\begin{aligned}|\rho(t)\rangle&=\rho(t)|\eta=0\rangle=\exp[-\kappa t(a^{\dagger}a+\tilde{a}^{\dagger}\tilde{a})]\exp(Ta\tilde{a})|\rho_0\rangle\\&=\exp[-\kappa t(a^{\dagger}a+\tilde{a}^{\dagger}\tilde{a})]\sum_{n=0}^{\infty}\frac{T^n}{n!}a^n\tilde{a}^n\rho_0|\eta=0\rangle\end{aligned} \tag{12.4}$$

再由式(8.87)看出

$$\tilde{a}^n\rho_0|\eta=0\rangle=\rho_0\tilde{a}^n|\eta=0\rangle=\rho_0a^{\dagger n}|\eta=0\rangle \tag{12.5}$$

以及

$$\exp(-\kappa t\,\tilde{a}^{\dagger}\,\tilde{a})a^{n}\rho_{0}a^{\dagger n}\mid\eta=0\rangle=a^{n}\rho_{0}a^{\dagger n}\exp(-\kappa t\,\tilde{a}^{\dagger}\,\tilde{a})\mid\eta=0\rangle$$
$$=a^{n}\rho_{0}a^{\dagger n}\exp(-\kappa ta^{\dagger}a)\mid\eta=0\rangle \tag{12.6}$$

最终得到

$$\rho(t)\mid\tau=0\rangle$$
$$=\exp(-\kappa ta^{\dagger}a)\sum_{n=0}^{\infty}\frac{T^{n}}{n!}a^{n}\rho_{0}a^{\dagger n}\exp(-\kappa t\,\tilde{a}^{\dagger}\,\tilde{a})\mid\eta=0\rangle$$
$$=\sum_{n=0}^{\infty}\frac{T^{n}}{n!}\exp(-\kappa ta^{\dagger}a)a^{n}\rho_{0}a^{\dagger n}\exp(-\kappa ta^{\dagger}a)\mid\eta=0\rangle \tag{12.7}$$

故而

$$\rho(t)=\sum_{n=0}^{\infty}\frac{T^{n}}{n!}\exp(-\kappa ta^{\dagger}a)a^{n}\rho_{0}a^{\dagger n}\exp(-\kappa ta^{\dagger}a) \tag{12.8}$$

此为振幅阻尼通道中退相干的结果。

12.2 在扩散通道中维格纳算符 $\Delta(\alpha,\alpha^{*})$ 的演化

在扩散通道中,系统的密度算符 ρ 随时间的演化遵从如下主方程[5-8],

$$\frac{\mathrm{d}\rho}{\mathrm{d}t}=-\kappa(a^{\dagger}a\rho-a^{\dagger}\rho a-a\rho a^{\dagger}+\rho aa^{\dagger}) \tag{12.9}$$

式中 κ 为扩散系数。通常,人们希望量子主方程(12.9)的解能被表示为无限维算符的求和形式

$$\rho(t)=\sum_{n=0}^{\infty}M_{n}\rho_{0}M_{n}^{\dagger} \tag{12.10}$$

式中,ρ_0 为初始的密度算符,M_n 满足归一化条件 $\sum_{n=0}^{\infty}M_{n}^{\dagger}M_{n}=1$。将式(12.9)的两边同时作用于 $\mid I\rangle$,注意式(8.86),并记 $\mid\rho\rangle=\rho\mid I\rangle$,就得到关于 $\mid\rho(t)\rangle$ 的类薛定谔方程。

$$\frac{\mathrm{d}}{\mathrm{d}t}\mid\rho(t)\rangle=-\kappa(a^{\dagger}a\rho-a^{\dagger}\rho a-a\rho a^{\dagger}+\rho aa^{\dagger})\mid I\rangle$$
$$=-\kappa(a^{\dagger}-\tilde{a})(a-\tilde{a}^{\dagger})\mid\rho(t)\rangle \tag{12.11}$$

其形式解是

$$|\rho(t)\rangle = \exp[-\kappa t(a^{\dagger}-\tilde{a})(a-\tilde{a}^{\dagger})]|\rho_0\rangle \tag{12.12}$$

用式(8.83)得到内积$\langle\eta|\rho\rangle$。

$$\langle\eta|\rho\rangle = \langle\eta|\exp[-\kappa t(a^{\dagger}-\tilde{a})(a-\tilde{a}^{\dagger})]|\rho_0\rangle = e^{-\kappa t|\eta|^2}\langle\eta|\rho_0\rangle \tag{12.13}$$

再用$|\eta\rangle$的完备性和式(12.14)，

$$:\exp[f(a^{\dagger}a+\tilde{a}^{\dagger}\tilde{a})]:=(f+1)^{a^{\dagger}a+\tilde{a}^{\dagger}\tilde{a}} \tag{12.14}$$

导出式(12.15)，

$$\begin{aligned}|\rho(t)\rangle &= \int\frac{d^2\eta}{\pi}e^{-\kappa t|\eta|^2}|\eta\rangle\langle\eta|\rho_0\rangle \\ &= \int\frac{d^2\eta}{\pi}:\exp[-(1+\kappa t)|\eta|^2+\eta(a^{\dagger}-\tilde{a})+\eta^*(a-\tilde{a}^{\dagger})+ \\ &\quad a^{\dagger}\tilde{a}^{\dagger}+a\tilde{a}-a^{\dagger}a-\tilde{a}^{\dagger}\tilde{a}]:|\rho_0\rangle \\ &= \frac{1}{1+\kappa t}:\exp\left[\frac{\kappa t}{1+\kappa t}(a^{\dagger}\tilde{a}^{\dagger}+a\tilde{a}-a^{\dagger}a-\tilde{a}^{\dagger}\tilde{a})\right]:|\rho_0\rangle \\ &= \frac{1}{1+\kappa t}e^{\frac{\kappa t}{1+\kappa t}a^{\dagger}\tilde{a}^{\dagger}}\left(\frac{1}{1+\kappa t}\right)^{a^{\dagger}a+\tilde{a}^{\dagger}\tilde{a}}e^{\frac{\kappa t}{1+\kappa t}a\tilde{a}}|\rho_0\rangle\end{aligned} \tag{12.15}$$

由式(8.86)可知

$$e^{\frac{\kappa t}{1+\kappa t}a\tilde{a}}|\rho_0\rangle = \sum_{n=0}^{\infty}\frac{1}{n!}\left(\frac{\kappa t}{1+\kappa t}a\right)^n\rho_0 a^{\dagger n}|I\rangle \tag{12.16}$$

所以,式(12.15)可改写为

$$\begin{aligned}|\rho(t)\rangle &= e^{\frac{\kappa t}{1+\kappa t}a^{\dagger}\tilde{a}^{\dagger}}\left(\frac{1}{1+\kappa t}\right)^{a^{\dagger}a+1}\sum_{n=0}^{\infty}\frac{1}{n!}\left(\frac{\kappa t}{1+\kappa t}a\right)^n\rho_0 a^{\dagger n}\left(\frac{1}{1+\kappa t}\right)^{a^{\dagger}a}|I\rangle \\ &= \sum_{m,n=0}^{\infty}\frac{(\kappa t)^{m+n}}{(\kappa t+1)^{m+n+1}}a^{\dagger m}\left(\frac{1}{1+\kappa t}\right)^{a^{\dagger}a}a^n\rho_0 a^{\dagger n}\left(\frac{1}{1+\kappa t}\right)^{a^{\dagger}a}a^m|I\rangle\end{aligned} \tag{12.17}$$

因此有式(12.18)，

$$\begin{aligned}\rho(t) &= \sum_{m,n=0}^{\infty}\frac{1}{m!n!}\frac{(\kappa t)^{m+n}}{(\kappa t+1)^{m+n+1}}a^{\dagger m}\left(\frac{1}{1+\kappa t}\right)^{a^{\dagger}a}a^n\rho_0 a^{\dagger n}\left(\frac{1}{1+\kappa t}\right)^{a^{\dagger}a}a^m \\ &\equiv \sum_{m,n=0}^{\infty}M_{m,n}\rho_0 M_{m,n}^{\dagger}\end{aligned} \tag{12.18}$$

其中，

$$M_{m,n}=\sqrt{\frac{1}{m!n!}\frac{(\kappa t)^{m+n}}{(\kappa t+1)^{m+n+1}}}a^{\dagger m}\left(\frac{1}{1+\kappa t}\right)^{a^{\dagger}a}a^{n} \tag{12.19}$$

满足 $\sum_{m,n=0}^{\infty}M_{m,n}^{\dagger}M_{m,n}=1$，表明密度矩阵 $\mathrm{tr}\rho(t)=\mathrm{tr}\,\rho(0)=1$。

现在考虑维格纳算符 $\Delta(\alpha,\alpha^*,0)$ 如何演化。将初始的 $\Delta(\alpha,\alpha^*,0)$ 作为 ρ_0 代入式(12.17)得到

$$\Delta(\alpha,\alpha^*,t)=\sum_{m,n=0}^{\infty}\frac{1}{m!n!}\frac{(\kappa t)^{m+n}}{(\kappa t+1)^{m+n+1}}a^{\dagger m}\times \left(\frac{1}{1+\kappa t}\right)^{a^{\dagger}a}\Delta(\alpha,\alpha^*,0)a^{\dagger n}\left(\frac{1}{1+\kappa t}\right)^{a^{\dagger}a}a^{m} \tag{12.20}$$

再将 $\Delta(\alpha,\alpha^*,0)$ 的相干态表象代入上式，得到

$$\Delta(\alpha,\alpha^*,t)=\sum_{m,n=0}^{\infty}\frac{1}{m!n!}\frac{(\kappa t)^{m+n}}{(\kappa t+1)^{m+n+1}}a^{\dagger m}\left(\frac{1}{1+\kappa t}\right)^{a^{\dagger}a}\times a^{n}\mathrm{e}^{2|\alpha|^2}\int\frac{\mathrm{d}^2z}{\pi^2}|z\rangle\langle -z|\mathrm{e}^{2(\alpha z^*-\alpha^* z)}a^{\dagger n}\left(\frac{1}{1+\kappa t}\right)^{a^{\dagger}a}a^{m} \tag{12.21}$$

由于 $a|z\rangle=z|z\rangle$，$\langle -z|a^{\dagger n}=(-z^*)^n\langle -z|$，以及

$$\begin{aligned}\left(\frac{1}{1+\kappa t}\right)^{a^{\dagger}a}a^{n}|z\rangle&=z^{n}\mathrm{e}^{-a^{\dagger}a\ln(1+\kappa t)}|z\rangle\\&=z^{n}:\mathrm{e}^{a^{\dagger}a\frac{1}{1+\kappa t}}:|z\rangle\\&=z^{n}\mathrm{e}^{-|z|^2/2+za^{\dagger}\frac{1}{1+\kappa t}}|0\rangle\end{aligned} \tag{12.22}$$

$$\langle -z|a^{\dagger n}\left(\frac{1}{1+\kappa t}\right)^{a^{\dagger}a}=(-z^*)^n\langle 0|\mathrm{e}^{-|z|^2/2-z^*a\frac{1}{1+\kappa t}} \tag{12.23}$$

并用 $|0\rangle\langle 0|=:\mathrm{e}^{-a^{\dagger}a}:$，可见式(12.21)中对 m 的求和部分是

$$(-1)^n\int\frac{d^2z}{\pi^2}\mid z\mid^{2n}\sum_{m=0}^{\infty}\frac{1}{m!}\frac{(\kappa t)^m}{(\kappa t+1)^m}a^{\dagger m}e^{-|z|^2+za^{\dagger}\frac{1}{1+\kappa t}}\mid 0\rangle\langle 0\mid e^{-z^*a\frac{1}{1+\kappa t}}a^m e^{2(\alpha z^*-\alpha^* z)}$$

$$=(-1)^n\int\frac{d^2z}{\pi^2}\mid z\mid^{2n}\sum_{m=0}^{\infty}\frac{1}{m!}\frac{(\kappa t)^m}{(\kappa t+1)^m}:a^{\dagger m}e^{-|z|^2+za^{\dagger}\frac{1}{1+\kappa t}-z^*a\frac{1}{1+\kappa t}-a^{\dagger}a}a^m:e^{2(\alpha z^*-\alpha^* z)}$$

$$=(-1)^n\int\frac{d^2z}{\pi^2}\mid z\mid^{2n}\sum_{m=0}^{\infty}\frac{1}{m!}\frac{(\kappa t)^m}{(\kappa t+1)^m}:a^{\dagger m}a^m e^{-|z|^2+za^{\dagger}\frac{1}{1+\kappa t}-z^*a\frac{1}{1+\kappa t}-a^{\dagger}a}e^{2(\alpha z^*-\alpha^* z)}:$$

$$=(-1)^n\int\frac{d^2z}{\pi^2}\mid z\mid^{2n}:e^{-|z|^2+z\left(a^{\dagger}\frac{1}{1+\kappa t}-2\alpha^*\right)-z^*\left(a\frac{1}{1+\kappa t}-2\alpha\right)+\frac{\kappa t}{\kappa t+1}a^{\dagger}a-a^{\dagger}a}:$$

$$=\frac{1}{\pi}(-1)^n:n!L_n\left[\left(a^{\dagger}\frac{1}{1+\kappa t}-2\alpha^*\right)\left(a\frac{1}{1+\kappa t}-2\alpha\right)\right]e^A: \tag{12.24}$$

最后一步,为了书写简洁,已令

$$e^A\equiv e^{-\left(a^{\dagger}\frac{1}{1+\kappa t}-2\alpha^*\right)\left(a\frac{1}{1+\kappa t}-2\alpha\right)-\frac{1}{\kappa t+1}a^{\dagger}a} \tag{12.25}$$

并利用积分公式(12.26),

$$\int\frac{d^2z}{\pi}\mid z\mid^{2n}e^{-|z|^2+fz+gz^*}=n!L_n(-fg)e^{fg} \tag{12.26}$$

这里 L_n 为 n 阶拉盖尔多项式。

利用拉盖尔多项式的母函数,

$$\frac{1}{1-z}\exp\left(\frac{zx}{z-1}\right)=\sum_{n=0}^{\infty}L_n(x)z^n \tag{12.27}$$

并把式(12.24)代入式(12.21),可见对 n 求和后的结果为

$$\Delta(\alpha,\alpha^*,t)=\sum_{n=0}^{\infty}\frac{e^{2|\alpha|^2}}{n!}\frac{(\kappa t)^n}{(\kappa t+1)^{n+1}}\frac{(-1)^n n!}{\pi}\times$$

$$:L_n\left[\left(a^{\dagger}\frac{1}{1+\kappa t}-2\alpha^*\right)\left(a\frac{1}{1+\kappa t}-2\alpha\right)\right]e^A:$$

$$=\frac{e^{2|\alpha|^2}}{\pi}\sum_{n=0}^{\infty}\frac{(-\kappa t)^n}{(\kappa t+1)^{n+1}}:L_n\left[\left(a^{\dagger}\frac{1}{1+\kappa t}-2\alpha^*\right)\left(a\frac{1}{1+\kappa t}-2\alpha\right)\right]e^A:$$

$$=\frac{e^{2|\alpha|^2}}{\pi(2\kappa t+1)}:\exp\left[\frac{\kappa t}{2\kappa t+1}\left(a^{\dagger}\frac{1}{1+\kappa t}-2\alpha^*\right)\left(a\frac{1}{1+\kappa t}-2\alpha\right)\right]e^A:$$

$$
\begin{aligned}
&=\frac{\mathrm{e}^{2|\alpha|^2}}{\pi(2\kappa t+1)}:\exp\left[\frac{-\kappa t-1}{2\kappa t+1}\left(a^\dagger\frac{1}{1+\kappa t}-2\alpha^*\right)\right.\\
&\quad\left.\left(a\frac{1}{1+\kappa t}-2\alpha\right)-\frac{1}{\kappa t+1}a^\dagger a\right]:\\
&=\frac{1}{\pi(2\kappa t+1)}:\exp\left[\frac{-2}{2\kappa t+1}(a^\dagger-\alpha^*)(a-\alpha)\right]:\\
&=\frac{1}{\pi(2\kappa t+1)}\mathrm{e}^{\frac{2\alpha a^\dagger}{2\kappa t+1}}\exp\left(a^\dagger a\ln\frac{2\kappa t-1}{2\kappa t+1}\right)\mathrm{e}^{\frac{2\alpha^* a}{2\kappa t+1}-\frac{2|\alpha|^2}{2\kappa t+1}}
\end{aligned}\tag{12.28}
$$

这就是维格纳算符在扩散通道中的演化公式。将它代入到外尔对应式中，可有

$$
\begin{aligned}
\rho(a^\dagger,a,t)&=2\int\mathrm{d}^2\alpha h(\alpha,\alpha^*,0)\Delta(\alpha,\alpha^*,t)\\
&=\frac{2}{\pi(2\kappa t+1)}\int\mathrm{d}^2\alpha h(\alpha,\alpha^*,0):\exp\left[\frac{-2}{2\kappa t+1}(a^\dagger-\alpha^*)(a-\alpha)\right]:
\end{aligned}\tag{12.29}
$$

小结：用外尔-维格纳对应的相干态表示，我们导出了密度算符在扩散通道中的时间演化的积分形式解。

参考文献

[1] Yu Z S, Ren G H, Yu Z Y, et al. Time evolution of the Wigner operator as a quasi-density operator in amplitude dessipative channel [J]. International Journal of Theoretical Physics, 2018, 57(6): 1888 - 1893.

[2] Hu L Y, Chen F, Wang Z S, et al. Time evolution of distribution functions in dissipative environments [J]. Chinese Physics B, 2011, 20(7): 074204.

[3] Meng X G, Wang Z, Fan H Y, et al. Nonclassicality and decoherence of photon-subtracted squeezed vacuum states [J]. Journal of the Optical Society of America B, 2012, 29(11): 3141 - 3149.

[4] Meng X G, Wang J S, Liang B L, et al. Evolution of a two-mode squeezed vacuum for amplitude decay via continuous-variable entangled state approach [J]. Frontiers of Physics, 2018, 13(5): 1 - 9.

[5] Fan H Y, Hu L Y. Operator-sum representation of density operators as solutions to master equations obtained via the entangled state approach [J]. Modern Physics Letters B, 2008, 22(25): 2435 - 2468.

[6] Fan H Y, Lou S Y, Pan X Y, et al. A new optical field state as an output of diffusion channel when the input being number state [J]. Science China Physics, Mechanics & Astronomy, 2014, 57(9): 1649 - 1653.

[7] Meng X G, Fan H Y, Wang J S. Generation of a kind of displaced thermal states in the diffusion process and its statistical properties [J]. International Journal of Theoretical Physics, 2018, 57(4): 1202 - 1209.
[8] Liu T K, Shan C J, Liu J B, et al. Master equation describing the diffusion process for a coherent state [J]. Chinese Physics B, 2014, 23(3): 030303.

13
在$|\eta\rangle$表象展开数学物理方程

从式(10.21)我们知道,纠缠态$|\eta\rangle$表象的完备性还可以改写为

$$\int \frac{d^2\eta}{\pi}|\eta\rangle\langle\eta| = \iint_{-\infty}^{\infty} \frac{d\eta_1 d\eta_2}{\pi} : e^{-\left(\eta_1 - \frac{X_1 - X_2}{\sqrt{2}}\right)^2 - \left(\eta_2 - \frac{P_1 + P_2}{\sqrt{2}}\right)^2} := 1 \tag{13.1}$$

这样就更与态$|\eta\rangle$的本征方程相呼应,即η_1对应$\frac{X_1 - X_2}{\sqrt{2}}$,$\eta_2$对应$\frac{\hat{P}_1 + \hat{P}_2}{\sqrt{2}}$。

用IWOP技术和纠缠态表象可证,

$$\begin{aligned}\delta(X_1 - X_2) &= \int \frac{d^2\eta}{\pi}\delta(\sqrt{2}\eta_1)|\eta\rangle\langle\eta| \\ &= \int \frac{d^2\eta}{\pi}\delta(\sqrt{2}\eta_1) : e^{-\left(\eta_1 - \frac{X_1 - X_2}{\sqrt{2}}\right)^2 - \left(\eta_2 - \frac{P_1 + P_2}{\sqrt{2}}\right)^2} : \\ &= \int \frac{d\eta_2}{\sqrt{2}\pi} : e^{-\left(\frac{X_1 - X_2}{\sqrt{2}}\right)^2 - \left(\eta_2 - \frac{P_1 + P_2}{\sqrt{2}}\right)^2} := \frac{1}{\sqrt{2\pi}} : e^{-\frac{(X_1 - X_2)^2}{2}} :\end{aligned} \tag{13.2}$$

以及

$$\begin{aligned}\delta(P_1 + P_2) &= \int \frac{d^2\eta}{\pi}\delta(\sqrt{2}\eta_2)|\eta\rangle\langle\eta| \\ &= \int \frac{d^2\eta}{\pi}\delta(\sqrt{2}\eta_1) : e^{-\left(\eta_1 - \frac{X_1 - X_2}{\sqrt{2}}\right)^2 - \left(\eta_2 - \frac{P_1 + P_2}{\sqrt{2}}\right)^2} : \\ &= \frac{1}{\sqrt{2\pi}} : e^{-\frac{1}{2}(P_1 + P_2)^2} :\end{aligned} \tag{13.3}$$

类似地,我们引入$X_1 + X_2$和$P_1 - P_2$的共同本征态$|\xi\rangle$,

$$|\xi\rangle=\exp\left(-\frac{1}{2}|\xi|^2+\xi a_1^\dagger+\xi^* a_2^\dagger-a_1^\dagger a_2^\dagger\right)|00\rangle,\xi=\xi_1+\mathrm{i}\xi_2 \quad (13.4)$$

它遵守本征方程(13.5),其完备性是

$$(X_1+X_2)|\xi\rangle=\sqrt{2}\xi_1|\xi\rangle,(P_1-P_2)|\xi\rangle=\sqrt{2}\xi_2|\xi\rangle \quad (13.5)$$

$$\int\frac{\mathrm{d}^2\xi}{\pi}|\xi\rangle\langle\xi|=\iint_{-\infty}^{\infty}\frac{\mathrm{d}\xi_1\mathrm{d}\xi_2}{\pi}:\mathrm{e}^{-\left[\left(\xi_1-\frac{X_1+X_2}{\sqrt{2}}\right)^2+\left(\xi_2-\frac{P_1-P_2}{\sqrt{2}}\right)^2\right]}:=1 \quad (13.6)$$

即 ξ_1 对应 $\frac{X_1+X_2}{\sqrt{2}}$，ξ_2 对应 $\frac{\hat{P}_1-\hat{P}_2}{\sqrt{2}}$。$|\xi\rangle$ 与 $|\eta\rangle$ 的互为共轭,还表现在

$$\langle\eta|(a_1+a_2^\dagger)=\langle\eta|(2a_1-\eta)=2\frac{\partial}{\partial\eta^*} \quad (13.7)$$

$$\langle\eta|(a_1^\dagger+a_2)=\langle\eta|(2a_2+\eta^*)=-2\frac{\partial}{\partial\eta} \quad (13.8)$$

故,

$$\langle\eta|(a_1+a_2^\dagger)|\xi\rangle=2\frac{\partial}{\partial\eta^*}\langle\eta|\xi\rangle=\xi\langle\eta|\xi\rangle \quad (13.9)$$

$$\langle\eta|(a_1^\dagger+a_2)|\xi\rangle=-2\frac{\partial}{\partial\eta}\langle\eta|\xi\rangle=\xi^*\langle\eta|\xi\rangle \quad (13.10)$$

此方程的解为

$$\langle\eta|\xi\rangle=\frac{1}{2}\exp[(\eta^*\xi-\xi^*\eta)/2] \quad (13.11)$$

$(\xi^*\eta-\eta^*\xi)$ 是一个纯虚数,故 $\langle\eta|\xi\rangle$ 是一个复数形式的傅里叶积分核,相应的积分变换是

$$F(\xi)=\langle\xi|F\rangle=\langle\xi|\int\frac{\mathrm{d}^2\eta}{\pi}|\eta\rangle\langle\eta|F\rangle=\int\frac{\mathrm{d}^2\eta}{2\pi}\mathrm{e}^{(\eta^*\xi-\xi^*\eta)/2}]F(\eta) \quad (13.12)$$

$\langle\eta|\xi\rangle$ 也可以用双模相干态 $|z_1, z_2\rangle$ 表象来求。

$$
\begin{aligned}
\langle\eta \mid \xi\rangle =& \int \frac{d^2 z_1 d^2 z_2}{\pi^2}\langle\eta \mid z_1, z_2\rangle\langle z_1, z_2 \mid \xi\rangle \\
=& \int \frac{d^2 z_1 d^2 z_2}{\pi^2}\langle 00 \mid \exp\left(-\frac{1}{2}|\eta|^2+\eta^* a_1-\eta a_2+a_1 a_2\right) \mid z_1, z_2\rangle \times \\
& \langle z_1, z_2 \mid \exp\left(-\frac{1}{2}|\xi|^2+\xi a_1^{\dagger}+\xi^* a_2^{\dagger}-a_1^{\dagger} a_2^{\dagger}\right) \mid 00\rangle \\
=& \int \frac{d^2 z_1 d^2 z_2}{\pi^2} \exp\left[-\frac{1}{2}(|\eta|^2+|\xi|^2)+\eta^* z_1-\eta z_2+z_1 z_2+\right. \\
& \left.\xi z_1^*+\xi^* z_2^*-z_1^* z_2^*-|z_1|^2-|z_2|^2\right] \\
=& \frac{1}{2} \exp[i(\eta_1 \xi_2-\xi_1 \eta_2)]
\end{aligned} \tag{13.13}
$$

由此可见

$$
\langle\eta| \frac{1}{\sqrt{2}}(X_1+X_2)|\xi\rangle=\xi_1\langle\eta \mid \xi\rangle=2i \frac{\partial}{\partial \eta_2}\langle\eta \mid \xi\rangle \tag{13.14}
$$

$$
\langle\eta| \frac{1}{\sqrt{2}}(P_1-P_2)|\xi\rangle=\xi_2\langle\eta \mid \xi\rangle=-2i \frac{\partial}{\partial \eta_1}\langle\eta \mid \xi\rangle \tag{13.15}
$$

即体现平移性质。

$$
\langle\eta| \frac{1}{\sqrt{2}}(X_1+X_2)=2i \frac{\partial}{\partial \eta_2}\langle\eta|, \langle\eta| \frac{1}{\sqrt{2}}(P_1-P_2)=-2i \frac{\partial}{\partial \eta_1}\langle\eta| \tag{13.16}
$$

13.1 福克尔-普朗克微分运算在纠缠态表象的实现

把 $a_1^{\dagger}$ 与 $a_2^{\dagger}$ 分别作用于 $|\xi\rangle$ 得到[1-3]式(13.17)，

$$
a_1^{\dagger}=\left(\frac{\partial}{\partial \xi}+\frac{\xi^*}{2}\right)|\xi\rangle, \quad a_2^{\dagger}|\xi\rangle=\left(\frac{\partial}{\partial \xi^*}+\frac{\xi}{2}\right)|\xi\rangle \tag{13.17}
$$

故，

$$
\langle\xi| a_1 a_2=\left(\frac{\partial}{\partial \xi}+\frac{\xi^*}{2}\right)\left(\frac{\partial}{\partial \xi^*}+\frac{\xi}{2}\right)\langle\xi| \tag{13.18}
$$

鉴于式(13.19)，

$$[a_1a_2,\ a_1^\dagger a_1 - a_2^\dagger a_2] = 0 \tag{13.19}$$

即 a_1a_2 与 $a_1^\dagger a_1 - a_2^\dagger a_2$ 存在共同本征态，记为 $|\alpha,\ q\rangle$，

$$a_1a_2\ |\alpha,\ q\rangle = \alpha\ |\alpha,\ q\rangle \tag{13.20}$$

$$(a_1^\dagger a_1 - a_2^\dagger a_2)\ |\alpha,\ q\rangle = q\ |\alpha,\ q\rangle \tag{13.21}$$

于是可以建立方程(13.22)，

$$\langle\xi\ |\ a_1a_2\ |\ \alpha,\ q\rangle = \left(\frac{\partial}{\partial\xi} + \frac{\xi^*}{2}\right)\left(\frac{\partial}{\partial\xi^*} + \frac{\xi}{2}\right)\langle\xi\ |\ \alpha,\ q\rangle = \alpha\langle\xi\ |\ \alpha,\ q\rangle \tag{13.22}$$

左边出现福克尔-普朗克(Fokker-Planck)微分运算，所以它是 a_1a_2 在纠缠态表象的实现

$$\frac{\partial^2}{\partial\xi\partial\xi^*} + \frac{\xi^*}{2}\frac{\partial}{\partial\xi^*} + \frac{\partial}{\partial\xi}\frac{\xi}{2} + \frac{\xi\xi^*}{4} \tag{13.23}$$

另一方面，

$$(a_1^\dagger a_1 - a_2^\dagger a_2)\ |\ \xi = |\xi|\ e^{i\varphi}\rangle = i\frac{\partial}{\partial\varphi}\ |\ \xi = |\xi|\ e^{i\varphi}\rangle \tag{13.24}$$

故，

$$\langle\xi\ |\ (a_1^\dagger a_1 - a_2^\dagger a_2)\ |\ \alpha,\ q\rangle = -i\frac{\partial}{\partial\varphi}\langle\xi\ |\ \alpha,\ q\rangle = q\langle\xi\ |\ \alpha,\ q\rangle \tag{13.25}$$

联合式(13.12)和式(13.25)给出

$$\langle\xi\ |\ \alpha,\ q\rangle = F(|\xi|, q,\ \alpha)e^{iq\varphi} \tag{13.26}$$

我们把求解 $F(|\xi|, q,\ \alpha)$ 的任务作为一个习题留给读者做，提示：可以先求 $|\alpha,\ q\rangle$ 在福克空间中的形式。

13.2 在 $|\eta\rangle$ 表象中求对应两维拉普拉斯(Laplace)微商运算的玻色算符

从 $|\eta\rangle$ 所满足的本征方程可见[4, 5]式(13.27)～(13.28)，

$$a_1 | \eta\rangle = (\eta + a_2^\dagger) | \eta\rangle, \quad a_1^\dagger | \eta\rangle = \left(\frac{\partial}{\partial \eta} + \frac{\eta^*}{2}\right) | \eta\rangle \tag{13.27}$$

$$a_2 | \eta\rangle = -(\eta^* - a_1^\dagger) | \eta\rangle, \quad a_2^\dagger | \eta\rangle = \left(-\frac{\partial}{\partial \eta^*} - \frac{\eta}{2}\right) | \eta\rangle \tag{13.28}$$

于是有，

$$a_1^\dagger a_1 | \eta\rangle = \left(\frac{\eta}{2} - \frac{\partial}{\partial \eta^*}\right)\left(\frac{\partial}{\partial \eta} + \frac{\eta^*}{2}\right) | \eta\rangle \tag{13.29}$$

$$a_2^\dagger a_2 | \eta\rangle = -\left(\frac{\partial}{\partial \eta} - \frac{\eta^*}{2}\right)\left(\frac{\partial}{\partial \eta^*} + \frac{\eta}{2}\right) | \eta\rangle \tag{13.30}$$

两式相减得到

$$(a_1^\dagger a_1 - a_2^\dagger a_2) | \eta\rangle = \left(\eta \frac{\partial}{\partial \eta} - \eta^* \frac{\partial}{\partial \eta^*}\right) | \eta\rangle \tag{13.31}$$

将式(13.32)结合以上两式又得到式(13.33)。

$$(a_1 - a_2^\dagger)(a_1^\dagger - a_2) | \eta\rangle = | \eta |^2 | \eta\rangle \tag{13.32}$$

$$[2(a_1^\dagger a_1 + a_2^\dagger a_2) - | \eta |^2 + 2] | \eta\rangle = -4 \frac{\partial^2}{\partial \eta^* \partial \eta} | \eta\rangle \tag{13.33}$$

令 $\eta = r e^{i\varphi}$，则从

$$\frac{\partial^2}{\partial \eta^* \partial \eta} = \frac{1}{4}\left(\frac{\partial^2}{\partial r^2} + \frac{1}{r}\frac{\partial}{\partial r} + \frac{1}{r^2}\frac{\partial^2}{\partial \varphi^2}\right) \tag{13.34}$$

可知

$$\begin{aligned} 4 \frac{\partial^2}{\partial \eta^* \partial \eta} | \eta\rangle &= \left(\frac{\partial^2}{\partial r^2} + \frac{1}{r}\frac{\partial}{\partial r} + \frac{1}{r^2}\frac{\partial^2}{\partial \varphi^2}\right) | \eta\rangle \\ &= \nabla^2 | \eta\rangle = -[2(a_1^\dagger a_1 + a_2^\dagger a_2) - | \eta |^2 + 2] | \eta\rangle \\ &= -[2(a_1^\dagger a_1 + a_2^\dagger a_2) - (a_1 - a_2^\dagger)(a_1^\dagger - a_2) + 2] | \eta\rangle \\ &= -[(a_1 + a_2^\dagger)(a_1^\dagger + a_2)] | \eta\rangle \end{aligned} \tag{13.35}$$

所以相应于两维拉普拉斯(Laplace)微商运算的玻色算符是，

$$\nabla^2 \to -(a_1 + a_2^\dagger)(a_1^\dagger + a_2) \tag{13.36}$$

即

$$\nabla^2|\eta\rangle=\left(\frac{\partial^2}{\partial r^2}+\frac{1}{r}\frac{\partial}{\partial r}+\frac{1}{r^2}\frac{\partial^2}{\partial\varphi^2}\right)|\eta\rangle=-(a_1+a_2^\dagger)(a_1^\dagger+a_2)|\eta\rangle \tag{13.37}$$

另一方面，由于

$$(a_1+a_2^\dagger)(a_1^\dagger+a_2)|\xi\rangle=|\xi|^2|\xi\rangle \tag{13.38}$$

故

$$\langle\xi|(a_1+a_2^\dagger)(a_1^\dagger+a_2)|\eta\rangle=|\xi|^2\langle\xi|\eta\rangle=-4\frac{\partial^2}{\partial\eta^*\partial\eta}\langle\xi|\eta\rangle \tag{13.39}$$

其解也导致在

$$\langle\xi|\eta\rangle=\frac{1}{2}\exp\left[\frac{1}{2}(\xi^*\eta-\eta^*\xi)\right] \tag{13.40}$$

$\left(-\mathrm{i}\frac{\partial}{\partial\varphi}\right)$可作为$(a_1^\dagger a_1-a_2^\dagger a_2)$在$\langle\eta|$表象中的实现。引入$\langle\eta|$表象的优点还在于能提供方位角转动运算$-\mathrm{i}\frac{\partial}{\partial\varphi}$的玻色算符表示，事实上，从$\eta=r\mathrm{e}^{\mathrm{i}\varphi}$可见，

$$\frac{\partial}{\partial\eta}=\frac{1}{2}\mathrm{e}^{\mathrm{i}\varphi}\left(\frac{\partial}{\partial r}+\frac{1}{\mathrm{i}r}\frac{\partial}{\partial\varphi}\right),\ \frac{\partial}{\partial\eta}=\frac{1}{2}\mathrm{e}^{\mathrm{i}\varphi}\left(\frac{\partial}{\partial r}-\frac{1}{\mathrm{i}r}\frac{\partial}{\partial\varphi}\right) \tag{13.41}$$

故有

$$(a_1^\dagger a_1-a_2^\dagger a_2)|\eta\rangle=\left(\eta\frac{\partial}{\partial\eta}-\eta^*\frac{\partial}{\partial\eta^*}\right)|\eta\rangle=\frac{1}{\mathrm{i}}\frac{\partial}{\partial\varphi}|\eta\rangle \tag{13.42}$$

13.3 在$|\eta\rangle$表象中求相应于$\frac{\partial^2}{\partial r^2}+\frac{1}{r}\frac{\partial}{\partial r}$的玻色算符

再求在$|\eta\rangle$表象中相应于$\frac{\partial^2}{\partial r^2}+\frac{1}{r}\frac{\partial}{\partial r}$运算的玻色算符[6]。由以上分析可得式(13.43)或式(13.44)，

$$\left(\frac{\partial^2}{\partial r^2}+\frac{1}{r}\frac{\partial}{\partial r}\right)|\eta\rangle=\left(4\frac{\partial^2}{\partial\eta^*\partial\eta}-\frac{1}{r^2}\frac{\partial^2}{\partial\varphi^2}\right)|\eta\rangle$$

$$=\left[-(a_1+a_2^\dagger)(a_1^\dagger+a_2)+(a_2^\dagger a_2-a_1^\dagger a_1)^2\frac{1}{(a_1-a_2^\dagger)(a_1^\dagger-a_2)}\right]|\eta\rangle$$

$$=(a_1^\dagger a_2^\dagger-a_1a_2+1)^2\frac{1}{(a_1-a_2^\dagger)(a_1^\dagger-a_2)}|\eta\rangle$$

$$=\frac{1}{r^2}(a_1^\dagger a_2^\dagger-a_1a_2+1)^2|\eta\rangle \tag{13.43}$$

$$r^2\left(\frac{\partial^2}{\partial r^2}+\frac{1}{r}\frac{\partial}{\partial r}\right)|\eta\rangle=(a_1^\dagger a_2^\dagger-a_1a_2+1)^2|\eta\rangle \tag{13.44}$$

上式推导过程中利用了算符恒等式(13.45)及(13.46),

$$(a_2^\dagger a_2-a_1^\dagger a_1)^2=(a_1^\dagger a_2^\dagger-a_1a_2+1)^2+(a_1^\dagger+a_2)(a_1+a_2^\dagger)(a_1-a_2^\dagger)(a_1^\dagger-a_2) \tag{13.45}$$

$$[(a_2^\dagger a_2-a_1^\dagger a_1),(a_1-a_2^\dagger)(a_1^\dagger-a_2)]=0 \tag{13.46}$$

作为应用,我们简洁地求 2 维谐振子的本征态。令 $a_1^\dagger a_1+a_2^\dagger a_2$ 与 $a_1^\dagger a_1-a_2^\dagger a_2$ 的共同本征态为 $|m,l\rangle$,有

$$(a_1^\dagger a_1+a_2^\dagger a_2)|m,l\rangle=m|m,l\rangle,\quad (a_1^\dagger a_1-a_2^\dagger a_2)|m,l\rangle=l|m,l\rangle \tag{13.47}$$

投影到 $|\eta\rangle$ 表象,有

$$\langle m,l|(a_1^\dagger a_1-a_2^\dagger a_2)|\eta\rangle=\frac{1}{\mathrm{i}}\frac{\partial}{\partial\varphi}\langle m,l|\eta\rangle=l\langle m,l|\eta\rangle \tag{13.48}$$

故 $\langle m,l|\eta\rangle=R\mathrm{e}^{il\varphi}$, R 待定,用(12.37)得到

$$\langle m,l|(a_1^\dagger a_1+a_2^\dagger a_2)|\eta\rangle$$

$$=\left(-2\frac{\partial^2}{\partial\eta^*\partial\eta}+\frac{1}{2}|\eta|^2-1\right)\langle m,l|\eta\rangle$$

$$=\left(\frac{1}{2}r^2-1-\frac{\partial^2}{2\partial r^2}+\frac{1}{2r}\frac{\partial}{\partial r}+\frac{1}{2r^2}\frac{\partial^2}{\partial\varphi^2}\right)\langle m,l|\eta\rangle$$

$$=\left(\frac{1}{2}r^2-1-\frac{\partial^2}{2\partial r^2}+\frac{1}{2r}\frac{\partial}{\partial r}-\frac{l^2}{2r^2}\right)\langle m,l|\eta\rangle=m\langle m,l|\eta\rangle \tag{13.49}$$

这就是 $\langle m, l \mid \eta\rangle$ 所满足的 2 阶微分方程。

以上讨论说明 2 维玻色算符在 $\mid \eta\rangle$ 表象中的表示与建立 2 阶微分方程的关系密切。作为练习，读者可以尝试用 $\mid \eta\rangle$ 表象求解式(13.50)的能态。

$$H=\omega(a_1^\dagger a_1+a_2^\dagger a_2+1)+\lambda(a_1^\dagger a_2^\dagger+a_2 a_1) \tag{13.50}$$

提示：引入

$$g=\frac{\omega-\lambda}{2},\ k=\frac{\omega+\lambda}{2} \tag{13.51}$$

将 H 改写为

$$H=g(a_1-a_2^\dagger)(a_1^\dagger-a_2)+k(a_1+a_2^\dagger)(a_2+a_1^\dagger) \tag{13.52}$$

参考文献

[1] Fan H Y, Tang X B. Wavefunction of a pair coherent state in the entangled state representation as an eigenfunction of a type of Fokker-Planck differential operator [J]. Journal of Physics A: Mathematical and General, 2006, 39(31): 9831 - 9838.

[2] Tang X B, Fan H Y. Complex-variable Fokker-Planck equation solved in entangled state representation [J]. Communications in Theoretical Physics, 2010, 53(6): 1049 - 1052.

[3] Fan H Y, Hu L Y. H. New approach for solving master equations in quantum optics and quantum statistics by virtue of thermo-entangled state representation [J]. Communications in Theoretical Physics, 2009, 51(4): 729 - 742.

[4] Fan H Y, Li C. Bessel equation as an operator identity's matrix element in quantum mechanics [J]. Physics Letters A, 2004, 325(3 - 4): 188 - 193.

[5] Fan H Y, Wang Y. Generating generalized Bessel equations by virtue of Bose operator algebra and entangled state representations [J]. Communications in Theoretical Physics, 2006, 45(1): 71 - 74.

[6] Li H Q, Xu X L, Fan H Y. Operator realization of radial-and azimuthal-differentiations obtained by using the entangled state representation [J]. International Journal of Theoretical Physics, 2013, 52(3): 925 - 931.

14

分数傅里叶变换、分数汉克尔变换

构造纠缠分数阶傅里叶变换[1-4]，

$$\mathrm{K}_\alpha(\eta, \xi) \equiv \langle \eta \mid \mathrm{K}_\alpha \mid \xi \rangle = \frac{\mathrm{e}^{\mathrm{i}\left(\alpha-\frac{\pi}{2}\right)}}{2\sin\alpha}\exp\left[\frac{\mathrm{i}(|\eta|^2+|\xi|^2)}{2\tan\alpha} - \mathrm{i}\frac{\xi\eta^* + \xi^*\eta}{2\sin\alpha}\right] \tag{14.1}$$

我们称 K_α 为纠缠分数阶傅氏变换算符，即

$$\mathrm{K}_\alpha = \mathrm{e}^{-\mathrm{i}\alpha(a_1^\dagger a_1 + a_2^\dagger a_2)}\mathrm{e}^{\mathrm{i}\pi a_2^\dagger a_2} \tag{14.2}$$

$$\mathrm{K}_\alpha^\dagger = \mathrm{e}^{-\mathrm{i}\pi a_2^\dagger a_2}\mathrm{e}^{\mathrm{i}\alpha(a_1^\dagger a_1 + a_2^\dagger a_2)} = \mathrm{e}^{\mathrm{i}\alpha(a_1^\dagger a_1 + a_2^\dagger a_2)}\mathrm{e}^{\mathrm{i}\pi a_2^\dagger a_2} = \mathrm{K}_{-\alpha} \tag{14.3}$$

我们称 $\mathrm{e}^{\mathrm{i}\pi a_2^\dagger a_2}$ 为核心算符，“分数化”意味着加法规则 $K_\alpha \circ K_\beta[f] = K_{\alpha+\beta}[f]$，即两个相继的纠缠分数阶傅氏变换算符(参数分别为 α, β) 的结果等价于

$$\begin{aligned} K_\alpha \circ K_\beta[f] &= \int \frac{\mathrm{d}^2\xi}{\pi}\int \frac{\mathrm{d}^2\xi'}{\pi}\mathrm{K}_\alpha(\eta, \xi')[\mathrm{K}_\beta(\eta', \xi)\mid_{\eta'=\xi'}]f(\xi) \\ &= \int \frac{\mathrm{d}^2\xi}{\pi}\mathrm{K}_{\alpha+\beta}(\eta, \xi)f(\xi) \end{aligned}$$

$$\begin{aligned} \frac{\mathrm{e}^{\mathrm{i}\left(\alpha+\beta-\frac{\pi}{2}\right)}}{2\sin(\alpha+\beta)} &= \int \frac{\mathrm{d}^2\xi}{\pi}\exp\left[\frac{\mathrm{i}(|\eta|^2+|\xi|^2)}{2\tan(\alpha+\beta)} - \mathrm{i}\frac{\xi\eta^* + \xi^*\eta}{2\sin(\alpha+\beta)}\right]f(\xi) \\ &= K_{\alpha+\beta}[f] \end{aligned} \tag{14.4}$$

注意到 $\mathrm{K}_\alpha(\eta, \xi) \equiv \langle \eta \mid \mathrm{K}_\alpha \mid \xi \rangle$ 是一个从 $\mid \xi \rangle$ 变换到 $\langle \eta \mid$ 的矩阵元，利用狄拉克符号把式(14.4)改写为

$$\int \frac{\mathrm{d}^2\xi}{\pi}\int \frac{\mathrm{d}^2\xi'}{\pi}\langle \eta \mid \mathrm{K}_\alpha \mid \xi' \rangle_{\eta'=\xi'}\langle \eta' \mid \mathrm{K}_\beta \mid \xi \rangle\langle \xi \mid f \rangle$$

$$=\int \frac{d^2\xi}{\pi}\langle \eta \mid K_\alpha W K_\beta \mid \xi\rangle\langle \xi \mid f\rangle$$

$$=\int \frac{d^2\xi}{\pi}\langle \eta \mid K_{\alpha+\beta} \mid \xi\rangle\langle \xi \mid f\rangle \tag{14.5}$$

其核心算符 W

$$W \equiv \int \frac{d^2\xi'}{\pi} \mid \xi'\rangle_{\eta'=\xi'}\langle \eta' \mid = \exp(-i\pi a_2^\dagger a_2) \tag{14.6}$$

起到了将态 $\mid \eta\rangle$ 转换为态 $\mid \xi\rangle_{\xi=\eta}$ 的作用，即

$$W \mid \eta\rangle = \exp\left(-\frac{1}{2} \mid \eta \mid^2 + \eta a_1^\dagger - \eta^* a_2^\dagger e^{-i\pi} + e^{-i\pi} a_1^\dagger a_2^\dagger\right) \mid 00\rangle = \mid \xi\rangle_{\xi=\eta} \tag{14.7}$$

由式(14.5)和式(14.6)，可知

$$K_{\alpha+\beta} = K_\alpha W K_\beta = \exp[-i(\alpha+\beta)(a_1^\dagger a_1 + a_2^\dagger a_2)]\exp(i\pi a_2^\dagger a_2) \tag{14.8}$$

14.1　$\mid s, r')$ 作为 $\mid s, r\rangle$ 的 s 阶汉克尔变换

令 $\eta = re^{i\varphi}$，$\xi = r'e^{i\theta}$，并利用 U(1)对称性，从式(3.53)可定义

$$\mid q, r\rangle \equiv \frac{1}{2\pi}\int_0^{2\pi} d\varphi \mid \eta = re^{i\varphi}\rangle e^{-iq\varphi} \tag{14.9}$$

因为 $[a_1^\dagger a_1 - a_2^\dagger a_2, (a_1 - a_2^\dagger)(a_1^\dagger - a_2)] = 0$，可以证明，态 $\mid q, r\rangle$ 为双模数差算符 $a_1^\dagger a_1 - a_2^\dagger a_2$ 和 $(a_1 - a_2^\dagger)(a_1^\dagger - a_2)$ 的共同本征态，即式(14.10)～式(14.11)，

$$(a_1^\dagger a_1 - a_2^\dagger a_2) \mid q, r\rangle = q \mid q, r\rangle \tag{14.10}$$

$$(a_1 - a_2^\dagger)(a_1^\dagger - a_2) \mid q, r\rangle = r^2 \mid q, r\rangle \tag{14.11}$$

也可证明，态 $\mid q, r\rangle$ 的集合能够组成一个新的表象，因为它的完备性如式(14.12)所示，而正交性如式(14.13)所示。

$$\sum_{q=-\infty}^{\infty}\int_0^\infty dr^2 \mid q, r\rangle\langle q, r \mid = 1 \tag{14.12}$$

$$\langle q, r \mid q', r'\rangle = \delta_{q,q'} \frac{1}{2r}\delta(r-r') \tag{14.13}$$

另一方面，5.1 节已经指出，

$$[a_1^\dagger a_1 - a_2^\dagger a_2, (a_1^\dagger + a_2)(a_1 + a_2^\dagger)] = 0 \tag{14.14}$$

并根据态 $|\xi\rangle$，已经引入一个新的量子态（为了表示与 $|,\rangle$ 不同，引入新的量子态用 $|,)$ 标记[见式(5.5)]，

$$|s, r') = \frac{1}{2\pi}\int_0^{2\pi} d\varphi \mid \xi' = r' e^{i\varphi}\rangle e^{-is\varphi} \tag{14.15}$$

它同时满足如下方程，

$$(a_1^\dagger a_1 - a_2^\dagger a_2) \mid s, r') = s \mid s, r'), (a_1^\dagger + a_2)(a_1 + a_2^\dagger) \mid s, r') \\ = r'^2 \mid s, r') \tag{14.16}$$

而且态 $|s, r')$ 也是完备的，因为，

$$\sum_{s=-\infty}^{\infty}\int_0^{\infty} dr'^2 \mid s, r')(s, r' \mid = 1, (s, r' \mid s, r'') = \delta_{s,s'} \frac{1}{2r'}\delta(r'-r'') \tag{14.17}$$

可见，式 $|q, r\rangle$ 和 $|s, r')$ 都是诱导纠缠态。

14.2　内积 $(s, r' \mid q, r\rangle = \frac{1}{2}\delta_{s,q} J_s(rr')$

从式(14.9)和式(14.15)计算得到

$$\begin{aligned}(s, r' \mid q, r\rangle &= \frac{1}{4\pi^2}\int_0^{2\pi} d\varphi e^{is\varphi}\langle \xi = r' e^{i\varphi} \left| \int_0^{2\pi} d\theta \right| \eta = r e^{i\theta}\rangle e^{-iq\theta} \\ &= \frac{1}{8\pi^2}\int_0^{2\pi}\int_0^{2\pi} e^{-iq\theta} e^{is\varphi} \exp[irr'\sin(\theta-\varphi)] d\theta d\varphi \\ &= \frac{1}{8\pi^2}\int_0^{2\pi}\int_0^{2\pi} e^{is\varphi} e^{-iq\theta} \sum_{m=-\infty}^{\infty} J_m(rr') \exp[im(\theta-\varphi)] \\ &= \frac{1}{2}\delta_{s,q} J_s(rr')\end{aligned} \tag{14.18}$$

其中 J_s 为贝塞尔函数，

$$\mathrm{J}_s(x)=\sum_{k=0}^{\infty}\frac{(-1)^s}{k!(s+k)!}\left(\frac{x}{2}\right)^{s+2k} \tag{14.19}$$

并利用了它的母函数

$$\mathrm{e}^{\mathrm{i}x\sin t}=\sum_{s=-\infty}^{\infty}\mathrm{J}_s(x)\mathrm{e}^{\mathrm{i}st} \tag{14.20}$$

定义

$$\langle q,r\mid g\rangle=g(q,r),\ (s,r'\mid g\rangle=g(s,r') \tag{14.21}$$

并利用式(14.12)导出

$$\begin{aligned}\mathcal{G}(s,r')&=\sum_{q=-\infty}^{\infty}\int_0^{\infty}\mathrm{d}r^2(s,r'\mid q,r\rangle\langle q,r\mid g\rangle\\&=\int_0^{\infty}r\mathrm{d}r\mathrm{J}_s(rr')g(s,r)\equiv\mathcal{H}[g(s,r)]\end{aligned} \tag{14.22}$$

这恰好是 $g(q,r)$ 的汉克尔变换。可见,汉克尔变换的量子力学版本恰好为诱导纠缠态 $|q,r\rangle$ 映射到态 $(s,r'|$,其倒易关系为

$$\begin{aligned}\langle q,r\mid g\rangle&=\sum_{s=-\infty}^{\infty}\int_0^{\infty}\mathrm{d}r'^2\langle q,r\mid s,r')(s,r'\mid g\rangle\\&=\int_0^{\infty}r'\mathrm{d}r'\mathrm{J}_s(rr')g(q,r')=\mathcal{H}^{-1}[g(q,r')]\end{aligned} \tag{14.23}$$

现在我们可以说,汉克尔变换是量子力学表象变换 $(s,r'\mid q,r\rangle$ 的实现。

14.3 由诱导出的纠缠态表象给出分数阶汉克尔变换

现在考虑如下的积分式

$$\begin{aligned}\mathrm{K}_{\alpha;q,s}(r,r')&\equiv\frac{1}{4\pi^2}\int_0^{2\pi}\mathrm{d}\varphi\int_0^{2\pi}\mathrm{d}\theta\mathrm{e}^{\mathrm{i}q\theta}\mathrm{e}^{-\mathrm{i}s\varphi}\langle\eta\mid\mathrm{K}_\alpha\mid\xi\rangle\\&=\frac{1}{4\pi^2}\int_0^{2\pi}\mathrm{d}\varphi\int_0^{2\pi}\mathrm{d}\theta\mathrm{e}^{-\mathrm{i}s\varphi}\mathrm{e}^{\mathrm{i}q\theta}\frac{\mathrm{e}^{\mathrm{i}\left(\alpha-\frac{\pi}{2}\right)}}{2\sin\alpha}\times\\&\quad\exp\left[\frac{\mathrm{i}(|\eta|^2+|\xi|^2)}{2\tan\alpha}-\mathrm{i}\frac{\xi\eta^*+\xi^*\eta}{2\sin\alpha}\right]\end{aligned} \tag{14.24}$$

用狄拉克符号把 $\mathrm{K}_{\alpha;q,s}(r,r')$ 改写为

$$
\begin{aligned}
K_{\alpha;q,s}(r,r') &= \langle q,r \mid K_\alpha \mid s,r' \rangle \\
&= \frac{1}{4\pi^2}\int_0^{2\pi} d\theta \int_0^{2\pi} d\varphi e^{iq\theta} \langle \eta = re^{i\theta} \mid K_\alpha \mid \xi = r'e^{i\varphi} \rangle e^{-is\varphi}
\end{aligned} \tag{14.25}
$$

其中

$$
\begin{aligned}
&\langle \eta = re^{i\theta} \mid K_\alpha \mid \xi = r'e^{i\varphi} \rangle \\
&= \frac{e^{i\left(\alpha-\frac{\pi}{2}\right)}}{2\sin\alpha} \exp\left[\frac{i(r^2+|\xi|^2)}{2\tan\alpha} - i\frac{\xi\eta^* + \xi^*\eta}{2\sin\alpha}\right] \\
&= \frac{e^{i\left(\alpha-\frac{\pi}{2}\right)}}{2\sin\alpha} \exp\left[\frac{i(r^2+r'^2)}{2\tan\alpha} - i\frac{rr'(e^{-i(\theta-\varphi)} + e^{i(\theta-\varphi)})}{2\sin\alpha}\right] \\
&= \frac{e^{i\left(\alpha-\frac{\pi}{2}\right)}}{2\sin\alpha} \exp\left[\frac{i(r^2+r'^2)}{2\tan\alpha} - i\frac{rr'}{\sin\alpha}\sin\left(\frac{\pi}{2} - \theta + \varphi\right)\right]
\end{aligned} \tag{14.26}
$$

利用贝塞尔函数的母函数

$$
e^{ix\sin t} = \sum_{n=-\infty}^{\infty} J_n(x) e^{int} \tag{14.27}
$$

可得到

$$
\exp\left[-i\frac{rr'}{\sin\alpha}\sin\left(\frac{\pi}{2} - \theta + \varphi\right)\right] = \sum_{m=-\infty}^{\infty} J_m\left(-\frac{rr'}{\sin\alpha}\right) e^{im\left(\frac{\pi}{2}-\theta+\varphi\right)} \tag{14.28}
$$

故而,有

$$
\begin{aligned}
&\frac{1}{4\pi^2}\int_0^{2\pi} d\theta \int_0^{2\pi} d\varphi e^{iq\theta} e^{-is\varphi} \sum_{m=-\infty}^{\infty} J_m\left(-\frac{rr'}{\sin\alpha}\right) e^{im\left(\frac{\pi}{2}-\theta+\varphi\right)} \\
&= \sum_{m=-\infty}^{\infty} J_m\left(-\frac{rr'}{\sin\alpha}\right) i^m \delta_{q,m}\delta_{s,m} \\
&= J_q\left(-\frac{rr'}{\sin\alpha}\right)\delta_{s,q} i^q
\end{aligned} \tag{14.29}
$$

因此,可给出

$$
\langle q,r \mid K_\alpha \mid s,r' \rangle = \frac{e^{i\left(\alpha-\frac{\pi}{2}\right)}}{2\sin\alpha} \exp\left[\frac{i(r^2+r'^2)}{2\tan\alpha}\right] J_q\left(-\frac{rr'}{\sin\alpha}\right)\delta_{s,q} i^q \tag{14.30}
$$

以及

$$\langle q, r \mid \mathrm{K}_\alpha \mid s, r' \rangle^* = \langle s, r' \mid \mathrm{K}_\alpha^\dagger \mid q, r \rangle = \langle s, r' \mid \mathrm{K}_{-\alpha} \mid q, r \rangle$$
$$= \frac{\mathrm{e}^{-\mathrm{i}\left(\alpha - \frac{\pi}{2}\right)}}{2\sin\alpha} \exp\left[\frac{-\mathrm{i}(r^2 + r'^2)}{2\tan\alpha}\right] \mathrm{J}_q\left(-\frac{rr'}{\sin\alpha}\right) \delta_{s,q} (-\mathrm{i})^q \tag{14.31}$$

最终得到

$$\langle s, r' \mid \mathrm{K}_\alpha \mid q, r \rangle = -\frac{\mathrm{e}^{\mathrm{i}\left(\alpha + \frac{\pi}{2}\right)}}{2\sin\alpha} \exp\left[\frac{\mathrm{i}(r^2 + r'^2)}{2\tan\alpha}\right] \mathrm{J}_q\left(\frac{rr'}{\sin\alpha}\right) \delta_{s,q} (-\mathrm{i})^q$$
$$= \langle s, r \mid \mathrm{K}_\alpha \mid q, r' \rangle \equiv \mathcal{K}_{\alpha;\, s,\, q}(r, r') \tag{14.32}$$

假设

$$\langle q, r \mid f \rangle = f(q, r) \tag{14.33}$$

并令

$$\mid F \rangle = \mathrm{K}_\alpha \mid f \rangle \tag{14.34}$$

则有

$$\langle s, r \mid F \rangle = \langle s, r \mid \mathrm{K}_\alpha \mid f \rangle = \sum_{q=-\infty}^{\infty} \int_0^\infty \mathrm{d}r'^2 \langle s, r \mid \mathrm{K}_\alpha \mid q, r' \rangle \langle q, r' \mid f \rangle$$
$$= \frac{\mathrm{e}^{\mathrm{i}\alpha}}{2\sin\alpha} \sum_{q=-\infty}^{\infty} \int_0^\infty \mathrm{d}r'^2 \delta_{s,q} (-\mathrm{i})^{q+1} \exp\left[\frac{\mathrm{i}(r^2 + r'^2)}{2\tan\alpha}\right] \mathrm{J}_q\left(\frac{rr'}{\sin\alpha}\right) f(q, r')$$
$$= \frac{(-\mathrm{i})^{s+1} \mathrm{e}^{\mathrm{i}\alpha}}{2\sin\alpha} \int_0^\infty \mathrm{d}r'^2 \exp\left[\frac{\mathrm{i}(r^2 + r'^2)}{2\tan\alpha}\right] \mathrm{J}_s\left(\frac{rr'}{\sin\alpha}\right) f(s, r') \tag{14.35}$$

从式(14.32)考虑如下变换，

$$\sum_{q'=-\infty}^{\infty} \int_0^\infty \mathrm{d}r''^2 \mathcal{K}_{\beta;\, q,\, q'}(r', r'') f(q', r'')$$
$$= \sum_{q'=-\infty}^{\infty} \int_0^\infty \mathrm{d}r''^2 \langle q, r' \mid \mathrm{K}_\beta \mid q', r'' \rangle \langle q', r'' \mid f \rangle \tag{14.36}$$

于是，加法规则就是

$$\mathrm{K}_\alpha \circ \mathrm{K}_\beta[f](s, r)$$
$$= \sum_{q=-\infty}^{\infty} \int_0^\infty \mathrm{d}r'^2 \mathcal{K}_{\alpha;\, s,\, q}(r, r') \sum_{q'=-\infty}^{\infty} \int_0^\infty \mathrm{d}r''^2 \mathcal{K}_{\beta;\, q,\, q'}(r', r'') f(q', r'')$$

$$
\begin{aligned}
&= e^{i(\alpha+\beta)} \sum_{q=-\infty}^{\infty} \int_0^{\infty} dr'^2 \delta_{s,q} \frac{(-i)^{q+1}}{2\sin\alpha} \exp\left[\frac{i(r^2+r'^2)}{2\tan\alpha}\right] J_q\left(\frac{rr'}{\sin\alpha}\right) \times \\
&\quad \sum_{q'=-\infty}^{\infty} \int_0^{\infty} dr''^2 \delta_{q,q'} \frac{(-i)^{q'+1}}{2\sin\beta} \exp\left[\frac{i(r'^2+r''^2)}{2\tan\beta}\right] J_{q'}\left(\frac{r'r''}{\sin\beta}\right) f(q', r'') \\
&= \frac{e^{i(\alpha+\beta)}(-1)^{s+1}}{4\sin\alpha\ \sin\beta} \int_0^{\infty} dr'^2 \exp\left[\frac{i(r^2+r'^2)}{2\tan\alpha}\right] J_s\left(\frac{rr'}{\sin\alpha}\right) \times \\
&\quad \int_0^{\infty} dr''^2 \exp\left[\frac{i(r'^2+r''^2)}{2\tan\beta}\right] J_s\left(\frac{r'r''}{\sin\beta}\right) f(s, r'') \\
&= \frac{e^{i(\alpha+\beta)}(-1)^{s+1}}{4\sin\alpha\ \sin\beta} \exp\left(\frac{ir^2}{2\tan\alpha}\right) \int_0^{\infty} dr''^2 \exp\left(\frac{ir''^2}{2\tan\beta}\right) f(s, r'') \times \\
&\quad \int_0^{\infty} dr'^2 \exp\left(-\frac{r'^2}{2i} \frac{\tan\alpha+\tan\beta}{\tan\alpha\ \tan\beta}\right) J_s\left(\frac{rr'}{\sin\alpha}\right) J_s\left(\frac{r'r''}{\sin\beta}\right) \\
&= \frac{e^{i(\alpha+\beta)}(-1)^{s+1}}{4\sin\alpha\ \sin\beta} \frac{2i\tan\alpha\tan\beta}{\tan\alpha+\tan\beta} \exp\left(\frac{ir^2}{2\tan\alpha}\right) \int_0^{\infty} dr''^2 \exp\left(\frac{ir''^2}{2\tan\beta}\right) \times \\
&\quad f(s, r'') \exp\left[-\frac{i\tan\alpha\tan\beta}{2(\tan\alpha+\tan\beta)}\left(\frac{r^2}{\sin^2\alpha}+\frac{r''^2}{\sin^2\beta}\right)+is\frac{\pi}{2}\right] \times \\
&\quad J_s\left(-\frac{i\tanh\alpha\ \tanh\beta}{(\tanh\alpha+\tanh\beta)} \frac{irr''}{\sin\alpha\ \sin\beta}\right) \\
&= \frac{(-i)^s e^{i\left(\alpha+\beta-\frac{\pi}{2}\right)}}{2\sin(\alpha+\beta)} \int_0^{\infty} dr''^2 \exp\left[\frac{i(r^2+r''^2)}{2\tan(\alpha+\beta)}\right] J_s\left(\frac{rr''}{\sin(\alpha+\beta)}\right) f(s, r'')
\end{aligned}
\tag{14.37}
$$

其中，

$$
\frac{1}{\sin\alpha\ \cos\beta+\sin\beta\ \cos\alpha} = \frac{1}{\sin(\alpha+\beta)} \tag{14.38}
$$

$$
\frac{1}{\sin\alpha\ \sin\beta} \frac{\tan\alpha\ \tan\beta}{(\tan\alpha+\tan\beta)} = \frac{1}{\sin(\alpha+\beta)} \tag{14.39}
$$

故而，给出

$$
\begin{aligned}
&\frac{1}{\tan\alpha} - \frac{\tan\beta\ \tan\alpha}{(\tan\alpha+\tan\beta)} \frac{1}{\sin^2\alpha} \\
&= \frac{(\tan\alpha+\tan\beta)\cos^2\alpha - \tan\beta}{(\tan\alpha+\tan\beta)\sin\alpha\ \cos\alpha} \\
&= \frac{\tan\alpha\ \cos^2\alpha - \tan\beta\ \sin^2\alpha}{(\tan\alpha+\tan\beta)\sin\alpha\ \cos\alpha} = \frac{1-\tan\beta\ \tan\alpha}{(\tan\alpha+\tan\beta)} \\
&= \frac{1}{\tan(\alpha+\beta)}
\end{aligned}
\tag{14.40}
$$

以上推导利用了积分公式，

$$\int_0^{\infty} \mathrm{d}r^2 \mathrm{e}^{-\lambda r^2} \mathrm{J}_s(vr)\mathrm{J}_s(ur) = \frac{1}{\lambda}\exp\left[\frac{-1}{4\lambda}(v^2+u^2)+\mathrm{i}s\,\frac{\pi}{2}\right]\mathrm{J}_s\left(-\frac{\mathrm{i}vu}{2\lambda}\right) \tag{14.41}$$

参考文献

[1] Fan H Y, Fan Y. EPR entangled states and complex fractional Fourier transformation [J]. The European Physical Journal D, 2002, 21(2): 233 - 238.

[2] Fan H Y, Chen J H, Zhang P F. On the entangled fractional squeezing transformation [J]. Frontiers of Physics, 2015, 10(2): 187 - 191.

[3] Lv C H, Fan H Y, Li D W. From fractional Fourier transformation to quantum mechanical fractional squeezing transformation [J]. Chinese Physics B, 2015, 24 (2): 020301.

[4] Fan H Y, Fan Y. Fractional Fourier transformation for quantum mechanical wave functions studied by virtue of IWOP technique [J]. Communications in Theoretical Physics, 2003, 39(4): 417 - 420.

[5] Fan H Y, Fan Y. Fractional Hankel transform gained via non-unitary bosonic operator realization of angular momentum generators [J]. Physics Letters A, 2005, 344(5): 351 - 360.

[6] Zhang K, Li L L, Yu P P, et al. Quantum entangled fractional Fourier transform based on the IWOP technique [J]. Chinese Physics B, 2023, 32(4): 040302.

[7] Fan H Y. Fractional Hankel transform studied by charge-amplitude state representations and complex fractional Fourier transformation [J]. Optics Letters, 2003, 28(22): 2177 - 2179.

[8] Fan H Y, Lu H L. Eigenmodes of fractional Hankel transform derived by the entangled-state method [J]. Optics Letters, 2003, 28(9): 680 - 682.

结　语

以上各章给出了量子纠缠的数理基础，它是通过有序算符内的积分理论奠定的。有了此数理基础，对于理解量子纠缠不再感到困惑与玄秘，这符合普朗克的断言，量子论的本质是数学性的。

构建纠缠态表象对于凝聚态物理与量子化学的研究都有帮助，本书作者曾构建过描述分数量子霍尔效应的纠缠态表象，限于篇幅，将在以后的著作中介绍。

索　引

B

玻恩-海森伯对易关系　6

C

产生-湮灭算符　4

D

动量表象　11,14,51,52,66,167,172

E

厄米多项式　10,11,40,41,43,44,46,52,53,83,162,174,175,210

F

范氏积分变换　169,175
菲涅尔变换　26,27,68—70,75,76
菲涅尔算符　25—27,68,69,73
分数傅里叶变换　49,52,232
分数汉克尔变换　232
弗雷德霍姆积分方程　45

G

高斯增强混沌场　78
光子计数分布　161

H

混合态表象　9,14,28—30

J

激光通道　159,160
激子能级　197
纠缠傅里叶变换　167,180
纠缠态表象　9,14,40,49,62,63,78,89,95,97,116,136,167,180,182,183,192,193,197,198,201,224,226,227,235,240

L

拉东变换　36,69,74,75,77,78
两体硬壳势　192,195
量子耗散方程　22
量子扩散方程　21,22

P

P 表示　17,21,24,35,40,44,46,82,86
普朗克常数　6,93,196

R

热纠缠态表象 155,165,217
热真空态 141—144,146,151,153—155

S

施密特分解 49—52,54,55,57,60,62,63,65,66,117

W

外尔-维格纳量子化 33,34,168,171

X

相干态表象 15—17,21,22,25,35,44,69,82,95,145,149,153,220

Y

有序算符内的积分技术 7,8,14,153,167,202
诱导纠缠态表象 89
宇称算符 6,101,102
约瑟夫森结方程 92

Z

振幅衰减通道 22,86,87,157,163
置换算符 54,102,103
置换-宇称算符 103—105
中介纠缠态表象 73,74
坐标测量算符 7,8
坐标-动量中介表象 9,37